凸分析讲[illegible]

——凸集的表示及相关性质

李庆娜　著

科学出版社

北　京

内 容 简 介

本书重点介绍了凸函数的极、对偶运算、凸集的面、多面体凸集、多面体凸函数、Helly 定理、不等式系统等相关内容. 前两章是对偶理论的基础工具. 后面则重点阐述了凸集的内、外部表达形式和相关性质, 并将结果应用于线性和非线性不等式系统. 这些内容都是凸性理论的进一步细化和拓展. 为了增强可读性, 本书将抽象的概念用简单的例子和直观的图像来表达, 以便加深读者对知识的理解和把握. 同时, 将知识点与最优化部分前沿研究内容进行有机结合, 希望可以为读者提供一些基础理论在前沿科学研究课题中的方向.

本书可作为应用数学、运筹学及相关学科的高年级本科生、研究生和博士生的参考书.

图书在版编目(CIP)数据

凸分析讲义: 凸集的表示及相关性质/李庆娜著. —北京: 科学出版社, 2023.1

ISBN 978-7-03-074037-3

I. ①凸… II. ①李… III. ①凸分析 IV. ①O174.13

中国版本图书馆 CIP 数据核字（2022）第 227399 号

责任编辑: 胡庆家 / 责任校对: 任苗苗
责任印制: 吴兆东 / 封面设计: 陈 敬

科学出版社出版
北京东黄城根北街 16 号
邮政编码: 100717
http://www.sciencep.com
北京中石油彩色印刷有限责任公司印刷
科学出版社发行 各地新华书店经销
*
2023 年 1 月第 一 版 开本: 720×1000 1/16
2024 年 1 月第二次印刷 印张: 12 1/2
字数: 248 000
定价: 88.00 元
(如有印装质量问题, 我社负责调换)

前　言

运筹学产生于第二次世界大战期间, 作为运筹学的一个重要而活跃的部分, 最优化理论与方法在半个世纪以来得到了蓬勃发展. 凸分析作为最优化理论与方法的重要理论基础, 也越来越受到重视.

本书主要对凸分析的基本概念和内容进行介绍. 在前期《凸分析讲义》和《凸分析讲义——共轭函数及其相关函数》的基础上, 本书重点介绍了凸函数的极、对偶运算、凸集的面、多面体凸集、多面体凸函数、Helly 定理、不等式系统等相关内容. 前两章是对偶理论的基础工具. 后面则重点阐述了凸集的内、外部表达形式和相关性质, 并将结果应用于线性和非线性不等式系统. 这些内容都是凸性理论的进一步细化和拓展. 为了增强可读性, 本书将抽象的概念用简单的例子和直观的图像来表达, 以便加深读者对知识的理解和把握. 同时, 将知识点与最优化部分前沿研究内容进行有机结合, 希望可以为读者提供一些基础理论在前沿科学研究课题中的方向. 与前两本书不同的是, 本书每一章最后都增加了本章的思维导图, 便于读者进一步把握每一章的内容架构.

在本书的编写过程中, 得到了国内同行专家的支持和鼓励, 在此一并表示衷心的感谢! 感谢作者的优化课题组每一位成员积极参与讨论班, 没有他们的激烈讨论和认真校对, 就没有本书的出版. 最后, 感谢国家自然科学基金 (No.12071032) 的经费资助及北京理工大学“十四五”教材规划资助.

本书可作为应用数学、运筹学及相关学科的高年级本科生、研究生和博士生的教材和参考书. 因作者水平有限, 本书难免有不足之处. 恳请读者不吝赐教. 来信请发至：qnl@bit.edu.cn.

李庆娜

2022 年 11 月

目　录

第 1 章　凸函数的极

1.1　度规函数的极函数

首先给出度规函数的定义.

定义 1.1　设 k 为定义在 $\mathbb{R}^n$ 上的函数, 如果 k 为满足 $k(0)=0$ 的非负正齐次凸函数, 则称 k 为度规的.

因此也可以如下定义.

定义 1.2　度规函数为如下的函数 k, 存在非空凸集 C 使得

$$k(x)=\gamma(x \mid C)=\inf\{\mu \geqslant 0 \mid x \in \mu C\}. \tag{1.1}$$

依据 x 与 C, 0 与 C 的关系及 x 是否为 0, 可有如下一些位置关系, 这会导致 $k(x)$ 的不同取值, 如图 1.1 所示. 不同情况下对应的 $k(x)$ 的取值也有所差别. 特别地, 这些情况将在本章后续一些证明中用到.

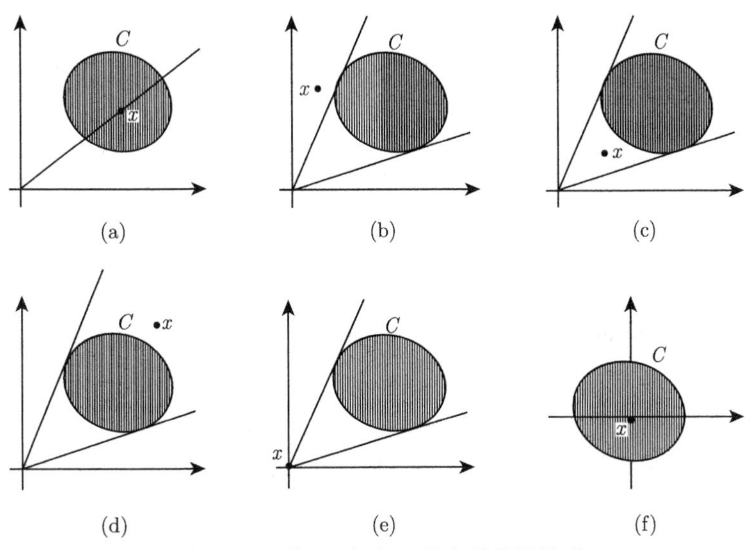

图 1.1　凸集 C 与点 x 的六种位置关系

图 1.1 中的子图含义如下.

(a) $x \in C,\ x \neq 0$. 此时, $k(x) \in (0,\ 1)$.

(b) $x \neq 0$, 且不存在 $\lambda \geqslant 0$, 使得$\lambda x \in C$. 此时, $k(x) = +\infty$.

(c) $x \notin C$, $x \neq 0$, 且存在 $\lambda \geqslant 1$, 使得$\lambda x \in C$. 此时, $k(x) \in (0,\ 1)$.

(d) $x \notin C$, $x \neq 0$, 且存在 $\lambda \in (0,\ 1)$, 使得 $\lambda x \in C$. 此时, $k(x) > 1$.

(e) $x \notin C$, $x = 0$. 此时, $k(x) = 0$.

(f) $x \in C$, $x = 0$. 此时, $k(x) = 0$.

关于度规函数, 有如下等价判定定理.

定理 1.1 设 k 为定义在 $\mathbb{R}^n$ 上的函数. k 为度规的, 等价于 epi$k$ 为 $\mathbb{R}^{n+1}$ 中含有原点的凸锥且该凸锥不含有 $u < 0$ 的任意向量 (x, u).

证明 注意到, epi$k = \{(x, \mu) \mid \mu \geqslant k(x)\}$ 及函数 k 的凸性与其上图 epi$k$ 凸性等价. 根据度规定义, k 为满足 $k(0) = 0$ 的非负正齐次凸函数, 可知 $k(0) = 0$, 由此得到, epi$k$ 包含原点. k 是非负函数等价于上图 epi$k$ 不包含满足 $\mu < 0$ 的任意向量 (x, μ). 最后, k 的正齐次性等价于 epi$k$ 是凸锥. 这是由于如果 k 是正齐次的, 则对任意的 x 及任意的 $\lambda > 0$, 有 $k(\lambda x) = \lambda k(x)$. 则对于 $(x, y) \in$epi$k$, 有 $k(x) \leqslant y$. 故有

$$\lambda k(x) = k(\lambda x) \leqslant \lambda y,$$

即 $(\lambda x, \lambda y) \in$epi$k$. 因此, 上图 epi$k$ 为锥.

另外, 已知集合 epi$k$ 为锥, 可以定义函数 $k(x) = \inf\{y \mid (x, y) \in \text{epi}k\}$. 对于 $\lambda \geqslant 0$, 有

$$k(\lambda x) = \inf\{y \mid (\lambda x, y) \in \text{epi}k\} = \inf\{\lambda t \mid (x, t) \in \text{epi}k\} = \lambda k(x),$$

即 $k(x)$ 为正齐次函数. □

注 1.1 对于 $C = \{x \mid k(x) \leqslant 1\}$, 虽然总是成立 $\gamma(\cdot \mid C) = k(\cdot)$, 但是一般而言, C 不是由 k 唯一确定的. 比如对于 $C_1 = \{x \mid k(x) \leqslant 1\}$, $C_2 = \{x \mid k(x) < 1\}$, 两者的度规是一样的. 但如果 k 为闭的, 则 (1.1) 中的 C 为含有原点并满足 $\gamma(\cdot \mid C) = k$ 的唯一的闭凸集.

注 1.2 在 [2] 中, 度规 $\gamma(\alpha \mid C)$ 的定义是与凸集 C 相联系而提出的. 而在本章中, 度规 k 的定义 1.1中并没有出现与凸集 C 的关系, 因而定义 1.1 和定义 1.2 是从两个不同的角度定义了度规函数.

在引入度规函数的极之前, 我们回顾一下凸锥 K 的极. 凸锥 K 的极定义为

$$K^\circ = \{x^* \mid \langle x, x^* \rangle \leqslant 0,\ \forall\ x \in K\}.$$

凸集 C 的极定义为

$$C^\circ = \{x^* \mid \langle x, x^* \rangle \leqslant 1,\ \forall\ x \in C\}.$$

定义 1.3 度规 k 的极定义为

$$k^\circ(x^*) = \inf\{\mu^* \geqslant 0 \mid \langle x, x^*\rangle \leqslant \mu^* k(x), \forall\, x\}. \tag{1.2}$$

关于度规的极, 我们有如下一些刻画.

定理 1.2 如果 k 处处有限并且除原点外为正的, 则有

$$k^\circ(x^*) = \sup_{x\neq 0} \frac{\langle x, x^*\rangle}{k(x)}. \tag{1.3}$$

证明 由图 1.1 的 (c) 和 (f) 知, $k(x)=0$ 当且仅当 $x=0$. 因此, 当 $x=0$ 时, $k(x)=0$. $\langle x, x^*\rangle \leqslant \mu^* k(x)$ 对任意的 $\mu^* \geqslant 0$ 均成立, 故有

$$\begin{aligned} k^\circ(x^*) &= \inf\{\mu^* \geqslant 0 \mid \langle x, x^*\rangle \leqslant \mu^* k(x),\ \forall\, x\} \\ &= \inf\left\{\mu^* \geqslant 0 \;\middle|\; \sup_{x\neq 0} \frac{\langle x, x^*\rangle}{k(x)} \leqslant \mu^*\right\} \\ &= \sup_{x\neq 0} \frac{\langle x, x^*\rangle}{k(x)}. \end{aligned}$$

故 (1.3) 成立. □

性质 1.1 如果 k 为凸锥 K 的指示函数, k° 即为 k 的共轭. 即 K° 是凸锥 K 的指示函数.

证明 当 $x^* \in K^\circ$ 时, 根据凸锥的极的定义有

$$\langle x, x^*\rangle \leqslant 0, \quad \forall\, x \in K.$$

注意到 k 为指示函数, 故 $x \in K$ 意味着 $k(x)=0$. 则由 (1.2) 知 $k^\circ(x^*)=0$. 若 $x^* \notin K^\circ$, 即存在 $x \in K$, 使得 $\langle x, x^*\rangle > 0$, 则不存在 $\mu \geqslant 0$ 满足不等式

$$0 < \langle x, x^*\rangle \leqslant \mu^* k(x) = 0,$$

则有

$$\{\mu^* \mid \langle x, x^*\rangle \leqslant \mu^* k(x), \mu^* > 0, \forall\, x\} = \varnothing.$$

因此 $k^\circ(x^*) = +\infty$. □

比度规函数更一般的凸函数的极将在本节的后面通过一个修正的公式来定义.

定理 1.3 如果 k 为度规函数, 则

(i) k 的极 k° 为闭度规函数;

(ii) $k^{\circ\circ} = \mathrm{cl}k$;

(iii) 事实上, 如果 $k = \gamma(\cdot \mid C)$, 其中 C 为非空凸集, 则 $k^\circ = \gamma(\cdot \mid C^\circ)$, 其中 C° 为 C 的极.

证明　先证 (iii). 设 C 为满足 $k=\gamma(\cdot\mid C)$ 的非空凸集. 注意到

$$\gamma(x\mid C)=\inf\{\mu\geqslant 0\mid x\in\mu C\}\leqslant\mu.$$

对于 $\mu^*>0$, k° 定义中的条件

$$\langle x,x^*\rangle\leqslant\mu^*\gamma(x\mid C),\quad\forall\, x$$

能够表示成为 $\langle x,x^*\rangle\leqslant\mu^*\mu$, 且 $x\in\mu C$, $\forall\, x$. 令 $x=\mu y$, 则上式等价于

$$\left\langle\mu y,\mu^{*-1}x^*\right\rangle\leqslant\mu,\quad\forall\, y\in C,\ \mu\geqslant 0.$$

因而等价于

$$\left\langle y,\mu^{*-1}x^*\right\rangle\leqslant 1,\quad\forall\, y\in C.$$

由凸集的极的定义, 即 $\dfrac{1}{\mu^*}x^*\in C^\circ$. 另一方面, 对于 $\mu^*=0$, 可知

$$\langle x,x^*\rangle\leqslant 0,\quad\forall\, x,$$

则 $x^*=0$. 因此, 可以得到

$$k^\circ\left(x^*\right)=\inf\left\{\mu^*\geqslant 0\mid x^*\in\mu^*C^\circ\right\}=\gamma\left(x^*\mid C^\circ\right).$$

(iii) 得证.

特别地, 可以令凸集 C 为闭集, 由 [3, 定理 7.6] 得知, C° 为包含原点的闭凸集, 则由 [3, 推论 2.7] 得知 k° 为闭的. 现设 $D=\{x\mid k(x)\leqslant 1\}$, 这个 D 为含有原点的凸集, 并且 $\gamma(\cdot\mid D)=k$. 因此得到 $k^\circ=\gamma(\cdot\mid D^\circ)$. 即 k° 为闭度规函数. (i) 得证.

对于 (ii), 由于 $k^{\circ\circ}=\gamma\left(\cdot\mid D^{\circ\circ}\right)$, 由 [2, 定理 7.6] 知

$$D^{\circ\circ}=(\mathrm{cl}D)^{\circ\circ}=\mathrm{cl}D.$$

又因为 ([2, 定理 7.6]),

$$\{x\mid(\mathrm{cl}k)(x)\leqslant 1\}=\mathrm{cl}\{x\mid k(x)\leqslant 1\}=D^{\circ\circ}.$$

故有 $\mathrm{cl}k=\gamma(\cdot\mid\mathrm{cl}D)$. 因此, $k^{\circ\circ}=\mathrm{cl}k$. (ii) 证毕. □

推论 1.1　极运算 $k\to k^\circ$ 在 $\mathbb{R}^n$ 上定义的所有闭度规上诱导出一个一对一的对称对应. 含有原点的两个闭凸集相互为极当且仅当它们的度规函数相互为极. 即: 设 C_1,C_2 均为包含原点的闭凸集, 则 $C_1=C_2^\circ$ 当且仅当 $k_1=k_2^\circ$, 其中 k_1,k_2 为由 C_1,C_2 定义的度规.

推论 1.2 如果 C 为含有原点的闭凸集, 则 C 的度规函数与 C 的支撑函数互为度规极.

证明 由 [3, 定理 7.6] 立即得到

$$\text{凸集 } C \text{ 的度规函数} \overset{\text{互为度规极}}{\Longleftrightarrow} \text{凸集 } C \text{ 的支撑函数}$$
$$\overset{\text{互为共轭函数}}{\Longleftrightarrow} \text{凸集 } C \text{ 的指示函数}. \qquad \square$$

推论 1.3 如果 $k=\gamma(\cdot \mid C)$, 其中 C 为非空凸集, 则 k 为闭度规时, C 为闭集. C 为不含有原点的闭凸集时, k 为闭度规.

证明 由定理 1.3, $k^{\circ}=\gamma(\cdot \mid C^{\circ})$, 其中 C° 为 C 的极, 则 C° 为闭集. 故有度规 k 为闭时, C 为闭集. 当 C 为含有原点的闭凸集时, 由推论 1.2, C 的度规函数 k 为 C 的支撑函数的度规极, 因而为闭度规. $\square$

注意, 正如下节将要介绍的, 一种典型的度规函数为范数. 当然, 也有不是范数的度规函数, 下面给出一个例子.

例子 1.1 非范数的闭度规的例子. 记

$$k(x)=\left(\xi_1^2+\xi_2^2\right)^{1/2}+\xi_1, \quad x=(\xi_1,\xi_2)\in \mathbb{R}^2,$$

则有

$$k^{\circ}\left(x^*\right)=\begin{cases} \left[(\xi_2^{*2}/\xi_1^*)+\xi_1^*\right]/2, & \text{如果} \quad \xi_1^*>0; \\ 0, & \text{如果} \quad \xi_1^*=0=\xi_2^*; \\ +\infty, & \text{其他情况, 其中} x^*=\left(\xi_1^*,\xi_2^*\right). \end{cases} \tag{1.4}$$

推导如下. 容易验证 $k(x)$ 是满足 $k(0)=0$ 非负正齐次凸函数. 因为 k 为度规函数. 设 $D=\{x \mid k(x)\leqslant 1\}$, 由推论 1.2 知, k 的度规极为 D 的支撑函数, 即

$$k^{\circ}(x^*)=\sup\{\langle x,x^*\rangle \mid x\in D\}=\sup\{\xi_1^*\xi_1+\xi_2^*\xi_2\},$$

其中 $(\xi_1^2+\xi_2^2)^{1/2}+\xi_1\leqslant 1$. 由 $(\xi_1^2+\xi_2^2)^{1/2}+\xi_1\leqslant 1$ 得 $\xi_1\leqslant(1-\xi_2^2)/2$. 则

$$\xi_1^*\xi_1+\xi_2^*\xi_2\leqslant -\xi_1^*\xi_2^2/2+\xi_2^*\xi_2+\xi_1^*/2.$$

当 $\xi_1^*>0$ 时, 上式最大值为 $\left[(\xi_2^{*2}/\xi_1^*)+\xi_1^*\right]/2$; 当 $\xi_1^*=0=\xi_2^*$ 时, 最大值为 0. 其他情况, 则无最大值. 因而得到 $k^{\circ}(x^*)$ 如 (1.4) 所示.

1.2 范　数

注意度规函数及其极具有如下性质

$$\langle x, x^* \rangle \leqslant k(x)k^\circ(x^*), \quad \forall\, x \in \mathrm{dom}k, \quad \forall\, x^* \in \mathrm{dom}k^\circ.$$

这些不等式理论是研究凸集的极的初衷. 正如 [3] 中所解释的那样, 一对共轭的凸函数对应于形如

$$\langle x, y \rangle \leqslant f(x) + g(y), \quad \forall\, x, \quad \forall\, y$$

的"最佳"不等式, 一对互为极的度规函数也对应于形如

$$\langle x, y \rangle \leqslant h(x)j(y), \quad \forall\, x \in H, \quad \forall\, y \in J$$

的"最佳"不等式. 其中 H 与 J 为 $\mathbb{R}^n$ 的子集, h 与 j 分别为定义在 H 与 J 上的非负实值函数. 说明如下: 给定任意上述的不等式, 总可以定义如下"较好"的不等式. 令

$$k(x) = \inf\{\mu \geqslant 0 \mid \langle x, y \rangle \leqslant \mu j(y),\ \forall\, y \in J\},$$

则

$$\mathrm{epi}k(x) = \{(x, v) \mid k(x) \leqslant v\} = \{(x, v) \mid \langle x, y \rangle \leqslant vj(y), v \geqslant 0, \forall\, y \in J\}.$$

因此这个公式将 k 的上图表示成为 $\mathbb{R}^{n+1}$ 中某些边界穿过原点的闭半空间的交. 因而 $\mathrm{epi}k$ 为闭, 所以 k 为闭度规. 我们有

$$\langle x, y \rangle \leqslant k(x)j(y), \quad \forall\, x \in \mathrm{dom}k, \quad \forall\, y \in J.$$

且这个不等式比在 $\mathrm{dom}k \supset H$ 及

$$k(x) \leqslant h(x), \quad \forall\, x \in H$$

的意义下所给出的不等式要好些. 新的不等式意味着 $\mathrm{dom}k^\circ \supset J$ 且

$$k^\circ(y) \leqslant j(y), \quad \forall\, y \in J.$$

因此, 存在"更好"的不等式, 即

$$\langle x, y \rangle \leqslant k(x)k^\circ(y), \quad \forall\, x \in \mathrm{dom}k, \quad \forall\, y \in \mathrm{dom}k^\circ.$$

"最好"的不等式是那些不能够用在更大的区域上所定义的更小的函数来代替 h 或 j 来加强的不等式. 这样的函数就是使得 $x \notin H$ 时 $h(x) = +\infty$, 当 $y \notin J$ 时, $j(y) = +\infty$ 的互为极函数的闭度规函数.

在 k 为欧氏范数的情况下, k 即为欧氏单位球的度规函数, 也是它的支撑函数. 所以 $k^\circ = k$. 相应的不等式则恰好为 Schwarz 不等式

$$\langle x, y\rangle \leqslant \|x\| \cdot \|y\|.$$

性质 1.2 范数是满足如下条件的实值函数 k.

(a) $k(x) > 0,\ \forall\ x \neq 0$;

(b) $k\left(x_1 + x_2\right) \leqslant k\left(x_1\right) + k\left(x_2\right),\ \forall\ x_1,\ \forall\ x_2$;

(c) $k(\lambda x) = \lambda k(x),\ \forall\ x,\ \forall\ \lambda > 0$;

(d) $k(-x) = k(x),\ \forall\ x$.

在证明定理 1.4 之前, 我们首先引入如下性质来刻画度规函数与范数之间的关系.

定义 1.4 范数是处处有界、对称、除了原点以外都为正的度规函数.

证明 对于度规函数 k, 我们只需证明其满足性质 1.2 所述的实值函数即可.

(a) 可以由度规函数的非负性以及其除了原点以外都为正推出. 性质 (c) 和性质 (d) 能够合并为

$$k(\lambda x) = |\lambda| k(x), \quad \forall x, \quad \forall \lambda.$$

而这即是度规的正齐次性. 对于三角不等式 (b), 由度规的凸性以及正齐次性, 有

$$\begin{aligned}
k(x_1 + x_2) &= k\left(\alpha \frac{x_1}{\alpha} + (1-\alpha)\frac{x_2}{1-\alpha}\right) \\
&\leqslant \alpha k\left(\frac{x_1}{\alpha}\right) + (1-\alpha) k\left(\frac{x_2}{1-\alpha}\right) \\
&= k(x_1) + k(x_2), \quad \forall\ x_1,\ x_2, \quad \forall\ \alpha \in [0,1].
\end{aligned}$$

证毕. □

定理 1.4 关系

$$k(x) = \gamma(x \mid C), \quad C = \{x \mid k(x) \leqslant 1\}$$

定义了范数 k 与满足 $0 \in \mathrm{int} C$ 的闭有界凸集 C 之间的一一对应. 范数的极仍为范数.

证明 范数为有限的凸函数, 因此是连续的 ([3, 定理 3.1])、闭的. 我们已经知道, 定理中的关系定义了闭度规函数 k 与含有原点的闭凸集 C 之间的一种一一对应. 因此只需证明 (i) k 的对称性等价于 C 的对称性; (ii) k 处处有限等价于 $0 \in \mathrm{int} C$; (iii) 当 $x \neq 0$ 时, $k(x) > 0$ 等价于 C 有界.

(i) 证明 k 的对称性等价于 C 的对称性.

(⇐) 若 C 是对称的, 即对任意的 $y\in C$, 有 $-y\in C$. 下证对任意的 x, $k(x)=k(-x)$. 由 $k(x)=\gamma(x\mid C)$ 知, 对任意的 x, 有

$$k(-x)=\gamma(-x\mid C)=\inf\{\mu\geqslant 0\mid -x\in\mu C\}.$$

由于 C 的对称性, 对于 $y=-x$, 若 $-x\in\mu C$, 则 $x\in\mu C$. 因而有

$$\inf\{\mu\geqslant 0\mid -x\in\mu C\}=\inf\{\mu\geqslant 0\mid x\in\mu C\}=k(x).$$

即 $k(x)=k(-x)$ 对任意的 x 均成立, 故 k 为对称的.

(⇒) 若 k 是对称的, 由 C 的定义, $C=\{x\mid k(x)\leqslant 1\}$. 若 $x\in C$, 则 $k(x)\leqslant 1$. 由于 $k(-x)=k(x)$. 因而 $k(-x)\leqslant 1$. 故 $-x\in C$. 即 C 为对称的.

(ii) k 处处有限等价于 $0\in\text{int}C$. 注意到由 [2, 推论 6.4] 知, $0\in\text{int}C$ 当且仅当对任意的 $x\in\mathbb{R}^n$, 存在 $\varepsilon>0$, 使得 $\varepsilon x\in C$. 下面证明 k 处处有限等价于对任意的 $x\in\mathbb{R}^n$, 存在 $\varepsilon>0$ 使得 $\varepsilon x\in C$.

(⇐) 若对任意的 $x\in\mathbb{R}^n$, 存在 $\varepsilon_x>0$, 使得 $\varepsilon_x x\in C$, 则由 $k(x)=\inf\{\mu\geqslant 0\mid x\in\mu C\}$ 知, $k(x)\leqslant\varepsilon_x$. 因此 k 处处有限.

(⇒) 若 k 处处有限, 即对任意的 $x\in\mathbb{R}^n$ 存在 $\varepsilon_x>0$, 使得 $k(x)\leqslant\varepsilon_x$. 即

$$\frac{1}{\varepsilon_x}k(x)\leqslant 1.$$

由 k 的正齐次性知

$$\frac{1}{\varepsilon_x}k(x)=k\left(\frac{x}{\varepsilon_x}\right)\leqslant 1.$$

故由 C 的定义 $C=\{x\mid k(x)\leqslant 1\}$ 知 $\dfrac{x}{\varepsilon_x}\in C$. 因此对上述的 x, 存在 $\varepsilon=\dfrac{1}{\varepsilon_x}$, 使得 $\varepsilon x\in C$.

(iii) 对任意的 $x\neq 0$, $k(x)>0$ 等价于 C 有界. 先证对任意的 $x\neq 0$, $k(x)>0$ 等价于 C 不包含于形如 $\{\lambda x\mid\lambda\geqslant 0\}$ 的半直线.

(⇒) 反设 C 包含半直线 $\{\lambda x_0\mid\lambda\geqslant 0\}$ 且 $x_0\neq 0$. 则由 $k(x)$ 的定义 $k(x_0)=\inf\{\mu\geqslant 0\mid\mu x_0\in C\}=0$. 这与 $k(x_0)\neq 0$ 矛盾.

(⇐) 反设对某个 $x_0\neq 0$, $k(x_0)=0$. 则由 C 的定义 $C=\{x\mid k(x)\leqslant 0\}$, 因而 $x_0\in C$, 且对任意的 $\lambda>0$, 有

$$k(\lambda x_0)=\lambda k(x_0)=0\leqslant 1.$$

故 $\lambda x_0\in C$. 这与 C 不包含形如 $\{\lambda x\mid\lambda\geqslant 0\}$ 的半直线矛盾.

再由 [3, 定理 1.4] 知, C 不包含形如 $\{\lambda x\mid\lambda\geqslant 0\}$ 的半直线当且仅当 C 有界. 因此 (iii) 得证.

如果 C 为对称闭有界凸集, 并且 $0 \in \mathrm{int}C$, 则由支撑函数的定义知

$$\delta^*(c^* \mid C) = \sup_{x \in C}\{\langle x, x^*\rangle\}.$$

C 的支撑函数 $\delta^*(c^* \mid C)$ 处处有限、对称①且除原点之外为正②.

C 的支撑函数为 C° 的度规函数, C° 的度规函数为 $\gamma(\cdot \mid C)$ 的极. 所以, 在这种情况下 $\gamma(\cdot \mid C)$ 的极为范数. 即范数的极仍为范数. 证毕. □

例子 1.2 互为非欧氏范数极的一个例子如下,

$$k(x) = \max\{|\xi_1|, \cdots, |\xi_n|\}, \quad x = (\xi_1, \cdots, \xi_n),$$

其极为

$$k^\circ(x^*) = |\xi_1^*| + \cdots + |\xi_n^*|, \quad x^* = (\xi_1^*, \cdots, \xi_n^*).$$

证明 由定理 1.2 得

$$k^\circ(x^*) = \sup_{x \neq 0}\langle \frac{x}{k(x)}, x^*\rangle,$$

其中

$$\left\langle \frac{x}{k(x)}, x^* \right\rangle = \sum_{i=1}^n \frac{\xi_i}{k(x)}\mathrm{sgn}(\xi_i^*)|\xi_i^*| \leqslant \sum_{i=1}^n |\xi_i^*|,$$

当 $\xi_i = \mathrm{sgn}(\xi_i^*)a \ (\forall\ i = 1, \cdots, n)$ 时取等号, 其中 a 为任意非零常数. □

更多的例子将在后面给出. 如果 k 为范数, 则由 k 和 k° 对称性和有限性的本质可知, 与 k 相关的不等式能够表示成为

$$|\langle x, x^*\rangle| \leqslant k(x)k^\circ(x^*), \quad \forall\ x, \quad \forall\ x^*.$$

范数的概念对于某些度量结构和相应的逼近问题是自然的. 由定义, 定义在 $\mathbb{R}^n$ 上的度量为定义在 $\mathbb{R}^n \times \mathbb{R}^n$ 上的实函数 ρ, 其满足如下条件:

---

① 原因如下:

$$\begin{aligned}\delta^*(-x^* \mid C) &= \sup\{\langle x, -x^*\rangle \mid x \in C\} \\ &= \sup\{\langle -x, x^*\rangle \mid x \in C\} \\ &= \sup\{\langle t, x^*\rangle \mid -t \in C\} \\ &= \sup\{\langle t, x^*\rangle \mid t \in C\} \\ &= \delta^*(x^* \mid C).\end{aligned}$$

② 当 $x^* = 0$ 时, $\delta^*(0 \mid C) = \sup\{\langle x, 0\rangle \mid x \in C\} = 0$. 当 $x^* \neq 0$ 时, 反设存在 x^* 使得 $\delta^*(x^* \mid C) = m < 0$. 则此时存在 $x_0 \in C$, 使得 $\delta^*(x^* \mid C) = \sup\{\langle x, x^*\rangle \mid x \in C\} = \langle x_0, x^*\rangle = m < 0$. 而由 C 的对称性, $-x_0 \in C$, 因而 $\langle -x_0, x^*\rangle = -m > 0$, 这与 $m = \sup\{\langle x, x^*\rangle \mid x \in C\} > \langle -x_0, x^*\rangle = -m$ 矛盾, 故 $\delta^*(x^* \mid C)$ 除原点外处处为正.

(a) $\rho(x,y)>0$, 若$x\neq y$; $\rho(x,y)=0$, 若$x=y$;

(b) $\rho(x,y)=\rho(y,x)$, $\forall\ x$, $\forall\ y$;

(c) $\rho(x,z)\leqslant\rho(x,y)+\rho(y,z)$, $\forall\ x$, $\forall\ y$, $\forall\ z$.

度量 $\rho(x,y)$ 理解为 x 与 y 关于 ρ 的距离. 一般而言, $\mathbb{R}^n$ 上的度量不一定与 $\mathbb{R}^n$ 的代数结构有关. 一个特别的例子是如下度量

$$\rho(x,y)=\begin{cases}0, & \text{如果}\quad x=y;\\ 1, & \text{如果}\quad x\neq y.\end{cases}$$

为了与向量加法和数乘具有兼容性, 也可能要求度量具有两个性质:

(d) $\rho(x+z,y+z)=\rho(x,y)$, $\forall\ x,y,z$;

(e) $\rho(x,(1-\lambda)x+\lambda y)=\lambda\rho(x,y)$, $\forall\ x,y$, $\forall\ \lambda\in[0,1]$.

性质 (d) 说明距离在平移下保持不变性, 性质 (e) 说明距离沿线段具有线性性, 见图 1.2.

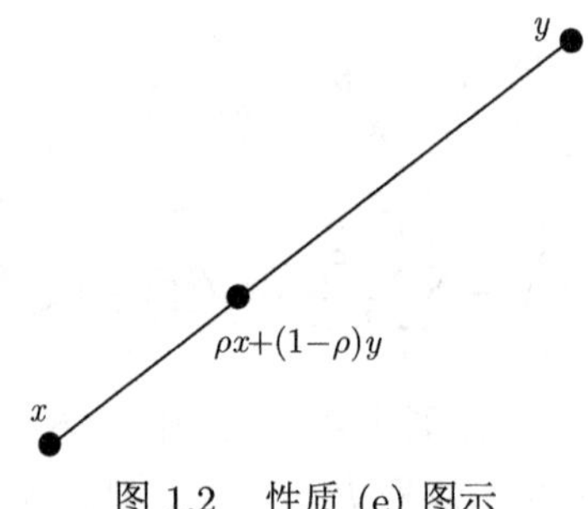

图 1.2　性质 (e) 图示

具有这两个额外性质的度量称为 $\mathbb{R}^n$ 上的 Minkowski 度量. Minkowski 度量和范数之间有一一对应. 叙述如下.

定理 1.5　(i) 如果 k 为范数, 则

$$\rho(x,y)=k(x-y) \tag{1.5}$$

定义了一种 Minkowski 度量;

(ii) 如果 ρ 是 Minkowski 度量, 则

$$k(x)=\rho(x,0) \tag{1.6}$$

定义了一个范数.

证明　(i) 如果 k 是范数, 则 k 为非负的, 并且 k 为 0 当且仅当在原点处取零. 由此可得 (1.5) 所定义的 Minkowski 度量满足 (a). 由范数的对称性可得到 (1.5) 定义的 ρ 满足 Minkowski 度量的 (b). 由范数三角不等式得到对任意的 x,y,z 有

$$\begin{aligned}\rho(x,z) &= k(x-z) = k((x-y)+(y-z)) \\ &\leqslant k(x-y)+k(y-z) = \rho(x,y)+\rho(y,z),\end{aligned}$$

则有 Minkowski 度量的 (c). (d) 与 (e) 直接代入容易证得.

(ii) 首先 (1.6) 定义的 k 是一个实值函数. 由 Minkowski 度量的 (a) 得到范数 k 为非负函数, 并且 $k(x)$ 为 0 当且仅当在原点处取 0. 由 Minkowski 度量的 (c) 得到

$$\rho(x,-y) \leqslant \rho(x,0)+\rho(0,-y).$$

结合 (d),

$$\rho(x+y,0) \leqslant \rho(x,0)+\rho(y,0),$$

即 $k(x+y) \leqslant k(x)+k(y)$. 由此得到 (1.6) 定义的 k 满足范数的三角不等式. 由 (e) 得到对于任意的 x 和 $\lambda \in [0,1]$, 有

$$\rho(x,(1-\lambda)x) = \lambda\rho(x,0),$$

平移后得到 $\rho(\lambda x,0) = \lambda\rho(x,0)$, 即为 $k(\lambda x) = \lambda k(x)$, $\lambda \in [0,1]$. 则得到范数的正齐次性.

下面证明当 $\lambda > 1$ 时, 也有 $k(\lambda x) = \lambda k(x)$.

由 $\lambda > 1$ 有 $0 < \dfrac{1}{\lambda} < 1$, 结合 (e), 有

$$\rho(\frac{1}{\lambda}x,\ 0) = \frac{1}{\lambda}\rho(x,\ 0),$$

即

$$\rho(x,\ 0) = \frac{1}{\lambda}\rho(\lambda x,\ 0),$$

则有 $\lambda k(x) = k(\lambda x)$ 对 $\lambda > 1$ 成立. □

由定理 1.5 知道 Minkowski 度量与满足 $0 \in \mathrm{int}C$ 的对称闭有界凸集 C 之间存在一一对应关系. 我们有如下定理.

定理 1.6 假设 C 满足 $0 \in \mathrm{int}C$, 且为对称闭有界凸集, 则存在唯一的 Minkowski 度量 ρ, 满足

$$\{y \mid \rho(x,y) \leqslant \varepsilon\} = x+\varepsilon C, \quad \forall\, x, \quad \forall\, \varepsilon > 0. \tag{1.7}$$

证明 对命题中的 C, 由定理 1.4 知, 存在 $k(x) = \gamma(x \mid C)$, 使得 $k(x)$ 为范数. 可定义 $\rho(x,y) = k(x-y)$. 由定理 1.5 知, 该 $\rho(x,y)$ 为 Minkowski 度量. 下证该度量 ρ 满足条件 (1.7).

设 $\{y \mid \rho(x,y) \leqslant \varepsilon\} = A$, $x + \varepsilon C = B$, $\forall\, x, \forall\, \varepsilon > 0$. 下证 $A = B$.

先证 $B \subseteq A$. 对于任意的 $y \in C$ 有 $x + \varepsilon y \in B$, 且

$$\rho(x, x + \varepsilon y) = \rho(0, \varepsilon y) = \varepsilon \rho(0, y).$$

由 $y \in C$ 及 $k(y)$ 的定义可知, $k(y) \leqslant 1$. 则 $x + \varepsilon y \in A$, 即 $B \subseteq A$.

再证 $A \subseteq B$. 对满足 $\rho(x,y) \leqslant \varepsilon$ 的 y, 由 ρ 可定义范数 $k(x) = \rho(x, 0)$. 因而由 k 唯一确定了一个 $C = \{x \mid k(x) \leqslant 1\}$. 该 C 具有性质: $0 \in \mathrm{int}C$, 且为对称闭有界凸集. 对满足 $\rho(x,y) \leqslant \varepsilon$ 的 y, 有

$$k(x-y) \leqslant \varepsilon, \quad k\left(\frac{x-y}{\varepsilon}\right) \leqslant 1.$$

由 k 的对称性, 有 $k\left(\frac{y-x}{\varepsilon}\right) \leqslant 1$. 故由 C 的定义知 $\frac{y-x}{\varepsilon} \in C$. 即 $y \in x + \varepsilon C$, 因此 $A \subseteq B$.

综上可得 $A = B$. □

注意到, 因为 C 有界且 $0 \in \mathrm{int}C$, 因而存在正的常数 α 与 β 使得

$$\alpha B \subset C \subset \beta B,$$

其中 B 为单位欧氏球. 则由此得到对于任意的 x, 有

$$x + \alpha B \subset x + C \subset x + \beta B,$$

即

$$\{y \mid d(x,y) \leqslant \alpha\} \subset \{y \mid \rho(x,y) \leqslant 1\} \subset \{y \mid d(x,y) \leqslant \beta\}.$$

由集合的包含关系得到如下关系

$$\alpha^{-1} d(x,y) \geqslant \rho(x,y) \geqslant \beta^{-1} d(x,y), \quad \forall\, x, \quad \forall\, y.$$

其中 $d(x,y)$ 为欧氏距离. 这说明 $\mathbb{R}^n$ 上的所有 Minkowski 度量都“等价于”欧氏度量, 即它们都定义相同的开集、闭集和在度量理论意义下的 Cauchy 序列.

1.3 度规型函数

一些重要的相互共轭的凸函数, 可以通过互为度规极来构造. 这些称为度规型凸函数, 定义如下.

定义 1.5 定义在 $\mathbb{R}^n$ 上的广义实值函数 f 如果满足 $f(0) = \inf f$ 且不同水平集

$$\{x \mid f(x) \leqslant \alpha\}, \quad f(0) < \alpha < +\infty$$

之间都是成比例的, 即都能够表示成为某个集合的正倍数, 则称之为度规型的.

比如正定二次函数不是度规函数, 但却是度规型函数, 见例子 1.3.

例子 1.3 如图 1.3 所示的函数是度规型的, 其中函数 $f(x)$ 的表达式为

$$f(x)=\begin{cases}-2x-1, & -2\leqslant x\leqslant -1;\\ -x, & -1\leqslant x\leqslant 0;\\ \dfrac{1}{2}x, & 0\leqslant x\leqslant 2;\\ x-1, & 2\leqslant x\leqslant 4;\\ +\infty, & \text{其他}.\end{cases}$$

- 取 $\alpha=\dfrac{1}{2}$ 得到的水平集为 $[-\dfrac{1}{2},\ 1]$.
- 取 $\alpha=1$ 得到的水平集为 $[-1,\ 2]$.
- 取 $\alpha=2$ 得到的水平集为 $[-\dfrac{3}{2},\ 3]$.
- 取 $\alpha=3$ 得到的水平集为 $[-2,\ 4]$.

可见这些集合是成比例的.

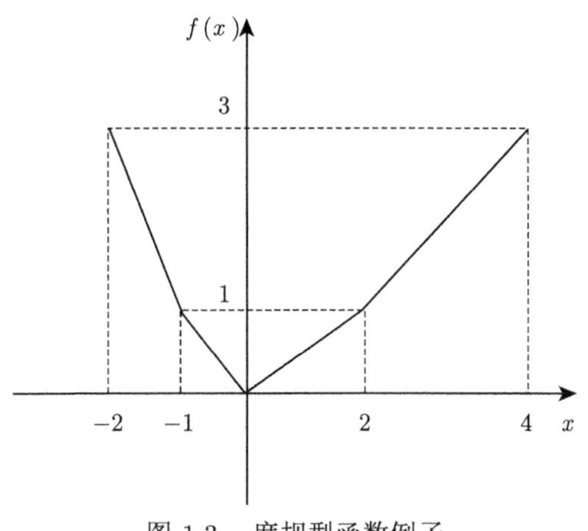

图 1.3 度规型函数例子

定理 1.7 (1) 函数 f 为度规型的闭正常凸函数当且仅当其能够表示成为 $f(x)=g(k(x))$, 其中 k 为一个闭度规函数, g 为定义在 $[0,+\infty]$ 上的非常数、非减下半连续凸函数, 并存在 $\zeta>0$ 使得 $g(\zeta)$ 有限 ($g(+\infty)$ 对应的 f 的值被视为 $+\infty$).

(2) 如果 f 是度规型的, 则 f^* 也是度规型的. 事实上, 有

$$f^*\left(x^*\right)=g^+\left(k^\circ\left(x^*\right)\right),$$

其中 g^+ 是满足与 g 相同的条件的 g 的单调共轭.

证明 证明思路如下: 第 1 步先证明 (1) 中的右边 $\Longrightarrow$ 左边, 第 2 步证明 (2), 第 3 步证明 f 是闭的正常凸函数.

(步 1) 先证明 (1) 中的右边 $\Longrightarrow$ 左边. 即假设 $f(x)$ 可以被表示成 $f(x)=g(k(x))$, 其中 g 与 k 具有上述性质, 证明 f 是度规型, 即证: (i) $f(0)=\inf f$; (ii) 对任一水平集 $\{x \mid f(x) \leqslant \alpha\}$ (其中 $f(0)<\alpha<+\infty$) 可以表示成一个集合的正倍数.

(i) 因为 $f(x)=g(k(x))$, 所以 $f(0)=g(k(0))$. 由于 k 为度规型函数, 根据度规的定义有 $k(0)=0$, 则 $f(0)=g(0)$. 因为 g 是非减函数, 且定义在 $[0,\ +\infty]$ 上, 所以 g 在 $k(0)=0$ 处取到下确界. 则 f 在 0 处取到下确界, 即 $\inf f=f(0):=\alpha_0$.

(ii) 记 I 为某个区间, 在此区间上 g 有限. 记 $C=\{x \mid k(x) \leqslant 1\}$. 定理中对 g 的条件 (g 为非常数、非减的下半连续的凸函数) 意味着当 $\zeta \rightarrow +\infty$ 时, $g(\zeta) \rightarrow +\infty$①. 则对任意实数 α, 且满足 $\forall f(0)=g(0)<\alpha<+\infty$, 如下定义的

$$\lambda=\sup\{\zeta \geqslant 0 \mid g(\zeta) \leqslant \alpha\}$$

是有限的、正的值②.

下面再证明

$$\{x \mid f(x) \leqslant \alpha\}=\{x \mid k(x) \leqslant \lambda\}=\lambda C. \tag{1.8}$$

先证第一个等号. 注意到 g 是非减函数, 故有

$$f(x) \leqslant \alpha \Leftrightarrow g(k(x)) \leqslant \alpha \Leftrightarrow k(x) \leqslant \sup\{\zeta \geqslant 0 \mid g(\zeta) \leqslant \alpha\}=\lambda.$$

---

① 原因如下. 反设当 $\zeta \rightarrow +\infty$ 时, $g(\zeta)<+\infty$. 由 [3, 定理 1.6] 知, 对一个正常凸函数, 取 $x=0,\ y=1,\ \lambda=\zeta$. 则当 $\lambda \rightarrow +\infty$ 时, $\liminf g(\zeta) \leqslant +\infty$. 因此, g 是关于 ζ 的一个非增函数, 但本定理中 g 是非常数的非减函数, 矛盾. 故反设不成立, 原命题成立. 即 $\zeta \rightarrow +\infty$ 时, $g(\zeta)<+\infty$. (补充说明: g 为正常凸函数. 反设 g 为非正常的凸函数, 则由 [2, 定理 7.2] 知, 对每个 $\zeta \in \operatorname{ri}(\operatorname{dom} g)=(0,\ +\infty)$, 均有 $g(\zeta)=-\infty$, 与本定理中的存在 $\zeta>0$, 使得 $g(\zeta)$ 是有限值矛盾. 因而 g 不是非正常凸函数, 故 g 是正常凸函数.)

② 证明如下. 反设 λ 不为有限的, 即 $\lambda=+\infty$, 则由上面内容可知当 $\lambda=+\infty$ 时, $g(+\infty)=+\infty$. 即此时 $\alpha=+\infty$. 这与 $\alpha<+\infty$ 矛盾, 故 λ 是有限值.

下面说明 λ 是正的. 记 $\bar{\varepsilon}=\dfrac{\alpha-g(0)}{2}$. 由 g 在 0 处的下半连续性 ([2, 定义 7.1]) 知

$$g(0)=\liminf_{\zeta \rightarrow 0} g(\zeta)=\lim_{\varepsilon \downarrow 0} \inf\{g(\zeta) \mid \|\zeta-0\|<\varepsilon\}.$$

这意味着: (a) 存在序列 $\{\zeta_k\} \rightarrow 0$, 使得 $g(0)=\lim\limits_{k \rightarrow +\infty} g(\zeta_k)$; (b) 对任意序列 $\{\eta_k\} \rightarrow 0$, 均有 $g(0) \leqslant \lim\limits_{k \rightarrow +\infty} g(\eta_k)$.

由 (a) 知, 对上述定义的 $\bar{\varepsilon}$, 存在 $K>0,\ \delta>0$, 使得当 $k>K$ 时, 有 $0<\zeta_k<\delta$ (因 g 定义在 $[0,\ +\infty]$, 故 ζ_k 不为负数), 且 $|g(\zeta_k)-g(0)| \leqslant \bar{\varepsilon}$. 又由于 g 为非减函数, 故 $g(\zeta_k) \geqslant g(0)$. 上式变为 $g(\zeta_k)-g(0) \leqslant \bar{\varepsilon}$, 即 $g(\zeta_k) \leqslant g(0)+\bar{\varepsilon}=\dfrac{\alpha+g(0)}{2}<\alpha$. 即: 至少存在 $\{\zeta\}_{k \geqslant K}>0$, 使得 $g(\zeta_k) \leqslant \alpha$, 因此由 λ 的定义, $\lambda>0$.

即第一个等号成立. 第二个等号的推导过程如下：

$$\begin{aligned}\lambda\{x \mid k(x) \leqslant 1\} &= \{\lambda x \mid k(x) \leqslant 1\} \\ &= \left\{y \mid k\left(\frac{y}{\lambda}\right) \leqslant 1\right\} \ (\text{令} y = \lambda x) \\ &= \{x \mid k(x) \leqslant \lambda\}.\end{aligned}$$

故 (ii) 证明结束.

(i) 与 (ii) 说明 f 为度规型的.

(步 2) 在证明 f 是闭的正常的凸函数之前, 先证明 (iii) $f^*(x^*) = g^+(k^\circ(x^*))$, 且 (iv) f^* 也是度规型. 即证明 (2).

(iii) $f^*(x^*) = g^+(k^\circ(x^*))$.

首先证明 $g(k(x)) = \inf\limits_{k(x)\leqslant\zeta} g(\zeta)$. 因为 g 是非减函数，所以当 $k(x) \leqslant \zeta$ 时, $g(k(x)) \leqslant g(\zeta)$. 因此有 $\inf\limits_{k(x)\leqslant\zeta} g(\zeta) \geqslant g(k(x))$. 另外, 由下半连续的定义, 有

$$g(k(x)) = \lim_{\varepsilon\to 0} \inf_{|\zeta - k(x)|<\varepsilon} \{g(\zeta)\}.$$

而

$$\begin{aligned}\lim_{\varepsilon\to 0} \inf_{|k(x)-\zeta|<\varepsilon} \{g(\zeta)\} &= \lim_{\varepsilon\to 0} \inf_{-\varepsilon<k(x)-\zeta<\varepsilon} \{g(\zeta)\} \\ &\leqslant \lim_{\varepsilon\to 0} \inf_{k(x)-\zeta<\varepsilon} \{g(\zeta)\} \\ &= \lim_{\varepsilon\to 0} \inf_{k(x)-\varepsilon<\zeta} \{g(\zeta)\} \\ &\leqslant \inf_{k(x)-\varepsilon<\zeta} \{g(\zeta)\}.\end{aligned}$$

注意到 $k(x) - \varepsilon < k(x)$. 因此, 由 g 的非减性知

$$\inf_{k(x)-\varepsilon<\zeta} \{g(\zeta)\} \leqslant \inf_{k(x)<\zeta} \{g(\zeta)\},$$

所以

$$g(k(x)) = \inf_{k(x)\leqslant\zeta} g(\zeta).$$

下面证明 $f^*(x^*) = f^+(k^\circ(x^*))$. 由 [3, 定理 5.1] 可知, f 是凸函数，所以 f 的共轭可以表示成为

$$\begin{aligned}f^*(x^*) &= \sup_x \{\langle x, x^*\rangle - f(x)\} \\ &= \sup_x \{\langle x, x^*\rangle - g(k(x))\}\end{aligned}$$

$$
\begin{aligned}
&= \sup_{x}\left\{\langle x, x^*\rangle - \inf_{k(x)\leqslant\zeta} g(\zeta)\right\} \\
&= \sup_{\zeta>0}\sup_{x\in\zeta C}\{\langle x, x^*\rangle - g(\zeta)\} \\
&= \sup_{\zeta\in I}\sup_{x\in\zeta C}\{\langle x, x^*\rangle - g(\zeta)\},
\end{aligned}
$$

其中第四个等号是因为 $\{x \mid k(x) \leqslant \zeta\} = \{x \mid x \in \zeta C\}$ (已在 (1.8) 中第二个等号中证明). 第五个等号是因为当 $\zeta \notin I$ 时, $g(\zeta)$ 取到 $+\infty$, 此时 $\sup\limits_{y\in C}\{\zeta\langle y, x^*\rangle - g(\zeta)\}$ 的上确界不会在 $\zeta \in I$ 中取到. 令 $y = \dfrac{1}{\zeta}x$, 则有

$$
f^*(x^*) = \sup_{\zeta\in I}\sup_{y\in C}\{\zeta\langle y, x^*\rangle - g(\zeta)\} = \sup_{\zeta\in I}\left\{\zeta(\sup_{y\in C}\langle y, x^*\rangle) - g(\zeta)\right\}.
$$

由支撑函数的定义有

$$
\delta^*(x^* \mid C) = \sup_{y\in C}\langle y, x^*\rangle.
$$

因为 C 是包含原点的闭凸集，由 [3, 定理 7.6] 可知

$$
\delta^*(x^* \mid C) = \gamma(x^* \mid C^\circ).
$$

进一步, 由推论 1.1 得

$$
(\gamma(x^* \mid C))^\circ = \gamma(x^* \mid C^\circ),
$$

所以

$$
\sup_{y\in C}\langle y, x^*\rangle = \delta^*(x^* \mid C) = \gamma(x^* \mid C^\circ) = (\gamma(x^* \mid C))^\circ = k^\circ(x^*).
$$

令 $\zeta^* = k^\circ(x^*) \geqslant 0$, 则有

$$
\sup_{\zeta\in I}\{\zeta\zeta^* - g(\zeta)\} = \sup_{\zeta\geqslant 0}\{\zeta\zeta^* - g(\zeta)\} = g^+(\zeta^*).
$$

第一个等号成立是因为 $\{\zeta\zeta^* - g(\zeta)\}$ 不会在 $\zeta \notin I$ 中取到上确界. 第二个等号可由单调共轭函数的定义 [3, 5.5节] 得到. 所以, $f^*(x^*) = g^+(\zeta^*) = g^+(k^\circ(x^*))$.

(iv) f^* 是度规型. 根据上一步对 f 是度规型的证明，只要证明 k° 是闭度规函数, 且 g^+ 满足与 g 相同的条件，即可证明 f^* 是度规型.

根据 [3, 定理5.6] 最后关于单调共轭的讨论可知, g^+ 是定义在 $[0, +\infty]$ 上非减下半连续凸函数, 且 g^+ 不是常数 (若 g^+ 为常数, 则对 $\forall\ z \geqslant 0$, $g(z) = +\infty$, 这与 $g(z)$ 的性质矛盾). 下面证明对于 g^+, 存在 $\zeta^* > 0$, 使得 $g^+(\zeta^*)$ 有限.

(反证法) 假设对 $\forall\,\zeta^*>0$, $g^+(\zeta^*)$ 为 $+\infty$ 或 $-\infty$. 由单调共轭的定义有

$$g(\zeta)=\sup_{\zeta^*}\left\{\langle\zeta^*,\zeta\rangle-g^+(\zeta^*)\mid\zeta^*\geqslant 0\right\},\quad\forall\,\zeta\geqslant 0.$$

分情况讨论如下. 当 $g^+(\zeta^*)=+\infty$ 时, $g(\zeta)=-\infty$; 当 $g^+(\zeta^*)=-\infty$ 时, $g(\zeta)=+\infty$. 综上所述, $g(\zeta)$ 在 $[0,+\infty]$ 上只能取到 $+\infty$ 和 $-\infty$, 这与 $g(\zeta)$ 的定义是矛盾的. 所以, 对于 g^+, 存在 $\zeta^*>0$, 使得 $g^+(\zeta^*)$ 有限.

因此, g^+ 满足与 g 相同的条件. 因此, f^* 是度规型. 综合 (iii) 与 (iv), (2) 得证.

(步 3) 证明 f 是闭的正常的凸函数.

由前面得到 f^* 是度规型, 对 f^* 进行相同的计算, 得到

$$f^{**}(x)=g^{++}(k^{\circ\circ}(x))=g(k(x))=f(x).$$

因为 f 是凸函数, 由定理 [3, 定理 5.2] 可知, $f^{**}=\mathrm{cl}f$, 而 $f^{**}=f$, 所以 f 是闭的. 根据 [3, 第 5 章] 的结论: 闭的非正常的凸函数只有 $f=\pm\infty$, 因此 f 是正常的, 且函数 $f(x)$ 能在某个点处取到一个有限的值.

(步 4) 再证明 (1) 中的左边 $\Longrightarrow$ 右边. 即对于任意给定的度规型闭的、正常的凸函数 f, 存在上述的 g 和 k, 使得 $f(x)=g(k(x))$.

因为 f 是闭的, 所以水平集 $C_\alpha=\{x\mid f(x)\leqslant\alpha\}$ 是闭集. 又因为 f 是凸函数, 所以水平集 C_α 是凸集, 且 C_α 包含原点 (因为 $f(0)=\inf f<\alpha$). 所以 C_α 是包含原点的闭凸集, 根据度规型函数的定义, C_α 是某个集合 C 的正倍数.

下面讨论两种情况, 情形 1: C 是锥; 情形 2: C 不是锥.

情形 1 C 是锥.

若 λC 为同一个集合, 即 C 为锥. 此时, 由锥 C 定义的度规 $k(x)$ 为

$$k(x)=\inf\{\mu\geqslant 0\mid x\in\mu C\}=\begin{cases}0, & x\in C;\\ +\infty, & \text{其他}.\end{cases}\tag{1.9}$$

此时, 定义

$$g(\zeta)=\begin{cases}\alpha_0, & 0\leqslant\zeta<\mu;\\ +\infty, & \text{其他};\end{cases}\tag{1.10}$$

这里的 $\mu>0$ 为某个常数. 注意, 我们令 $\mu>0$ 而不取 $\mu=0$ 原因在于需要保证 $g(\zeta)$ 满足如下条件: 存在 $\zeta>0$, 使得 $g(\zeta)$ 为有限值. 由此得到函数 $f(x)=g(k(x))$ 具有如下表达式:

$$f(x)=\begin{cases}\alpha_0, & x\in C;\\ +\infty, & \text{其他}.\end{cases}$$

此时可以看到 $f(x)$ 在 $\mathrm{dom} f$ 上为常数. 换句话说, 当 C 为凸锥时, $f(x)$ 可以写成 $f(x)=\inf f(x)+\delta(x\mid C)=\alpha_0+\delta(x\mid C)=g(k(x))$ 的形式, 其中, g,k 如 (1.9) 和 (1.10) 定义.

情形 2　下面讨论 C 不是锥, 且 f 在 $\mathrm{dom} f$ 上不是常数的情况. 在这种情况下, 可以定义

$$g(\zeta)=\inf\{\alpha\mid C_\alpha\supset\zeta C\},\quad \zeta\geqslant 0.$$

显然, g 是非减、非常数的, 且

$$\begin{aligned}\alpha_0&=f(0)=\inf\{\alpha\mid f(0)\leqslant\alpha\}=\inf\{\alpha\mid 0\subset C_\alpha\}\\&=g(0)=\inf\{g(\zeta)\mid\zeta>0\}<\infty.\end{aligned}$$

对任意的 x, 有

$$\begin{aligned}f(x)&=\inf\{\alpha\mid\alpha>\alpha_0,x\in C_\alpha\}\\&=\inf_{\alpha}\{\alpha\mid\zeta>0,x\in\zeta C\subset C_\alpha\}\\&=\inf_{\zeta}\left\{\inf_{\alpha}\{\alpha\mid\zeta C\subset C_\alpha\}\mid\zeta>0,x\in\zeta C\right\}\quad(\text{根据}g(\zeta)\text{的定义})\\&=\inf\{g(\zeta)\mid\zeta>0,x\in\zeta C\}\quad(\text{根据}k(x)\text{的定义})\\&=\inf\{g(\zeta)\mid\zeta\geqslant\gamma(x\mid C)=k(x)\}=g(k(x)).\end{aligned}$$

其中第二个等号成立是因为 C_α 可以表示成一个集合 C 的正倍数, 所以对于任意 $x\in C_\alpha$, 存在 $\zeta>0$, 使得 $\zeta=\inf\{\lambda\mid x\in\lambda C\subset C_\alpha,\ \lambda>0\}$ ①.

因为 C 不为锥, 所以 $k(x)$ 不仅仅有 0 和 $+\infty$ 两个值, 则存在 x, 使得 $k(x)=\lambda_x>0$. 由 $k(x)$ 的正齐次性, 有 $k\left(\dfrac{x}{\lambda_x}\right)=1$. 即存在向量 x 使得 $k(x)=1$, 且对于这样的 x 有

$$g(\zeta)=g(\zeta k(x))=g(k(\zeta x))=f(\zeta x),\quad\forall\,\zeta\geqslant 0.$$

因为 f 是凸函数, 由 $g(\zeta)=f(\zeta x)$, 得到 $g(\zeta)$ 是凸函数. 因为 f 是闭正常凸函数, 故 f 是下半连续的. 因而 $f(\zeta x)$ 是下半连续的, 根据下半连续的定义有, 对于 $S=\mathrm{dom} f$ 中收敛于 $\zeta x\in S$ 的序列 $\{\zeta_i x\}$, 且 $\{f(\zeta_i x)\}$ 的极限在 $[-\infty,\ +\infty]$ 上存在, 都有

$$f(\zeta x)\leqslant\lim_{i\to+\infty}f(\zeta_i x).$$

---

① 例如, 对于集合 $C=[0,1]$, 对于某个 α, $C_\alpha=3C$, 则对于 $x=2.5\in C_\alpha$, 此时 $\zeta=2.5$.

因此, 当序列 $\{\zeta_i x\}$ 收敛于 $\zeta x \in S$ 时, 有序列 $\{\zeta_i\}$ 收敛于 ζ, 且 $\{g(\zeta_i)\}$ 的极限在 $[-\infty, +\infty]$ 上存在, 都有

$$g(\zeta) \leqslant \lim_{i \to +\infty} g(\zeta_i).$$

即 $g(\zeta)$ 是下半连续的. 综上两种情况可知, (1) 的左边 $\Longrightarrow$ 右边. 证毕. □

定理 1.7 主要应用于具有这样性质的函数: 存在指数 p, $1 < p < \infty$, 使得

$$f(\lambda x) = \lambda^p f(x), \quad \forall\, \lambda > 0, \quad \forall\, x.$$

这样的函数称为 p 阶正齐次函数.

推论 1.4 一个闭正常凸函数 f 为 p 阶正齐次的, 其中 $1 < p < \infty$, 当且仅当存在某个闭度规 k, 使得

$$f(x) = (1/p)k(x)^p.$$

对于这样的 f, f 的共轭为 q 阶正齐次函数, 其中 $1 < q < \infty$ 且 $1/p + 1/q = 1$; 事实上, 有

$$f^*(x^*) = (1/q)k^\circ(x^*)^q.$$

证明 下只需证明下面三个结论:

(a) 如果 f 为 p 阶正齐次的, 则 f 为度规型的;

(b) $g(\zeta) = (1/p)\zeta^p, \zeta \geqslant 0$, 满足定理 1.7 的条件;

(c) $g^+(\zeta^*) = (1/q)\zeta^{*q}$,

则可以将定理 1.7 的结论应用在 p 阶正齐次函数上, 从而得到推论的结果.

(a) 根据度规型的定义, 先证明 (i) $f(0) = \inf f$; 再证明 (ii) 所有水平集 $C_\alpha = \{x \mid f(x) \leqslant \alpha\}$, $f(0) < \alpha < +\infty$ 能表示成某个集合 C 的正倍数.

(i) 由 f 是 p 阶正齐次的, 故有

$$f(\lambda x) = \lambda^p f(x). \tag{1.11}$$

当 $x = 0$ 时, 对任意 λ, 有 $f(0) = \lambda^p f(0)$. 因为 $\lambda^p > 0$, 故 $f(0) = 0$.

下面证明 $f(x) \geqslant 0$ 恒成立. (反证法) 假设 $f(x) < 0$, 则 $f(\lambda x) < 0$, 因为 $f(x)$ 是凸函数, 所以

$$f(\lambda x) \leqslant \lambda f(x) + (1-\lambda) f(0), \quad f(0) = 0,\ 0 < \lambda < 1. \tag{1.12}$$

结合 (1.11) 及 (1.12) 知, $\lambda^p f(x) \leqslant \lambda f(x)$, 即

$$(\lambda^{p-1} - 1) f(x) \leqslant 0. \tag{1.13}$$

因为 $0<\lambda<1,\ p>1$, 有 $\lambda^{p-1}-1<0$. 故再结合 $f(x)<0$, 得到 $(\lambda^{p-1}-1)f(x)>0$. 与 (1.13) 矛盾. 所以 $f(x)\geqslant 0$. 由 f 是闭正常凸函数知, f 下半连续, 因而 $f(0)=\inf f$.

(ii) 取 α_1, 使得 $f(0)<\alpha_1<+\infty$, 则水平集 $C_{\alpha_1}=\{x\mid f(x)\leqslant\alpha_1\}$. 对任意 $f(0)<\theta<+\infty$, 存在 $\lambda>0$ (此 λ 与 θ 相关), 则有 $\theta=\lambda^p\alpha_1$, 故

$$\begin{aligned}C_\theta&=\{x\mid f(x)\leqslant\theta\}\\&=\{x\mid f(x)\leqslant\lambda^p\alpha_1\}\\&=\left\{x\;\middle|\;\frac{f(x)}{\lambda^p}\leqslant\alpha_1\right\}.\end{aligned}$$

令 $y=\dfrac{x}{\lambda^p}$, 则有

$$\begin{aligned}C_\theta&=\left\{\lambda^p y\;\middle|\;\frac{f(\lambda^p y)}{\lambda^p}\leqslant\alpha_1\right\}\\&=\lambda^p\{y\mid f(y)\leqslant\alpha_1\}\\&=\lambda^p C_{\alpha_1}.\end{aligned}$$

所以, 所有的水平集 C_θ 都可以表示成集合 C_{α_1} 的 λ^p 倍 (λ 与 θ 相关), 且 $\lambda^p>0$. 因此完成 f 是度规型的证明.

(b) 根据 g 的定义, 显然, g 是一个定义在 $[0,+\infty]$ 上的非常数、非减、下半连续的凸函数, 且存在 $\zeta>0$, 使得 $g(\zeta)$ 有限. 所以, g 满足定理 1.7 的条件.

(c) 由单调共轭的定义, 有

$$g^+(\zeta^*)=\sup_{\zeta}\left\{\langle\zeta,\zeta^*\rangle-\frac{1}{p}\zeta^p\mid\zeta\geqslant 0\right\},\quad\forall\,\zeta^*\geqslant 0.$$

令 $h(\zeta)=\langle\zeta,\zeta^*\rangle-\dfrac{1}{p}\zeta^p$. 则 $\nabla h(\zeta)=\zeta^*-\zeta^{p-1}$.

- 当 $\zeta^{p-1}<\zeta^*$, 即 $\zeta<(\zeta^*)^{\frac{1}{p-1}}$ 时, $\nabla h(\zeta)>0,\ h(\zeta)$ 单调递增;
- 当 $\zeta^{p-1}>\zeta^*$, 即 $\zeta>(\zeta^*)^{\frac{1}{p-1}}$ 时, $\nabla h(\zeta)>0,\ h(\zeta)$ 单调递减.

所以, 在 $\zeta=(\zeta^*)^{\frac{1}{p-1}}$ 时, $h(\zeta)$ 取到最大值. 故有

$$g^+(\zeta^*)=(\zeta^*)^{\frac{1}{p-1}}\zeta^*-\frac{1}{p}(\zeta^*)^{\frac{p}{p-1}}=\left(1-\frac{1}{p}\right)(\zeta^*)^{\frac{1}{1-\frac{1}{p}}}.$$

令 $\dfrac{1}{q}=1-\dfrac{1}{p}$, 则 $g^+(\zeta^*)=\dfrac{1}{q}(\zeta^*)^q$. 证毕. □

若 $f=(1/p)k^p$, 则 $(pf)^{1/p}=k$. 因此有下面的推论成立.

推论 1.5 设 f 为闭正常的 p 阶正齐次凸函数, 其中 $1<p<\infty$, 则 $(pf)^{1/p}$ 为闭的度规. 其极为 $(qf^*)^{1/q}$, 其中 $1<q<\infty$ 且 $(1/p)+(1/q)=1$. 因此, 有

$$\langle x,x^*\rangle \leqslant (pf(x))^{1/p}(qf^*(x^*))^{1/q},\quad \forall\, x\in \mathrm{dom}f,\quad \forall\, x^*\in \mathrm{dom}f^*,$$

并且下列闭凸集

$$C=\left\{x \mid (pf(x))^{1/p}\leqslant 1\right\}=\{x\mid f(x)\leqslant 1/p\},$$
$$C^*=\left\{x^* \mid (qf^*(x^*))^{1/q}\leqslant 1\right\}=\{x^*\mid f^*(x^*)\leqslant 1/q\}$$

互为极.

证明 由推论 1.4 知, 当 f 为闭正常 p 阶正齐次凸函数时, 会存在一个闭度规 k, 使得

$$f(x)=\frac{1}{p}k(x)^p.$$

所以

$$k(x)=(pf(x))^{\frac{1}{p}}.$$

且由

$$f^*(x^*)=\frac{1}{q}k^\circ(x^*)^q$$

也可以推出

$$k^\circ(x^*)=(qf(x^*))^{\frac{1}{q}},$$

其中 $1<q<+\infty$, 且 $\dfrac{1}{p}+\dfrac{1}{q}=1$. 由前面的 “更好的” 不等式, 有

$$\langle x,x^*\rangle\leqslant k(x)k^\circ(x),\quad \forall\, x\in\mathrm{dom}k,\quad \forall\, x^*\in\mathrm{dom}k^\circ,$$

即

$$\langle x,x^*\rangle \leqslant (pf(x))^{1/p}(qf^*(x^*))^{1/q},\quad \forall\, x\in \mathrm{dom}f,\quad \forall\, x^*\in \mathrm{dom}f^*.$$

下面证明两个闭凸集 C 和 C^* 互为极.

首先, 有

$$C=\{x\mid f(x)\leqslant 1/p\}=\left\{x \,\middle|\, \frac{1}{p}k(x)^p\leqslant\frac{1}{p}\right\}=\{x\mid k(x)\leqslant 1\},$$
$$C^*=\{x^*\mid f^*(x^*)\leqslant 1/q\}=\left\{x^* \,\middle|\, \frac{1}{q}k^\circ(x^*)^q\leqslant\frac{1}{q}\right\}=\{x\mid k^\circ(x^*)\leqslant 1\}.$$

由本章前面的讨论可知, 对于集合 $C=\{x\mid k(x)\leqslant 1\}$ 总是成立 $\gamma(x\mid C)=k(x)$. 又因为 k 是闭的, 所以 C 是含有原点并满足 $\gamma(\cdot\mid C)=k$ 的唯一的闭凸集, 即

$k(x)$ 是对应集合 C 的度规. 同理, 由定理 1.3 可得, k° 是闭度规, 所以 C^* 是含有原点且满足 $\gamma(\cdot \mid C^*) = k^\circ$ 的唯一的闭凸集. 因为 k 和 k° 相互为极, 由推论 1.1 可得, 两个闭凸集 C 和 C^* 相互为极. $\square$

例子 1.4 对于任意 $1 < p < \infty$, 定义函数

$$f(\xi_1, \cdots, \xi_n) = (1/p)\left(|\xi_1|^p + \cdots + |\xi_n|^p\right),$$

则 f 为 $\mathbb{R}^n$ 上的闭正常 p 阶正齐次凸函数. 则 f 的共轭函数为

$$f^*(\xi_1^*, \cdots, \xi_n^*) = (1/q)\left(|\xi_1^*|^q + \cdots + |\xi_n^*|^q\right),$$

其中 $1 < q < \infty$ 且 $1/p + 1/q = 1$. 这可由 [3, 例子 5.3] 得到如上结论.

由推论 1.5 知, 函数

$$k(\xi_1, \cdots, \xi_n) = \left(|\xi_1|^p + \cdots + |\xi_n|^p\right)^{1/p}$$

为闭度规函数, 其极为

$$k^\circ(\xi_1^*, \cdots, \xi_n^*) = \left(|\xi_1^*|^q + \cdots + |\xi_n^*|^q\right)^{1/q},$$

且闭凸集

$$C = \{x = (\xi_1, \cdots, \xi_n) \mid |\xi_1|^p + \cdots + |\xi_n|^p \leqslant 1\}$$

及

$$C^* = \{x^* = (\xi_1^*, \cdots, \xi_n^*) \mid |\xi_1^*|^q + \cdots + |\xi_n^*|^q \leqslant 1\}$$

相互为极. 事实上, 此时, k 与 k° 互为范数极.

例子 1.5 令 Q 为对称 $n \times n$ 阶正定矩阵, 且

$$f(x) = \frac{1}{2}\langle x, Qx\rangle.$$

如在 [3, 定理5.5] 所指出的, f 为定义在 $\mathbb{R}^n$ 上的 (闭正常) 凸函数, 其共轭为

$$f^*(x^*) = \frac{1}{2}\left\langle x^*, Q^{-1}x^*\right\rangle.$$

因为 f 为二阶正齐次的, 由推论 1.5 知, 函数

$$k(x) = \langle x, Qx\rangle^{1/2}$$

为度规函数. 事实上, $k(x)$ 是范数, 它的极为

$$k^\circ(x^*) = \left\langle x^*, Q^{-1}x^*\right\rangle^{1/2}.$$

凸集

$$C = \{x \mid \langle x, Qx \rangle \leqslant 1\}$$

的极为

$$C^\circ = \left\{x^* \mid \left\langle x^*, Q^{-1}x^* \right\rangle \leqslant 1\right\}.$$

例如, 椭圆盘

$$C = \left\{(\xi_1, \xi_2) \middle| \frac{\xi_1^2}{\alpha_1^2} + \frac{\xi_2^2}{\alpha_2^2} \leqslant 1\right\}$$

的极为椭圆盘

$$C^\circ = \left\{(\xi_1^*, \xi_2^*) \mid \alpha_1^2\xi_1^{*2} + \alpha_2^2\xi_2^{*2} \leqslant 1\right\}.$$

进一步, 对于满足定理 1.7 假设的 g, 可定义一对相互共轭的正常闭凸函数

$$f(x) = g\left(\langle x, Qx \rangle^{1/2}\right), \quad f^*(x^*) = g^+\left(\left\langle x^*, Q^{-1}x^* \right\rangle^{1/2}\right).$$

1.4 一般函数的极

度规函数是一类特殊的非负凸函数, 它在原点处为 0. 对于一般的函数 f, 可定义如下的极:

$$f^\circ(x^*) = \inf\{\mu^* \geqslant 0 \mid \langle x, x^* \rangle \leqslant 1 + \mu^* f(x),\ \forall\ x\}. \tag{1.14}$$

通过如上定义, 可将度规函数之间的极性推广到较大的函数类中.

性质 1.3 *如果 f 为度规函数, 定义 (1.14) 与度规的极的定义 (1.15) 等价. 即*

$$f^\circ(x^*) = \inf\{\mu^* \geqslant 0 \mid \langle x, x^* \rangle \leqslant \mu^* f(x), \forall\ x\}. \tag{1.15}$$

证明 由 (1.14) 有

$$\begin{aligned} f^\circ(x^*) &= \inf\{\mu^* \geqslant 0 \mid \langle x, x^* \rangle \leqslant 1 + \mu^* f(x),\ \forall\ x\} \\ &= \inf\{\mu^* \geqslant 0 \mid \langle \lambda x, x^* \rangle \leqslant 1 + \mu^* f(\lambda x),\ \forall\ \lambda > 0,\ \forall\ x\} \\ &= \inf\{\mu^* \geqslant 0 \mid \lambda \langle x, x^* \rangle \leqslant 1 + \mu^* \lambda f(x),\ \forall\ \lambda > 0,\ \forall\ x\} \quad (f\text{的齐次性}) \\ &= \inf\left\{\mu^* \geqslant 0 \mid \langle x, x^* \rangle \leqslant \frac{1}{\lambda} + \mu^* f(x),\ \forall\ \lambda > 0,\ \forall\ x\right\}. \end{aligned}$$

下面分情况讨论.

(i) 当 $f(x) > 0$ 时, 上式关于 μ^* 的条件可写为

$$\mu^* \geqslant \frac{\langle x, x^* \rangle - \frac{1}{\lambda}}{f(x)}, \quad \forall\, \lambda > 0, \quad \forall\, x,$$

即

$$\mu^* \geqslant \sup_x \sup_{\lambda>0} \frac{\langle x, x^* \rangle - \frac{1}{\lambda}}{f(x)}. \tag{1.16}$$

注意到 $\dfrac{\langle x, x^* \rangle - \frac{1}{\lambda}}{f(x)}$ 关于 $\lambda > 0$ 是单调增函数, 故有

$$\sup_{\lambda>0} \frac{\langle x, x^* \rangle - \frac{1}{\lambda}}{f(x)} = \lim_{\lambda \to +\infty} \frac{\langle x, x^* \rangle}{f(x)} = \frac{\langle x, x^* \rangle - \frac{1}{\lambda}}{f(x)}.$$

因此 (1.16) 等价于

$$\mu^* \geqslant \sup_x \frac{\langle x, x^* \rangle}{f(x)},$$

即可得到

$$f^\circ(x^*) = \inf\{\mu^* \geqslant 0 \mid \langle x, x^* \rangle \leqslant \mu^* f(x),\ \forall\, x\}.$$

(ii) 当 $f(x) = 0$ 时, 上式中关于 μ^* 的条件可写成

$$\langle x, x^* \rangle \leqslant \frac{1}{\lambda}, \quad \forall\, \lambda > 0, \quad \forall\, x,$$

即

$$\sup_x \sup_{\lambda>0} \left(\langle x, x^* \rangle - \frac{1}{\lambda} \right) \leqslant 0. \tag{1.17}$$

类似于上面的讨论, 可得到 (1.17) 等价于

$$\sup_x \lim_{\lambda \to +\infty} \left(\langle x, x^* \rangle - \frac{1}{\lambda} \right) \leqslant 0,$$

即

$$\sup_x \langle x, x^* \rangle \leqslant 0. \tag{1.18}$$

注意到 (1.18) 中的条件也可等价写为

$$\langle x, x^* \rangle \leqslant \mu^* f(x).$$

因此不管 $f(x) = 0$ 还是 $f(x) > 0$, 关于 μ^* 的条件均可写为 (1.15) 中的形式.

综上, 当 f 为度规时, 函数的极的定义 (1.14) 可简化为定义 (1.15). □

性质 1.4 如果 f 为含有原点的凸集 C 的指示函数, 则 f° 为 C° 的指示函数.

证明 $f(x)=\delta(x\mid C)$, $0\in C$. 根据 f 的极的定义, 有

$$f^\circ(x^*)=\inf\{\mu^*\geqslant 0\mid \langle x,x^*\rangle\leqslant 1+\mu^*\delta(x\mid C),\ \forall\ x\}.$$

下面分两种情况讨论:

- 当 $x\in C$ 时, $\delta(x\mid C)=0$, 所以 $\langle x,x^*\rangle\leqslant 1$;
- 当 $x\notin C$ 时, $\langle x,x^*\rangle\leqslant +\infty$ 恒成立, 此约束不用考虑;

故有

$$\begin{aligned}f^\circ(x^*)&=\inf\{\mu^*\geqslant 0\mid \langle x,x^*\rangle\leqslant 1,\ \forall\ x\in C\}\\&=\inf\{\mu^*\geqslant 0\mid x^*\in C^\circ\}\\&=\delta(x^*\mid C^\circ).\end{aligned}$$

故结论成立. □

定理 1.8 设 f 为非负凸函数, 且在原点为零. f 的极 f° 为在原点为零的非负闭凸函数且 $f^{\circ\circ}=\mathrm{cl}f$.

证明 我们分如下几个步骤进行证明.

(步 1) 证明 f° 为非负的且 $f^\circ(0)=0$. 根据 f° 的定义可知, f° 是非负的, 且

$$f^\circ(0)=\inf\{\mu^*\geqslant 0\mid 0\leqslant 1+\mu^*f(x),\ \forall\ x\},$$

因为 $f(x)\geqslant 0$, $\mu^*\geqslant 0$, 所以对任意的 x, $0\leqslant 1+\mu^*f(x)$ 恒成立. 故 $f^\circ(0)=0$.

(步 2) 证明 f° 的上图为 $\mathbb{R}^{n+1}$ 中的向量 (x^*,μ^*), 使得

$$\langle x,x^*\rangle-\mu\mu^*\leqslant 1,\quad \forall\ (x,\mu)\in \mathrm{epi}f.$$

令

$$\begin{aligned}&D=\mathrm{epi}\ f^\circ=\{(x^*,\mu^*)\mid \mu^*\geqslant f^\circ(x^*)\},\\&E=\{(x^*,\mu^*)\mid \langle x,x^*\rangle-\mu\mu^*\leqslant 1,\forall\ (x,\mu)\in \mathrm{epi}f\}.\end{aligned}$$

只需证明 $D=E$.

- 先证明 $D\subseteq E$. 对任意的 $(x^*,\ \mu^*)\in D$, 有 $\mu^*\geqslant f^\circ(x^*)$. 由 (1.14) 中 $f^\circ(x^*)$ 的定义知

$$f^\circ(x^*)=\inf\{\mu^*\geqslant 0\mid \langle x,x^*\rangle\leqslant 1+\mu^*f(x),\ \forall\ x\}.$$

因此有

$$\begin{aligned}\langle x,x^*\rangle &\leqslant 1+f^\circ(x^*)f(x),\ \forall\ x\\ &\leqslant 1+\mu^*f(x),\ \forall\ x.\quad (\text{由}\mu^*\geqslant f(x^*)\text{及}f(x)\geqslant 0)\end{aligned}$$

而注意到对任意的 $(x,\mu)\in \mathrm{epi}f$, 有 $f(x)\leqslant \mu$. 因此,

$$\langle x,x^*\rangle \leqslant 1+\mu^*f(x)\leqslant 1+\mu^*\mu,\ \forall\ (x,\mu)\in \mathrm{epi}f,$$

即 $(x^*,\mu^*)\in E$.

- 再证明 $E\subseteq D$. 对任意的 $(x^*,\ \mu^*)\in E$, 有

$$\langle x,x^*\rangle-\mu\mu^*\leqslant 1,\quad \forall\ (x,\mu)\in \mathrm{epi}f.$$

特别地, 取 $\mu=f(x)$, 则有 $\langle x,x^*\rangle-f(x)\mu^*\leqslant 1$. 根据 $f^\circ(x^*)$ 的定义知, $f^\circ(x^*)$ 是所有满足

$$\langle x,x^*\rangle\leqslant 1+f(x)\mu^*,\quad \forall\ x$$

的 μ^* 下确界. 因此有 $\mu^*\geqslant f^\circ(x^*)$. 即 $(x^*,\mu^*)\in D$. 因此 $D=E$.

(步 3) 利用上面的结论证明下式成立

$$\mathrm{epi}f^\circ=(A(\mathrm{epi}f))^\circ=A\left((\mathrm{epi}f)^\circ\right),\tag{1.19}$$

其中 A 为 $\mathbb{R}^{n+1}$ 中的垂直反射, 即线性变换 $(x^*,\mu^*)\to(x^*,-\mu^*)$.

先证明 $\mathrm{epi}f^\circ=(A(\mathrm{epi}f))^\circ$.

令

$$\begin{aligned}B&=\mathrm{epi}f=\{(x,\mu)\mid u\geqslant f(x)\},\\ C&=AB=\{(x,-\mu)\mid (x,\mu)\in \mathrm{epi}f\}.\end{aligned}$$

根据凸集的极的定义,

$$\begin{aligned}C^\circ&=\{(x',\mu')\mid \langle(x,-\mu),(x',\mu')\rangle\leqslant 1,\ \forall\ (x,\mu)\in\mathrm{epi}f\}\\ &=\{(x',\mu')\mid \langle x,x'\rangle-\langle\mu,\mu'\rangle\leqslant 1,\ \forall\ (x,\mu)\in\mathrm{epi}f\}\\ &=\mathrm{epi}f^\circ,\end{aligned}$$

即 $\mathrm{epi}f^\circ=(A(\mathrm{epi}f))^\circ$.

再证明 $\mathrm{epi}f^\circ=A\left((\mathrm{epi}f)^\circ\right)$, 即证 $\mathrm{epi}f^\circ=AB^\circ$.

根据 B 的定义, $B^\circ=\{(x',\mu')\mid \langle(x',\mu'),(x,\mu)\rangle\leqslant 1,\ \forall\ (x,\mu)\in B\}$, 有

$$\begin{aligned}AB^\circ&=\{(x',-\mu')\mid \langle(x',\mu'),(x,\mu)\rangle\leqslant 1,\ \forall\ (x,\mu)\in B\}\\ &=\{(x',-\mu')\mid \langle x,x'\rangle+\mu'\mu\leqslant 1,\ \forall\ (x,\mu)\in B\}.\end{aligned}$$

令 $\mu^* = -\mu'$, 则有

$$AB^\circ = \{(x', \mu^*) \mid \langle x, x' \rangle - \mu^* \mu \leqslant 1, \ \forall \ (x, \mu) \in B\}.$$

所以, $AB^\circ = \mathrm{epi} f^\circ$. 即 $\mathrm{epi} f^\circ = A\left((\mathrm{epi} f)^\circ\right)$. 综上可知 (1.19) 成立.

(步 4) 证明 f° 是闭凸函数. 注意到 $B = \mathrm{epi}\, f$ 为非空凸集. 所以, B° 为另一个包含原点的闭凸集 ([3, 定理 7.6]). 由 [3, 定理 2.1] 得, AB° 是闭的, 由 [2, 定理 3.4] 得, AB° 是凸集. 所以由 (1.19) 知 $\mathrm{epi} f^\circ$ 是闭凸集, 因此 f° 是闭凸函数.

(步 5) 证明 $f^{\circ\circ} = \mathrm{cl} f$. 注意到

$$\begin{aligned} \mathrm{epi}\left(f^{\circ\circ}\right) &= \left(A\left(\mathrm{epi} f^\circ\right)\right)^\circ = \left(AA\left((\mathrm{epi} f)^\circ\right)\right)^\circ \\ &= (\mathrm{epi} f)^{\circ\circ} = (\mathrm{cl}(\mathrm{epi} f))^{\circ\circ} = \mathrm{cl}(\mathrm{epi} f) = \mathrm{epi}(\mathrm{cl} f). \end{aligned}$$

所以, $f^{\circ\circ} = \mathrm{cl} f$. 命题得证. □

推论 1.6 *极运算 $f \to f^\circ$ 在所有在原点为零的非负闭凸函数所构成的函数类中诱导出一种一对一的对应.*

证明 由定理 1.8 得, 若 f 是闭的, 有 $f^{\circ\circ} = \mathrm{cl} f = f$, 且 f 和 f° 都是原点为零的非负闭凸函数, 因而构成了 f 与 f° 之间的一一对应. □

注意到在 (1.14) 意义下互为极的函数满足如下不等式:

$$\langle x, x^* \rangle \leqslant 1 + f(x) f^\circ(x^*), \quad \forall \ x \in \mathrm{dom} f, \quad \forall \ x^* \in \mathrm{dom} f^\circ.$$

它们对应一类“最好”的不等式, 其细节可以作为简单练习. 此不赘述.

设 f 为在原点为零的非负闭凸函数, 正如我们刚才所看到的, f° 也具有这些相同的性质. 实际上, 由定义可以看到, 共轭函数 f^* 也具有这些性质.

性质 1.5 *若 f 为在原点为零的非负闭凸函数, 则 f^* 是在原点为零的非负闭凸函数.*

证明 根据 [3, 定理 5.2], 当 f 为凸函数时, 共轭函数 f^* 为闭凸函数, 根据共轭函数的定义, $f^*(x^*) = \sup\limits_x \{\langle x, x^* \rangle - f(x)\}$. 因为 $f(0) = 0$, $f(x) \geqslant 0$, 所以 $f^*(0) = \sup\limits_x \{-f(x)\} = 0$. 下面通过反证法证明 f^* 是非负的.

假设存在 x^*, 使得 $f^*(x^*) < 0$. 根据共轭函数的定义, 有 $\sup\limits_x \{\langle x, x^* \rangle - f(x)\} < 0$. 即: 对任意的 x, 有 $\langle x, x^* \rangle - f(x) < 0$. 显然当 $x = 0$ 时, $0 < 0$ 不成立. 所以, 对任意的 x^*, 有 $f^*(x^*) \geqslant 0$. 即 f^* 是非负的. □

1.5 函数的对立

那么 f^* 和 f° 之间的关系如何? 对于这个问题的回答可通过比较函数 $g = f^{*\circ}$ 与 f 的上图之间的几何分析而得到.

首先, 由 f^* 来计算 g. 由函数 g 的定义,

$$g(x) = f^{*\circ}(x) = \inf\{\lambda \geqslant 0 \mid \langle x, x^* \rangle \leqslant 1 + \lambda f^*(x^*),\ \forall\ x^*\}.$$

如果 $g(x) < \overline{\lambda} < \infty$, 则有 $\overline{\lambda} > 0$ 且

$$\begin{aligned}\langle x, x^* \rangle &\leqslant 1 + g(x) f(x^*) \\ &\leqslant 1 + \lambda f(x^*) \quad (\forall\ \lambda \geqslant g(x),\ \forall\ x^*) \\ &\leqslant 1 + \overline{\lambda} f(x^*), \quad (\forall\ x^*)\end{aligned}$$

因此有

$$\begin{aligned}1 &\geqslant \sup_{x^*} \left\{ \langle x, x^* \rangle - \overline{\lambda} f^*(x^*) \right\} \\ &= \overline{\lambda} \sup_{x^*} \left\{ \left\langle \overline{\lambda}^{-1} x, x^* \right\rangle - f^*(x^*) \right\} \\ &= \overline{\lambda} f^{**}\left(\overline{\lambda}^{-1} x \right) = \overline{\lambda} f\left(\overline{\lambda}^{-1} x \right) = (f\overline{\lambda})(x).\end{aligned}$$

其次, 若 $0 < \lambda < \infty$, 由 $(f\lambda)(x) \leqslant 1$ 知

$$\begin{aligned}(f\lambda)(x) &= \lambda f(\lambda^{-1} x) \\ &= \lambda f^{**}(\lambda^{-1} x) \\ &= \lambda \sup_{x^*} \{ \langle \lambda^{-1} x, x^* \rangle - f^*(x^*) \} \\ &= \sup_{x^*} \{ \langle x, x^* \rangle - \lambda f^*(x^*) \} \\ &\leqslant 1.\end{aligned}$$

由 $g(x) = f^{*\circ}$ 知 $g(x) \leqslant \lambda$.

因此有

$$g(x) = \inf\{\lambda > 0 \mid (f\lambda)(x) \leqslant 1\}. \tag{1.20}$$

我们称函数 g 为 f 的对立.

性质 1.6　(i) 如果 f 为某个含有原点的闭凸集 C 的指示函数, 则由 (1.20) 定义的 g 为 C 的度规函数.

(ii) 如果 f 为 C 的度规函数, 则 g 为 C 的指示函数.

(iii) C 的指示函数与度规函数互为对立.

证明　(i) 由假设知

$$f(x) = \begin{cases} 0, & x \in C; \\ +\infty, & \text{其他}. \end{cases} \tag{1.21}$$

由 g 的定义, 有

$$\begin{aligned} g(x) &= \inf\{\lambda > 0 \mid (f\lambda)(x) \leqslant 1\} \\ &= \inf\{\lambda > 0 \mid \lambda f(\lambda^{-1}x) \leqslant 1\} \\ &= \inf\{\lambda > 0 \mid f(\lambda^{-1}x) = 0\} \quad (f(x)\text{表达式 } (1.21)) \\ &= \inf\{\lambda > 0 \mid \lambda^{-1}x \in C\} \\ &= \inf\{\lambda > 0 \mid x \in \lambda C\} \\ &= \gamma(x \mid C). \end{aligned}$$

由此可知, g 为 C 的度规函数.

(ii) 根据度规函数的定义, 有 $f(x) = \inf\{\eta \geqslant 0 \mid x \in \eta C\}$. 则

$$\lambda f(\lambda^{-1}x) = \lambda \inf\{\eta \geqslant 0 \mid x \in \lambda\eta C\}. \tag{1.22}$$

分情况讨论:

(1) 当 $x \in C$ 时, 根据 (1.22) 有 $\lambda f(\lambda^{-1}x) \leqslant 1$. 根据 g 的定义, 约束中的 $\lambda f(\lambda^{-1}x) \leqslant 1$ 对 $\forall\lambda > 0$ 恒成立, 此时, $g(x) = 0$.

(2) 当 $x \notin C$ 时, 因为 C 是包含原点的闭凸集, 根据 (1.22), 有 $\lambda f(\lambda^{-1}x) > 1$, 则根据 g 的定义, 约束中的 $\lambda f(\lambda^{-1}x) \leqslant 1$ 不成立. 集合为空集, 空集的下确界为 $+\infty$. 此时, $g(x) = +\infty$. 综上所述, $g(x) = \delta(x \mid C)$, 即 g 是 C 的示性函数.

根据 (i) 和 (ii) 以及 f 和 g 的定义可知, C 的指示函数与度规函数互为对立. □

一般地, epi$f$ 与 epi$g$ 之间存在简单的几何关系. 在 (1.20) 中, 当 $\lambda \downarrow 0$ 时 $(f\lambda)(x)$ 趋向于 $(f0^+)(x)$ ([3, 推论 1.8]). 我们有

$$\text{epi}g = \{(x, \lambda) \mid h(\lambda, x) \leqslant 1\},$$

其中,

$$h(\lambda, x) = \begin{cases} (f\lambda)(x), & \text{若} \quad \lambda > 0; \\ (f0^+)(x) & \text{若} \quad \lambda = 0; \\ +\infty, & \text{若} \quad \lambda < 0. \end{cases}$$

正如我们在 [3, 第 1 章] 中所看到的, $P = \text{epi}h$ 为 $\mathbb{R}^{n+2}$ 中的闭凸锥且为包含

$$\{(1, x, \mu) \mid \mu \geqslant f(x)\}$$

的最小的这样的锥. 因此, P 与超平面 $\{(\lambda, x, \mu) \mid \lambda = 1\}$ 的交对应于 epi$f$. 上述计算说明 P 与超平面 $\{(\lambda, x, \mu) \mid \mu = 1\}$ 的交对应于 epi$g$. 进一步, 因为 P 等于它与开半空间

$$\{(\lambda, z, 1) \mid \lambda \geqslant g(x)\}$$

交的闭包 (只要 $f \geqslant 0$), 所以 P 一定为包含 $\{(\lambda, z, 1) \mid \lambda \geqslant g(x)\}$ 的最小的凸锥. 因此, f 与 g 在 $\mathbb{R}^{n+2}$ 中导出相同的闭凸锥 P, λ 与 μ 的作用是相反的.

定理 1.9 设 f 为在原点为零的非负闭凸函数, 且 g 为 f 的对立. 则 g 为在原点为零的闭凸函数, 且 f 为 g 的对立. 我们有 $f^{\circ} = g^{*}$ 且 $f^{*} = g^{\circ}$. 进一步地, f^{*} 和 f° 互为对立.

证明 当 f 为在原点为零的非负闭凸函数时, f° 和 f^{*} 也具有相同的性质. 根据 $g = f^{*\circ}$, 可得 g 是在原点为零的非负闭凸函数. 由前面解释的对称性可以得到, f 为 g 的对立, 即 $f = g^{*\circ}$. 则

$$f^{\circ} = g^{*\circ\circ} = \mathrm{cl} g^{*} = g^{*}.$$

第二个等号由定理 1.8 得到; 第三个等号成立是因为 g^{*} 是闭的.

另外, 因为 $g = f^{*\circ}$, 则

$$g^{\circ} = f^{*\circ\circ} = \mathrm{cl} f^{*} = f^{*}.$$

第二个等号由定理 1.8 得到; 第三个等号成立是因为 f^{*} 是闭的.

f^{*} 的对立为 $f^{**\circ} = f^{\circ}$. 故结论成立. □

推论 1.7 设 f 为在原点为零的非负闭凸函数, 则有 $f^{*\circ} = f^{\circ *}$.

证明 由定理 1.9, 有 $f^{\circ} = g^{*}$, 则 $f^{\circ *} = g^{**} = g$. 根据 [3, 定理 5.2], 得到 $g^{**} = \mathrm{cl} g$. 又因为 g 是闭的, 有 $g^{**} = g$. 根据 g 是 f 的对立, 有 $g = f^{*\circ}$. 所以 $f^{\circ *} = g^{**} = g = f^{*\circ}$. □

注 1.3 一般地, f° 的水平集并不简单地为 f 的水平集, 且定理 1.7 中的度规函数不能够用任意的函数极对来替代.

性质 1.7 (i) 对于 f 的对立 g, 我们有 $(f\lambda)(x) \leqslant \mu$ 当且仅当 $(g\mu)(x) \leqslant \lambda$ (假设 $\lambda > 0$ 且 $\mu > 0$).

(ii) 因而对于 $0 < \alpha < \infty$, 有

$$\{x \mid g(x) \leqslant \alpha\} = \{x \mid (f\alpha)(x) \leqslant 1\} = \alpha \left\{x \mid f(x) \leqslant \alpha^{-1}\right\}. \tag{1.23}$$

因为 f° 为 f^{*} 的对立, 我们也可得到

$$\left\{x^{*} \mid f^{\circ}(x^{*}) \leqslant \alpha^{-1}\right\} = \alpha^{-1} \{x^{*} \mid f^{*}(x^{*}) \leqslant \alpha\}, \quad \forall\, \alpha > 0.$$

证明 (i) ($\Rightarrow$) 由定义可知 $(g\mu)(x) = \mu g(\mu^{-1}x)$. 而

$$\begin{aligned} g(\mu^{-1}x) &= f^{*\circ}(\mu^{-1}x) \\ &= \inf\left\{a > 0 \mid \left\langle \mu^{-1}x, x^{*}\right\rangle \leqslant 1 + a f^{*}(x^{*}),\ \forall\, x^{*}\right\}. \end{aligned}$$

下面要证 $\mu g(\mu^{-1}x)\leqslant\lambda$. 注意到

$$
\begin{aligned}
(f\lambda)(x)&=\lambda f(\lambda^{-1}x)\\
&=\lambda\sup_{x^*}\{\langle\lambda^{-1}x,x^*\rangle-f^*(x^*)\}\\
&=\sup_{x^*}\{\langle x,x^*\rangle-\lambda f^*(x^*)\}.
\end{aligned}
$$

根据 $(f\lambda)(x)\leqslant\mu$, 有

$$
\sup_{x^*}\{\langle x,x^*\rangle-\lambda f^*(x^*)\}\leqslant\mu.
$$

所以, 对任意的 x^*, 有

$$
\begin{aligned}
\langle x,x^*\rangle-\lambda f^*(x^*)\leqslant\mu &\Longleftrightarrow\langle x,x^*\rangle\leqslant\mu+\lambda f^*(x^*)\\
&\Longleftrightarrow\langle\mu^{-1}x,x^*\rangle\leqslant 1+\frac{\lambda}{\mu}f^*(x^*).
\end{aligned}
$$

根据 $g(\mu^{-1}x)$ 的定义, 可知 $\dfrac{\lambda}{\mu}\geqslant g(\mu^{-1}x)$. 则 $\mu g(\mu^{-1}x)\leqslant\lambda$, 即 $g(\mu x)\leqslant\lambda$.

($\Leftarrow$) 一方面, 由 $g(\mu^{-1}x)\leqslant\dfrac{\lambda}{\mu}$ 可得, 对任意的 x^*, 有下式成立:

$$
\langle\mu^{-1}x,x^*\rangle\leqslant 1+\frac{\lambda}{\mu}f^*(x^*),
$$

即

$$
\langle x,x^*\rangle\leqslant\mu+\lambda f^*(x^*),\quad\forall\ x^*.
$$

所以有

$$
\sup_{x^*}\{\langle x,x^*\rangle-\lambda f^*(x^*)\}\leqslant\mu.
$$

另一方面, 注意到

$$
\begin{aligned}
&\sup_{x^*}\{\langle x,x^*\rangle-\lambda f^*(x^*)\}\\
=&\lambda\sup_{x^*}\{\langle\lambda^{-1}x,x^*\rangle-f^*(x^*)\}\\
=&\lambda f^{**}(\lambda^{-1}x)\\
=&\lambda f(\lambda^{-1}x)\\
=&(f\lambda)(x),
\end{aligned}
$$

故得到 $(f\lambda)(x)\leqslant\mu$.

(ii) 由 (i) 知

$$\begin{aligned}\{x \mid g(x) \leqslant \alpha\} &= \{x \mid (f\alpha)(x) \leqslant 1\} \\ &= \{x \mid \alpha(f\alpha^{-1}x) \leqslant 1\} \\ &= \{\alpha y \mid \alpha f(y) \leqslant 1\} \quad (y = \frac{1}{\alpha}x) \\ &= \alpha\{y \mid f(y) \leqslant \alpha^{-1}\} \\ &= \alpha\{x \mid f(x) \leqslant \alpha^{-1}\},\end{aligned}$$

由此得到 (1.23).

由定理 1.9 知, f° 是 f^* 的对立. 用 f°, f^* 分别替换 (1.23) 中的 g 与 f, 有

$$\{x^* \mid f^\circ(x^*) \leqslant \alpha\} = \alpha\{x^* \mid f^*(x^*) \leqslant \alpha^{-1}\}, \quad \forall\, \alpha > 0.$$

将上式中的 α 用 $\dfrac{1}{\alpha}$ 替换, 即得到

$$\left\{x^* \mid f^\circ\left(x^*\right) \leqslant \alpha^{-1}\right\} = \alpha^{-1}\left\{x^* \mid f^*\left(x^*\right) \leqslant \alpha\right\}, \quad \forall\, \alpha > 0.$$

结论得证. □

1.6 练　　习

练习 1.1　举一个度规函数的例子, 并画图表示. 说明该函数是否为度规型函数.

练习 1.2　举一个度规型函数的例子, 并画图表示. 说明该函数是否为度规型函数.

本章思维导图

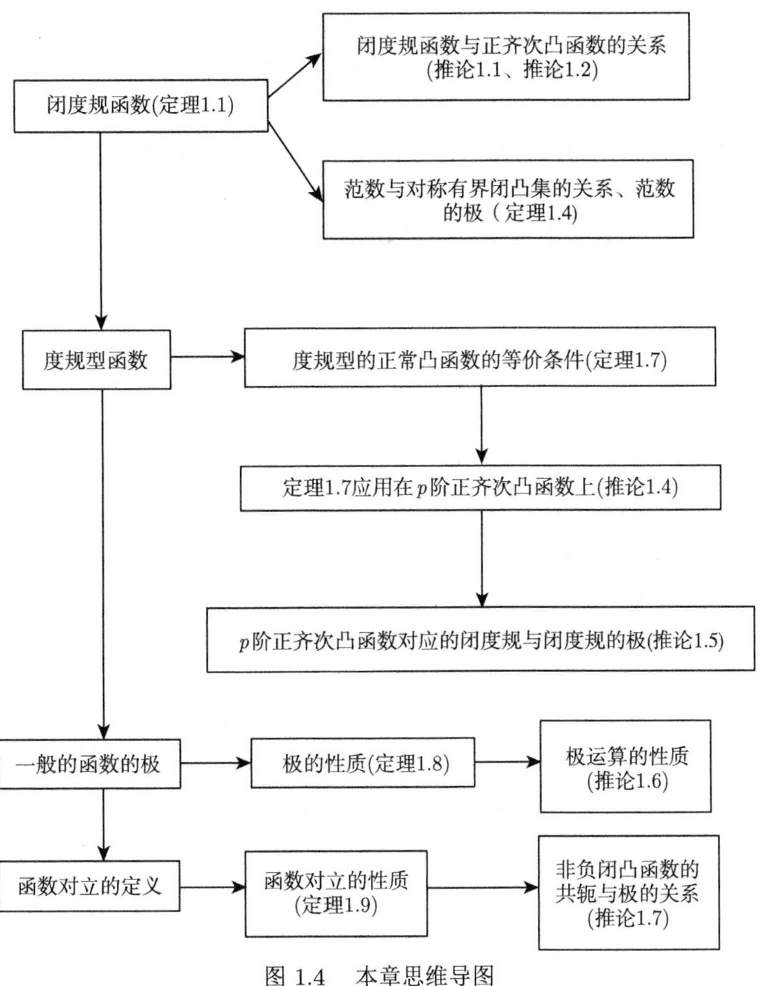

图 1.4 本章思维导图

第 2 章 对偶运算

假如我们要对给定的凸函数 $f_1, \cdots, f_m$ 进行一些诸如加法的运算, 那运算之后的函数的共轭与原函数的共轭 $f_1^*, \cdots, f_m^*$ 之间的关系会如何? 关于在极性对应下的集合或函数的运算, 也可以提出类似的问题. 在大多数情况下, 对偶性将一个熟悉的操作转换为另一个熟悉的操作. 这些操作以对偶对的形式出现.

2.1 简单函数变换下的对偶运算

首先我们举几个简单的例子.

例子 2.1 设 h 是 $\mathbb{R}^n$ 上的任意凸函数. 如果用 $a \in \mathbb{R}^n$ 平移 h, 也就是用 $f(x)$ 代替 $h(x-a)$, 那么可以得到其共轭函数 $f^*(x) = h^*(x^*) + \langle a, x^* \rangle$. 另外, 如果在 h 上加一个线性函数, 得到 $f(x) = h(x) + \langle x, a^* \rangle$, 则 f 的共轭函数是 $f^*(x^*) = h^*(x^* - a^*)$, 也就是 h^* 的平移.

例子 2.2 对于实数 α, $h+\alpha$ 的共轭为 $h^* - \alpha$.

例子 2.3 对于凸集 C, $C+a$ 的支撑函数为 $\delta^*(x^* \mid C) + \langle a, x^* \rangle$. 反之, $\delta(x \mid C) + \langle x, a^* \rangle$ 的支撑函数为 $\delta^*(x^* - a^* \mid C)$. 这是因为 C 的示性函数的共轭为 C 的支撑函数.

非负齐次函数的左乘和右乘操作也互为对偶, 见如下定理.

定理 2.1 对于任何正常的凸函数 f, 有

$$(\lambda f)^* = f^* \lambda, \quad (f\lambda)^* = \lambda f^*, \quad 0 \leqslant \lambda < \infty.$$

证明 当 $\lambda > 0$ 时, 令 $g(x) = \lambda f(x)$, $h(x) = (f\lambda)(x)$, 则有

$$\begin{aligned} g^*(x^*) &= \sup_x \{\langle x, x^* \rangle - g(x)\} \\ &= \sup_x \{\langle x, x^* \rangle - \lambda f(x)\} \\ &= \lambda \sup_x \left\{\langle x, \lambda^{-1} x^* \rangle - f(x)\right\} \\ &= (f^* \lambda)(x^*). \end{aligned}$$

同理, 有

$$h^*(x^*) = \sup_x \{\langle x, x^* \rangle - h(x)\}$$

$$\begin{aligned}&= \sup_x \left\{\langle x, x^*\rangle - \lambda f(\lambda^{-1}x)\right\}\\&= \lambda \sup_x \left\{\langle \lambda x, x^*\rangle - f(\lambda^{-1}x)\right\}\\&= \lambda f^*(x^*).\end{aligned}$$

当 $\lambda = 0$ 时, $(f0)(x) = \delta(x \mid 0)$, 它的共轭为

$$\delta^*(x^* \mid 0) = \sup_{x=0} \{\langle x, x^*\rangle\} = 0.$$

同理 $(f^*0)(x^*) = \delta(x^* \mid 0)$. 故 $(f^*0)^*(x) = \delta^*(x \mid 0) = 0$. 综上可知, 结论成立. □

推论 2.1 对任一非空凸集 C, 有 $\delta^*(x^* \mid \lambda C) = \lambda\delta^*(x^* \mid C)$, $0 \leqslant \lambda < \infty$.

证明 令 $f(x) = \delta(x \mid C)$, 并由示性函数的性质, 有

$$\lambda\delta(x \mid \lambda C) = \delta(x \mid \lambda C).$$

然后利用定理 2.1 得到结论. □

以上讨论了函数关于变量的平移、函数值的平移及左乘、右乘的运算关系, 下面讨论凸集的极. 回顾关于凸集 C 的极的定义 $C^\circ = \{x^* \mid \delta^*(x^* \mid C) \leqslant 1\}$, 即凸集 C 的极就是 C 的支撑函数的水平集.

类似于推论 2.1 的任何支撑函数的结果, 可以立即转化为极性的结果.

推论 2.2 对于任意非空凸集 C, 有 $(\lambda C)^\circ = \lambda^{-1}C^\circ$.

证明 由凸集 C 的极的定义, 有

$$\begin{aligned}(\lambda C)^\circ &= \{x^* \mid \delta^*(x^* \mid \lambda C) \leqslant 1\}\\&= \{x^* \mid \lambda\delta^*(x^* \mid C) \leqslant 1\} \quad (\text{推论 } 2.2)\\&= \{x^* \mid \delta^*(\lambda x^* \mid C) \leqslant 1\} \quad (\text{正齐次性})\\&= \left\{\lambda^{-1}y \mid \delta^*(y^* \mid C) \leqslant 1\right\}\\&= \lambda^{-1}C^\circ,\end{aligned}$$

故结论成立. □

2.2 线性变换下函数的对偶运算

在处理凸集和函数的各种其他操作的对偶时, 我们需要解决关于闭包的问题. 首先我们将这些条件对偶化. 这需要用到回收函数 ([3, 1.3 节]). 对于 $\mathbb{R}^n$ 上的凸函数 f, epi$f$ 的回收锥 $0^+(\text{epi}f)$ 是某个特定函数的上图, 我们称这个函数是 f

的回收函数, 记作 $f0^+$. 根据定义, $\mathrm{epi}(f0^+) = 0^+(\mathrm{epi}f)$. 我们首先举两个简单的例子.

例子 2.4　$f(x) = x^2$, 它的回收函数为 $(f0^+)(x) = 0$. 这是因为 $f(x)$ 的上图的回收锥 $0^+(\mathrm{epi}f)$ 是 $\{(0, y)|\ y \geqslant 0\}$. 如图 2.1 所示.

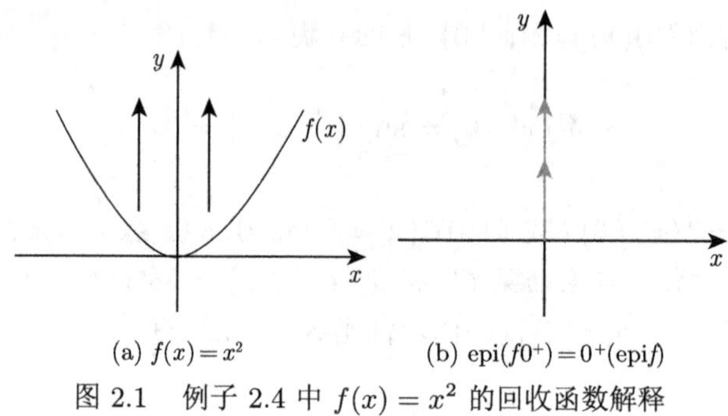

图 2.1　例子 2.4 中 $f(x) = x^2$ 的回收函数解释

例子 2.5　$g(x) = |x|$ 的回收函数是它本身, 即 $(g0^+)(x) = |x|$. 这是因为 g 的回收锥是 $\mathrm{epi}g$, 如图 2.2 所示.

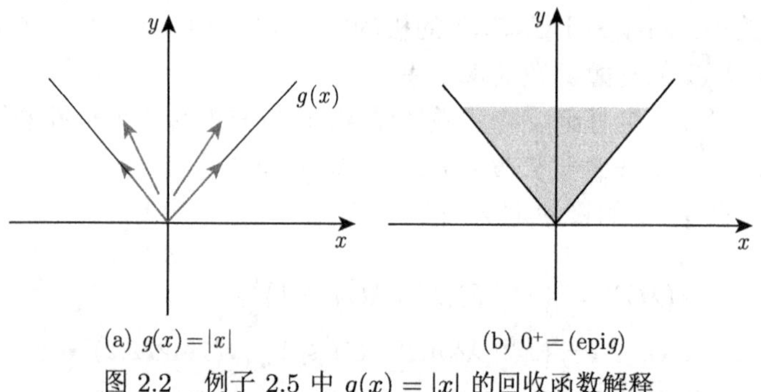

图 2.2　例子 2.5 中 $g(x) = |x|$ 的回收函数解释

引理 2.1　设 L 是 $\mathbb{R}^n$ 的子空间, f 是一个正常凸函数. 那么 $L \cap \mathrm{ri}(\mathrm{dom}f) \neq \varnothing$ 当且仅当不存在向量 $x^* \in L^\perp$ 使得 $(f^*0^+)(x^*) \leqslant 0$, $(f^*0^+)(-x^*) > 0$.

证明　由 [3, 定理 4.3] 知, $L \cap \mathrm{ri}(\mathrm{dom}f) = \varnothing \iff$ 存在一个超平面正常分离 L 与 $\mathrm{dom}f$. 又由 [3, 定理 4.1] 知, 上述条件又等价于存在 $x^* \in \mathbb{R}^n$ 使得

$$\inf\{\langle x, x^*\rangle \mid x \in L\} \geqslant \sup\{\langle x, x^*\rangle \mid x \in \mathrm{dom}f\}, \tag{2.1}$$

$$\sup\{\langle x, x^*\rangle \mid x \in L\} > \inf\{\langle x, x^*\rangle \mid x \in \mathrm{dom}f\}. \tag{2.2}$$

由 [3, 定理 6.3] 知, f^*0^+ 是 $\mathrm{dom}f$ 的支撑函数, 即

$$(f^*0^+)(x^*) = \sup\{\langle x, x^*\rangle \mid x \in \mathrm{dom}f\}.$$

所以 (2.1), (2.2) 分别等价于

$$\inf\{\langle x,x^*\rangle \mid x\in L\}\geqslant (f^*0^+)(x^*), \tag{2.3}$$

$$\sup\{\langle x,x^*\rangle \mid x\in L\}> -(f^*0^+)(-x^*). \tag{2.4}$$

而

$$\inf\{\langle x,x^*\rangle \mid x\in L\}=\begin{cases}0, & 若x^*\in L^\perp;\\ -\infty, & 若x^*\notin L^\perp;\end{cases}$$

$$\sup\{\langle x,x^*\rangle \mid x\in L\}=\begin{cases}0, & 若x^*\in L^\perp;\\ +\infty, & 若x^*\notin L^\perp;\end{cases}$$

这保证了 (2.3) 和 (2.4) 等价于 $x^*\in L^\perp$, $(f^*0^+)(x^*)\leqslant 0$, $(f^*0^+)(-x^*)>0$. □

推论 2.3 设 A 为 $\mathbb{R}^n\to\mathbb{R}^m$ 的线性变换, g 为 $\mathbb{R}^n$ 上的正常凸函数. 为了不存在向量 $y^*\in\mathbb{R}^m$ 使得 $A^*y^*=0$, $(g^*0^+)(y^*)\leqslant 0$, $(g^*0^+)(-y^*)>0$, 当且仅当至少存在一个 $x\in\mathbb{R}^n$ 使得 $Ax\in \mathrm{ri}(\mathrm{dom}g)$.

证明 对于子空间 $L=\{Ax|\ x\in\mathbb{R}^n\}$, 其正交补空间是 $L^\perp=\{y^*|\ A^*y^*=0\}$. 由引理 2.1 得到结论. 下面证明 A 的列空间与 A^* 的零空间正交, 即证 $\mathrm{null}(A^*)=(\mathrm{range}(A))^\perp$.

$\mathrm{null}(A^*)\subseteq(\mathrm{range}(A))^\perp$: 设 $x^*\in\mathrm{null}(A^*)$, 则 $A^*x^*=0$. 对于任意的 $x\in\mathbb{R}^n$, 有 $\langle Ax,x^*\rangle=\langle A^*x^*,x\rangle=0$. 从而 x^* 垂直于 $\mathrm{range}(A)$ 的任意元素, 故 $x^*\in(\mathrm{range}(A))^\perp$.

$\mathrm{null}(A^*)\supseteq(\mathrm{range}(A))^\perp$: 设 $x^*\in(\mathrm{range}(A))^\perp$, 则对于 $\mathrm{range}(A)$ 的每个元素都正交于 x^*, 也就是说 $\langle Ax,x^*\rangle=0$, $\forall x\in\mathbb{R}^n$. 从而 $\langle Ax,x^*\rangle=\langle A^*x^*,x\rangle=0$, $\forall x\in\mathbb{R}^n$. 因此 $A^*x^*=0$. 即 $x^*\in\mathrm{null}(A^*)$. □

推论2.4 设 $f_1,\cdots,f_m$ 为 $\mathbb{R}^n$ 上的正常凸函数, 为了不存在向量 $x_1^*,\cdots,x_m^*$, 使得

$$x_1^*+\cdots+x_m^*=0, \tag{2.5}$$

$$(f_1^*0^+)(x_1^*)+\cdots+(f_m^*0^+)(x_m^*)\leqslant 0, \tag{2.6}$$

$$(f_1^*0^+)(-x_1^*)+\cdots+(f_m^*0^+)(-x_m^*)>0 \tag{2.7}$$

当且仅当

$$\mathrm{ri}(\mathrm{dom}f_1)\cap\cdots\cap\mathrm{ri}(\mathrm{dom}f_m)\neq\varnothing.$$

证明 将 $\mathbb{R}^{m\times n}$ 看作 m 元数组 $x=(x_1,\cdots,x_m)$, $x^*=(x_1^*,\cdots,x_m^*)$, x_i, $x_i^*\in\mathbb{R}^n$. 则内积可以表示为

$$\langle x,x^*\rangle=\langle x_1,x_1^*\rangle+\cdots+\langle x_m,x_m^*\rangle.$$

设 f 为定义在 $\mathbb{R}^{m\times n}$ 上的凸函数:

$$f(x_1,\cdots,x_m)=f_1(x_1)+\cdots+f_m(x_m).$$

它的共轭为

$$\begin{aligned}f^*(x_1^*,\cdots,x_m^*)=&\sup\{\langle x_1,x_1^*\rangle+\cdots\langle x_m,x_m^*\rangle \mid x_i\in\mathbb{R}^n,\ i=1,\cdots,m\}\\=&\sup_{x_1\in\mathbb{R}^n}\{\langle x_1,x_1^*\rangle\}+\cdots+\sup_{x_m\in\mathbb{R}^n}\{\langle x_m,x_m^*\rangle\}\\=&f_1^*(x_1^*)+\cdots+f_m^*(x_m^*).\end{aligned}$$

由 [3, 推论 2.2] 知, 和的回收函数等于回收函数的和, 从而有

$$(f^*0^+)(x_1^*,\cdots,x_m^*)=(f_1^*0+)(x_1^*)+\cdots+(f_m^*0^+)(x_m^*).$$

因而引理 2.1 中的 (2.1) 和 (2.2) 可表示为 (2.6) 和 (2.7). 下面需说明 $x\in L^\perp$ 等价于 x^* 满足 (2.5). 即我们证明子空间

$$L=\{x=(x_1,\cdots,x_m)\mid x_1=\cdots=x_m\}$$

的正交补空间为

$$L^\perp=\{x^*=(x_1^*,\cdots,x_m^*)\mid x_1^*+\cdots+x_m^*=0\}.$$

记 $B=\{x^*=(x_1^*,\cdots,x_m^*)\mid x_1^*+\cdots x_m^*=0\}$. 对任意的 $x^*\in L^\perp$, 有 $\langle x,x^*\rangle=0$. 即

$$\langle x,x^*\rangle=\sum_{i=1}^m\langle x_i,x_i^*\rangle=\left\langle x_1,\sum_{i=1}^m x_i^*\right\rangle=0,\quad \forall x_1\in\mathbb{R}^n.$$

因而有 $\sum\limits_{i=1}^m x_i^*=0$, 即 $x^*\in B$. 反过来, 对任意的 $x^*\in B$, 下证 $x^*\in L^\perp$. 对任意的 $x\in L$, 有

$$\langle x,x^*\rangle=\sum_{i=1}^m\langle x_i,x_i^*\rangle=\left\langle x_1,\sum_{i=1}^m x_i^*\right\rangle=0.$$

因此 $x^*\in L^\perp$. 即 $L^\perp=B$. 证明结束. □

定理 2.2 设 A 为 $\mathbb{R}^n$ 到 $\mathbb{R}^m$ 上的一个线性变换, 则

(i) 对于定义在 $\mathbb{R}^n$ 上的任何凸函数 f 总有 $(Af)^*=f^*A^*$;

(ii) 对于定义在 $\mathbb{R}^n$ 上的任何凸函数 g 总有 $((\mathrm{cl}g)A)^*=\mathrm{cl}(A^*g^*)$;

(iii) 若存在 x 使得 $Ax\in\mathrm{ri}(\mathrm{dom}g)$, 则闭包算子可以从 (ii) 中省去, 因而有

$$(gA^*)(x^*)=\inf\{g^*(y^*)\mid A^*y^*=x^*\},$$

其中对于每个 x^*, 下确界均能够取到 (或者是 $+\infty$).

证明 (i) 由定义, 我们有

$$\begin{aligned}(Af)^*(y^*) &= \sup_y \{\langle y, y^*\rangle - (Af)(y)\} \\ &= \sup_y \left\{\langle y, y^*\rangle - \inf_{Ax=y} f(x)\right\} \\ &= \sup_y \sup_{Ax=y} \{\langle y, y^*\rangle - f(x)\} \\ &= \sup_x \{\langle Ax, y^*\rangle - f(x)\} \\ &= \sup_x \{\langle x, A^*y^*\rangle - f(x)\} \\ &= (f^*A^*)(y^*),\end{aligned}$$

因而 (i) 成立.

(ii) 由 (i) 知, 对于 g 和 A^*, 有 $(A^*g^*)^* = g^{**}A^{**} = (\mathrm{cl}g)A$. 左右同时取共轭得到

$$(A^*g^*)^{**} = \mathrm{cl}(A^*g^*) = ((\mathrm{cl}g)A)^*.$$

(iii) 由 [3, 定理 2.5], 若存在 x 使得 $Ax \in \mathrm{ri}(\mathrm{dom}g)$, 则 $\mathrm{cl}(gA) = (\mathrm{cl}g)A$. 故有

$$((\mathrm{cl}g)A)^* = (\mathrm{cl}(gA))^* = (gA)^*.$$

另外, 由推论 2.2 知, 若存在 x 使得 $Ax \in \mathrm{ri}(\mathrm{dom}g)$, 则对于每个满足 $(g^*0^+)(x^*) \leqslant 0, (g^*0^+)(-x^*) > 0$ 的向量 $x^* \in \mathbb{R}^m$, 都有 $A^*x^* \neq 0$. 那么由 [3, 定理 2.2] 知, A^*g^* 是个闭凸函数. 故 $(gA)^* = A^*g^*$.

最后证明 $(gA^*)(x^*)$ 对于每个 x^*, 下确界能够取到 (或者是 $+\infty$). 当 g 不是正常函数, 由 [2, 定理 7.2] 知, 对任意 $y \in \mathrm{ri}(\mathrm{dom}g)$, 有 $g(y) = -\infty$. 由此计算得到 $g^* = (gA)^* = +\infty$, 矛盾. 所以 g 是正常的. 由 [3, 定理 2.2] 知, 对于每个使得 $(A^*g^*)(x^*) \neq \infty$ 的 x^*, $(A^*g^*)(x^*)$ 可以取到下确界. □

推论 2.5 设 A 为 $\mathbb{R}^n \to \mathbb{R}^m$ 的一个线性映射.

(i) 对任意凸集 $C \subset \mathbb{R}^n$, 有

$$\delta^*(y^* \mid AC) = \delta^*(A^*y^* \mid C), \quad \forall y \in \mathbb{R}^m; \tag{2.8}$$

(ii) 对于任意凸集 $D \subset \mathbb{R}^m$, 有

$$\delta^*(\cdot \mid A^{-1}(\mathrm{cl}D)) = \mathrm{cl}(A^*\delta^*(\cdot \mid D)); \tag{2.9}$$

(iii) 若存在 x 使得 $Ax \in \mathrm{ri}D$, 则闭包算子能够从 (2.9) 中省去, 从而有

$$\delta^*(x^* \mid A^{-1}D) = \inf\{\delta^*(y^* \mid D) \mid A^*y^* = x^*\}. \tag{2.10}$$

证明 (i) 对任意凸集 $C \subset \mathbb{R}^n$, 令 $f(x) = \delta(x \mid C)$, 则 $(f^*A^*)(y^*) = \delta^*(A^*y^* \mid C)$. 同时, 有

$$
\begin{aligned}
(Af)^*(y^*) &= \sup_y \left\{ \langle y, y^* \rangle - \inf_{Ax=y} \delta(x \mid C) \right\} \\
&= \sup_y \left\{ \langle y, y^* \rangle - \delta(y^* \mid AC) \right\} \\
&= \delta^*(y^* \mid AC).
\end{aligned}
$$

故由定理 2.2 的结论, 有 (2.8) 成立.

(ii) 对于任意凸集 $D \subset \mathbb{R}^m$, 令 $g(x) = \delta(x \mid D)$. 首先有

$$
\mathrm{cl}(A^*g^*)(x^*) = \mathrm{cl}(A^*\delta^*(x^* \mid D)).
$$

由示性函数的性质, 有

$$
\delta(\cdot \mid D) = \delta(\cdot \mid \mathrm{cl}D) = \mathrm{cl}\delta(\cdot \mid D).
$$

因此有

$$
((\mathrm{cl}g)A)^*(x^*) = \sup_x \left\{ \langle x, x^* \rangle - \mathrm{cl}\delta(Ax \mid D) \right\}, \quad \delta^*(x^* | A^{-1}(\mathrm{cl}D)).
$$

故由定理 2.2 的结论, 有 $\delta^*(\cdot \mid A^{-1}(\mathrm{cl}D)) = \mathrm{cl}(A^*\delta^*(\cdot \mid D))$.

(iii) 若存在 x 使得 $Ax \in \mathrm{ri}D$, 则闭包算子能够省去, 从而有

$$
\delta^*(x^* \mid A^{-1}D) = \inf \left\{ \delta^*(y^* \mid D) \mid A^*y^* = x^* \right\}.
$$

即 (2.10) 成立. □

例子 2.6 设 $C = [0,1] \times [0,1] \subseteq \mathbb{R}^2$, 线性映射 $A : \mathbb{R}^2 \to \mathbb{R}$ 定义为 $Ax = x_1$, 其中 $x = (x_1, x_2) \in \mathbb{R}^2$, 则 $AC = [0,1]$. 又 $A^*y^* = (y^*, 0)$, $y^* \in \mathbb{R}$, C 在 A^*y^* 处的支撑函数为

$$
\begin{aligned}
\delta^*(A^*y^* \mid C) &= \sup \left\{ \langle A^*y^*, x^* \rangle \mid x^* \in C \right\} \\
&= \sup \left\{ \langle (y^*, 0), x^* \rangle \mid x^* \in C \right\} \\
&= \sup \left\{ y^* x_1^* \mid x^* \in C \right\} \\
&= \begin{cases} y^*, & y^* > 0; \\ 0, & y^* \leqslant 0. \end{cases}
\end{aligned}
\tag{2.11}
$$

由推论 2.5 知, AC 在 x_1^* 处的支撑函数也为 (2.11), 见图 2.3. 事实上, 计算可得

$$
\delta^*(y^* \mid AC) = \sup \left\{ \langle y, y^* \rangle \mid y \in AC \right\}
$$

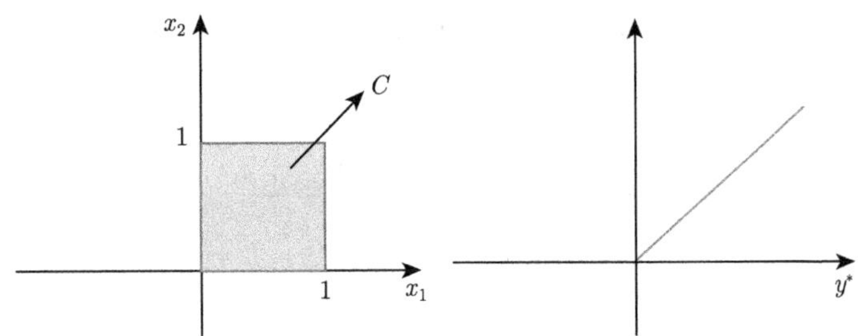

(a) AC=[0, 1]　　(b) C在A^*y处的支撑函数

图 2.3　例子 2.6 中支撑函数解释

$$= \sup\{\langle y, y^*\rangle \mid y \in [0,1]\}$$

$$= \begin{cases} y^*, & y^* > 0; \\ 0, & y^* \leqslant 0. \end{cases}$$

推论 2.6　设 $A : \mathbb{R}^n \to \mathbb{R}^m$ 为线性变换. 则

(i) 对任一凸集 $C \subseteq \mathbb{R}^n$, 有

$$(AC)^\circ = A^{*-1}(C^\circ);$$

(ii) 对任一凸集 $D \subseteq \mathbb{R}^m$, 有

$$(A^{-1}(\mathrm{cl}D))^\circ = \mathrm{cl}(A^*(D^\circ)). \tag{2.12}$$

(iii) 若存在 x, 使得 $Ax \in \mathrm{ri}D$, 则 (2.11) 中的闭包算子可省去.

证明　(i) 由凸集的极的定义, 对任一凸集 $C \subseteq \mathbb{R}^n$, 有 $(AC)^\circ = \{x^* | \delta^*(x^* \mid AC) \leqslant 1\}$, 且有

$$A^{*-1}(C^\circ) = \left\{A^{*-1}x^* \mid \delta^*(x^* \mid C) \leqslant 1\right\} = \{y^* \mid \delta^*(A^*y^* \mid C) \leqslant 1\},$$

其中 A^{*-1} 表示 A^* 的逆变换. 由推论 2.5(i), 有 $(AC)^\circ = A^{*-1}(C^\circ)$.

(ii) 用 A^*, D° 分别代替上述等式中的 A 和 C, 有

$$(A^*D^\circ)^\circ = A^{**-1}D^{\circ\circ} = A^{-1}\mathrm{cl}D.$$

等号两边同时取极, 得到 $(A^{-1}(\mathrm{cl}D))^\circ = \mathrm{cl}(A^*(D^\circ))$.

(iii) 由推论 2.5(iii), (ii) 中的闭包算子可省去. □

例子 2.7　设 $h(\xi_1) = \inf\limits_{\xi_2}\{f(\xi_1, \xi_2) \mid \xi_1 \in \mathbb{R}\}$, f 为定义在 $\mathbb{R}^2$ 上的凸函数, 则 $h = Af$, 其中 $A : \mathbb{R}^2 \to \mathbb{R}$, $A\xi = \xi_1$. 从而 $A^*\xi_1^* = (\xi_1^*, 0)$. 故由定理 2.2 得到 $h^*(\xi_1^*) = f^*(\xi_1^*, 0)$.

例子 2.8 设凸函数 $h(x)=g_1(\langle a_1,x\rangle)+\cdots+g_m(\langle a_m,x\rangle)$, $a_1,\cdots,a_m\in\mathbb{R}^n$, $h=gA$, 其中

$$A(x):=\begin{pmatrix}\langle a_1,x\rangle\\ \vdots\\ \langle a_m,x\rangle\end{pmatrix}\in\mathbb{R}^m.$$

那么

$$A^*(y^*)=\sum_{i=1}^m\eta_i^*a_i,$$

其中 $y^*=(\eta_1^*,\cdots,\eta_m^*)$. 令 $g(y)=g_1(\eta_1)+\cdots+g_m(\eta_m)$, 则

$$g^*(y^*)=g_1^*(\eta_1^*)+\cdots+g_m^*(\eta_m^*).$$

那么

$$(A^*g^*)(x^*)=\inf\{g^*(y^*)\mid A^*y^*=x^*\}.$$

由定理 2.2 , 若存在一个 $x\in\mathbb{R}^n$ 使得 $\langle a_i,x\rangle\in\mathrm{ri}(\mathrm{dom}g_i)$, $\forall\, i=1,\cdots,m$, 则

$$h^*=(gA)^*=A^*g^*.$$

2.3 卷积运算下的对偶运算

首先对卷积函数的概念做一个简单回顾及练习.

例子 2.9 计算 $f(x)=x^2$ 和 $g(x)=|x|$ 的卷积函数 $f\Box g$.

证明 由卷积的定义, 有

$$\begin{aligned}(f\Box g)(x)&=\inf\{f(x_1)+g(x_2)\mid x_1+x_2=x\}\\&=\inf_y\{f(x-y)+g(y)\}\\&=\begin{cases}\inf\limits_y\{(y-x)^2+y\}, & y\geqslant 0\\ \inf\limits_y\{(y-x)^2-y\}, & y<0\end{cases}\\&=\begin{cases}\inf\limits_y\{y^2+(1-2x)y+x^2\}, & y\geqslant 0\\ \inf\limits_y\{y^2-(1+2x)y+x^2\}, & y<0\end{cases}\\&=\begin{cases}(\dfrac{x+2}{2})^2+(1-2x)(\dfrac{x+2}{2})+x^2, & \dfrac{2x-1}{2}\geqslant 0,\dfrac{2x+1}{2}>0\\ x^2, & \dfrac{2x-1}{2}<0,\dfrac{2x+1}{2}>0\\ (\dfrac{x-2}{2})^2-(1+2x)(\dfrac{x-2}{2})+x^2, & \dfrac{2x-1}{2}<0,\dfrac{2x+1}{2}\leqslant 0\end{cases}\end{aligned}$$

$$
= \begin{cases} x - \dfrac{1}{4}, & x \geqslant \dfrac{1}{2}; \\ x^2, & -\dfrac{1}{2} < x < \dfrac{1}{2}; \\ -x - \dfrac{1}{4}, & x \leqslant -\dfrac{1}{2}. \end{cases}
$$

如果利用上图来考虑 $f(x) = x^2$ 和 $g(x) = |x|$ 的卷积下确界, 见图 2.4. □

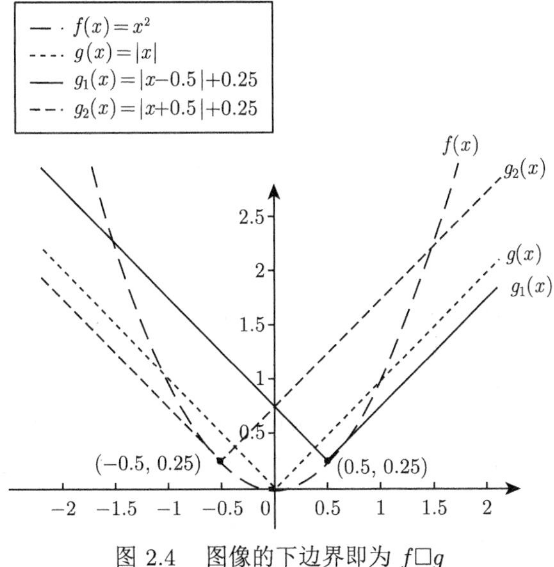

图 2.4　图像的下边界即为 $f\Box g$

定理 2.3　设 $f_1, \cdots, f_m$ 为定义在 $\mathbb{R}^n$ 上的正常凸函数, 则有

$$
(f_1 \Box \cdots \Box f_m)^* = f_1^* + \cdots + f_m^*, \tag{2.13}
$$

$$
(\mathrm{cl} f_1 + \cdots + \mathrm{cl} f_m)^* = \mathrm{cl}(f_1^* \Box \cdots \Box f_m^*). \tag{2.14}
$$

如果集合 $\mathrm{ri}(\mathrm{dom} f_i)(i = 1, 2, \cdots, m)$ 有公共点, 则(2.14)中的闭包运算能够去掉且有

$$
(f_1 + \cdots + f_m)^*(x^*) = \inf\{f_1^*(x_1^*) + \cdots + f_m^*(x_m^*) \mid x_1^* + \cdots + x_m^* = x^*\},
$$

其中下确界对于每个 x^* 都可以取到.

证明　由下卷积和共轭函数的定义, 有

$$
\begin{aligned}
(f_1 \Box \cdots \Box f_m)^*(x^*) &= \sup_x \{\langle x, x^* \rangle - f_1 \Box \cdots \Box f_m(x)\} \\
&= \sup_x \left\{ \langle x, x^* \rangle - \inf_{x_1 + \cdots + x_m = x} \{f_1(x_1) + \cdots + f_m(x_m)\} \right\}
\end{aligned}
$$

$$
\begin{aligned}
&= \sup_x \sup_{x_1+\cdots+x_m=x} \{\langle x, x^*\rangle - f_1(x_1) - \cdots - f_m(x_m)\} \\
&= \sup_{x_1,\cdots,x_m} \{\langle x_1+\cdots+x_m, x^*\rangle - f_1(x_1) - \cdots - f_m(x_m)\} \\
&= \sup_{x_1,\cdots,x_m} \{\langle x_1, x^*\rangle + \cdots + \langle x_m, x^*\rangle - f_1(x_1) - \cdots - f_m(x_m)\} \\
&= \sup_{x_1} \{\langle x_1, x^*\rangle - f_1(x_1)\} + \cdots + \sup_{x_m} \{\langle x_m, x^*\rangle - f_m(x_m)\} \\
&= f_1^*(x^*) + \cdots + f_m^*(x^*),
\end{aligned}
$$

即为(2.13). 由(2.13)可知, 下式成立:

$$
(f_1^* \,\square \cdots \square\, f_m^*)^* = f_1^{**} + \cdots + f_m^{**}.
$$

因此有

$$
(\mathrm{cl} f_1 + \cdots + \mathrm{cl} f_m)^* = (f_1^{**} + \cdots + f_m^{**})^* = (f_1^* \,\square \cdots \square\, f_m^*)^{**} = \mathrm{cl}(f_1^* \,\square \cdots \square\, f_m^*).
$$

由此得到(2.14)成立.

如果集合 $\mathrm{ri}(\mathrm{dom} f_i)(i=1,2,\cdots,m)$ 有公共点, 根据 [3, 定理 2.3], $f_1,\cdots,f_m$ 为定义在 $\mathbb{R}^n$ 上的正常凸函数, 如果 f_i 不全为闭的, 但 $\mathrm{ri}(\mathrm{dom} f_i)$ 存在公共点, 则

$$
\mathrm{cl}(f_1 + \cdots + f_m) = \mathrm{cl} f_1 + \cdots + \mathrm{cl} f_m.
$$

所以有

$$
(\mathrm{cl} f_1 + \cdots + \mathrm{cl} f_m)^* = (\mathrm{cl}(f_1 + \cdots + f_m))^* = (f_1 + \cdots + f_m)^*.
$$

另外, 由 [3, 推论 2.4] 与推论 2.4 可知, $f_1^* \,\square \cdots \square\, f_m^*$ 是闭的. 则有

$$
\mathrm{cl}(f_1^* \,\square \cdots \square\, f_m^*) = f_1^* \,\square \cdots \square\, f_m^*,
$$

且在 $f_1^* \,\square \cdots \square\, f_m^*$ 定义中的下确界总可以取到. 因此第二个公式中的闭包运算能够去掉, 即

$$
(f_1 + \cdots + f_m)^* = f_1^* \,\square \cdots \square\, f_m^*,
$$

且

$$
(f_1 + \cdots + f_m)^*(x^*) = \inf\{f_1^*(x_1^*) + \cdots + f_m^*(x_m^*) \mid x_1^* + \cdots + x_m^* = x^*\},
$$

其中对于每个 x^*, 下确界都可以取到. □

推论 2.7 设 $C_1,\cdots,C_m$ 为 $\mathbb{R}^n$ 中的非空凸集. 则有

$$
\begin{aligned}
\delta^*(\cdot \mid C_1+\cdots+C_m) &= \delta^*(\cdot \mid C_1)+\cdots+\delta^*(\cdot \mid C_m),\\
\delta^*(\cdot \mid \mathrm{cl}C_1\cap\cdots\cap\mathrm{cl}C_m) &= \mathrm{cl}(\delta^*(\cdot \mid C_1)\square\cdots\square\delta^*(\cdot \mid C_m)).
\end{aligned} \tag{2.15}
$$

如果集合 $\mathrm{ri}C_i(i=1,2,\cdots,m)$ 有公共点, 则(2.15)中的闭包运算能够去掉, 并且有

$$\delta^*(x^* \mid C_1\cap\cdots\cap C_m) = \inf\{\delta^*(x_1^* \mid C_1)+\cdots+\delta^*(x_m^* \mid C_m) \mid x_1^*+\cdots+x_m^*=x^*\},$$

其中下确界对于每个 x^* 都可以取到.

证明 取 $f_i=\delta(\cdot \mid C_i)$, 则有

$$
\begin{aligned}
\delta^*(x^* \mid C_1+\cdots+C_m) &= \sup\{\langle x_1+\cdots+x_m, x^*\rangle \mid x_1\in C_1,\cdots,x_m\in C_m\}\\
&= \sup\{\langle x_1, x^*\rangle | x_1\in C_1\}+\cdots+\sup\{\langle x_m, x^*\rangle | x_m\in C_m\}\\
&= \delta^*(x^* \mid C_1)+\cdots+\delta^*(x^* \mid C_m).
\end{aligned}
$$

根据定理 2.3 的公式(2.14), 有

$$
\begin{aligned}
(\mathrm{cl}f_1+\cdots+\mathrm{cl}f_m)^*(x^*) &= (\mathrm{cl}\delta(x^* \mid C_1)+\cdots+\mathrm{cl}\delta(x^* \mid C_m))^*\\
&= (\delta(x^* \mid \mathrm{cl}C_1)+\cdots+\delta(x^* \mid \mathrm{cl}C_m))^*\\
&= \delta^*(x^* \mid \mathrm{cl}C_1\cap\cdots\cap\mathrm{cl}C_m)
\end{aligned}
$$

和

$$\mathrm{cl}((f_1^*\square\cdots\square f_m^*)(x^*)) = \mathrm{cl}(\delta^*(x_1^* \mid C_1)\square\cdots\square\delta^*(x_m^* \mid C_m)).$$

因此有

$$\delta^*(x^* \mid \mathrm{cl}C_1\cap\cdots\cap\mathrm{cl}C_m) = \mathrm{cl}(\delta^*(x_1^* \mid C_1)\square\cdots\square\delta^*(x_m^* \mid C_m)).$$

同样地, 若集合 $\mathrm{ri}C_i(i=1,2,\cdots,m)$ 有公共点, 则(2.15)中的闭包运算能够去掉. 且对于每个 x^*, 下确界都可以取到. □

推论 2.8 设 $K_1,\cdots,K_m$ 为 $\mathbb{R}^n$ 中的非空凸锥, 则有

$$
\begin{aligned}
(K_1+\cdots+K_m)^\circ &= K_1^\circ\cap\cdots\cap K_m^\circ,\\
(\mathrm{cl}K_1\cap\cdots\cap\mathrm{cl}K_m)^\circ &= \mathrm{cl}\left(K_1^\circ+\cdots+K_m^\circ\right).
\end{aligned} \tag{2.16}
$$

如果锥 $\mathrm{ri}K_i(i=1,2,\cdots,m)$ 有公共点, 则(2.16)中的闭包运算能够去掉.

证明　取 $f_i = \delta(\cdot \mid K_i)$, 此时 $f_i^* = \delta(\cdot \mid K_i^\circ)$. 根据定理 2.3 的公式(2.13)有

$$\begin{aligned}(f_1 \square \cdots \square f_m)^*(x^*) &= (\inf\{f_1(x_1) + \cdots + f_m(x_m) \mid x_1 + \cdots + x_m = x\})^* \\ &= (\inf\{\delta(x_1|K_1) + \cdots + \delta(x_m|K_m)|x_1 + \cdots + x_m = x\})^* \\ &= \delta^*(x^* \mid K_1 + \cdots + K_m) \\ &= \delta(x^* \mid (K_1 + \cdots + K_m)^\circ).\end{aligned}$$

另外,

$$\begin{aligned}f_1^*(x^*) + \cdots + f_m^*(x^*) &= \delta(x^* \mid K_1^\circ) + \cdots + \delta(x^* \mid K_m^\circ) \\ &= \delta(x^* \mid K_1^\circ \cap \cdots \cap K_m^\circ).\end{aligned}$$

因此有

$$(K_1 + \cdots + K_m)^\circ = K_1^\circ \cap \cdots \cap K_m^\circ.$$

一方面, 根据定理 2.3 的公式(2.14), 有

$$\begin{aligned}(\mathrm{cl}f_1 + \cdots + \mathrm{cl}f_m)^*(x^*) &= (\mathrm{cl}\delta(x^* \mid K_1) + \cdots + \mathrm{cl}\delta(x^* \mid K_m))^* \\ &= (\delta(x^* \mid \mathrm{cl}K_1) + \cdots + \delta(x^* \mid \mathrm{cl}K_m))^* \\ &= (\delta(x^* \mid \mathrm{cl}K_1 \cap \cdots \cap \mathrm{cl}K_m))^* \\ &= \delta(x^* \mid (\mathrm{cl}K_1 \cap \cdots \cap \mathrm{cl}K_m)^\circ).\end{aligned}$$

另一方面, 由于

$$\begin{aligned}\mathrm{cl}(f_1^* \square \cdots \square f_m^*)(x^*) &= \mathrm{cl}(\inf\{\delta(x_1^* \mid K_1^\circ) \square \cdots \square \delta(x_m^* \mid K_m^\circ)\}) \\ &= \mathrm{cl}\delta(x^* \mid K_1^\circ + \cdots + K_m^\circ) \\ &= \delta(x^* \mid \mathrm{cl}(K_1^\circ + \cdots + K_m^\circ)),\end{aligned}$$

因此

$$(\mathrm{cl}K_1 \cap \cdots \cap \mathrm{cl}K_m)^\circ = \mathrm{cl}(K_1^\circ + \cdots + K_m^\circ).$$

同样地, (2.16)中的闭包运算能够去掉. □

作为定理 2.3 的应用, 下面给出如何计算距离函数的共轭函数.

例子 2.10　记距离函数 $f(x) = d(x, C) \triangleq \inf\{\|x - y\| \mid y \in C\}$, 其中 C 是给定的非空凸集. 则有 $f = f_1 \square f_2$, 其中 $f_1(x) = \|x\|$, $f_2(x) = \delta(x \mid C)$.

证明　注意到

$$(f_1 \square f_2)(x) = \inf_y\{\|x - y\| + \delta(y \mid C)\} = \inf_y\{\|x - y\| \mid y \in C\} = d(x, C).$$

根据定理 2.3, 有

$$f^*(x^*) = (f_1 \square f_2)^*(x^*) = f_1^*(x^*) + f_2^*(x^*).$$

因为

$$f_1^*(x^*)=\sup_x\{\langle x,x^*\rangle-\|x\|\}=\begin{cases}0, & \|x^*\|\leqslant 1;\\ +\infty, & \text{其他};\end{cases}$$

且 $f_2^*(x^*)=\delta^*(x^*|C)$, 因此有

$$f^*(x^*)=\begin{cases}\delta^*(x^*|C), & \|x^*\|\leqslant 1;\\ +\infty, & \text{其他}.\end{cases}$$

□

例子 2.11 计算 $f(x)=\inf\{\|x-\xi_1a_1-\cdots-\xi_ma_m\|_\infty \mid \xi_i\in\mathbb{R}, i=1,\cdots,m\}$ 的共轭. 其中 $a_1,\cdots,a_m$ 为 $\mathbb{R}^n$ 中给定元素且对于 $x=(\xi_1,\cdots,\xi_n)$, 有 $\|x\|_\infty=\max\{|\xi_j| \mid j=1,\cdots,n\}$.

证明 首先将 $f(x)$ 写成 $(f_1\Box f_2)(x)$ 的形式, 其中 $f_1(x)=\|x\|_\infty$, $f_2(x)=\delta(x\mid L)$. L 是由 $a_1,\cdots,a_m$ 生成的 $\mathbb{R}^n$ 中的子空间. 计算可得

$$\begin{aligned}(f_1\Box f_2)(x)&=\inf_y\{\|x-y\|_\infty+\delta(y\mid L)\}\\&=\inf\{\|x-y\|_\infty \mid y\in L\}\\&=\inf\{\|x-\xi_1a_1-\cdots-\xi_ma_m\|_\infty \mid \xi_i\in\mathbb{R}, i=1,\cdots,m\}\\&=f(x).\end{aligned}$$

由于 $f_1(x)$ 是集合 $D=\{x^*=(\xi_1^*,\cdots,\xi_n^*) \mid |\xi_1^*|+\cdots+|\xi_n^*|\leqslant 1\}$ 的支撑函数, 因此 $f_1^*(x^*)=\delta(x^*\mid D)$. 同时由于 $f_2(x)$ 是子空间 L 的示性函数, 因此

$$\begin{aligned}f_2^*(x^*)&=\sup_x\{\langle x,x^*\rangle-\delta(x\mid L)\}\\&=\sup\{\langle x,x^*\rangle \mid x\in L\}\\&=\begin{cases}0, & x^*\in L^\perp\\ +\infty, & x^*\neq L^\perp\end{cases}=\delta(x^*\mid L^\perp).\end{aligned}$$

根据定理 2.3, 有

$$f^*(x^*)=f_1^*(x^*)+f_2^*(x^*)=\delta(x^*\mid D)+\delta(x^*\mid L^\perp)=\delta(x^*\mid D\cap L^\perp).$$

即 f^* 是 $D\cap L^\perp$ 的示性函数. 故 f 本身为多面体凸集 $D\cap L^\perp$ 的支撑函数. □

例子 2.12 计算函数 $f(x)=\begin{cases}h(x), & x\geqslant 0\\ +\infty, & \text{其他}\end{cases}$ 的共轭, 其中 h 为 $\mathbb{R}^n$ 上的闭正常凸函数.

证明 首先将 $f(x)$ 写成 $h(x)+\delta(x \mid K)$ 的形式. 其中 K 为 $\mathbb{R}^n$ 中非负象限, 即

$$K=\{(x_1,\cdots,x_n) \mid x_i \geqslant 0,\ i=1,\cdots,n\},$$
$$K^{\circ}=\{(x_1,\cdots,x_n) \mid x_i \leqslant 0,\ i=1,\cdots,n\},$$

$$\delta(x \mid K)=\begin{cases}0, & x \in K\\ +\infty, & x^* \notin K\end{cases}=\begin{cases}0, & x \geqslant 0;\\ +\infty, & \text{其他}.\end{cases}$$

所以

$$h(x)+\delta(x \mid K)=\begin{cases}h(x), & x \geqslant 0\\ +\infty, & \text{其他}\end{cases}=f(x).$$

根据定理 2.3, 有

$$\begin{aligned}
f^*(x^*) &= (h(x^*)+\delta(x^* \mid K))^*\\
&= (\mathrm{cl}h(x^*)+\mathrm{cl}\delta(x^* \mid K))^*\\
&= \mathrm{cl}((h^* \Box \delta^*(\cdot \mid K))(x^*))\\
&= \mathrm{cl}((h^* \Box \delta(\cdot \mid K^{\circ}))(x^*))\\
&= \mathrm{cl}((h^* \Box \delta(\cdot \mid -K))(x^*))\\
&= \mathrm{cl}\left(\inf_y \{h^*(x^*-y)+\delta(y \mid -K)\}\right)\\
&= \mathrm{cl}(\inf\{h^*(z^*) \mid z^* \geqslant x^*\}).\quad (\text{令 } z^*=x^*-y)
\end{aligned}$$

如果 $\mathrm{ri}(\mathrm{dom}h)$ 与 $\mathrm{ri}(\mathrm{dom}\delta(\cdot \mid K))=\mathrm{ri}K$ (正半象限) 相交, 闭包运算可以去掉且每个 x^* 的下确界都可以取到. 即

$$f^*(x^*)=\min\{h^*(z^*) \mid z^* \geqslant x^*\}.$$

□

例子 2.13 计算函数 $f(x)$ 的共轭, 其中 $x=(\xi_1,\cdots,\xi_n)$, $0\log 0=0$, $f(x)$ 定义为

$$f(x)=\begin{cases}\xi_1\log\xi_1+\cdots+\xi_n\log\xi_n, & \text{如果}\xi_i \geqslant 0, j=1,\cdots,n, \text{且}\xi_1+\cdots+\xi_n=1;\\ +\infty, & \text{其他}.\end{cases}$$

证明 首先将 $f(x)$ 写成 $g(x)+\delta(x \mid C)$ 的形式. 注意到

$$\delta\left(x \mid C\right)=\begin{cases}0, & x\in C\\ +\infty, & x\notin C\end{cases}=\begin{cases}0, & \sum\limits_{i=1}^{n}\xi_i=1;\\ +\infty, & \text{其他};\end{cases}$$

其中 $C=\left\{x=(\xi_1,\cdots,\xi_n)\mid \sum\limits_{i=1}^{n}\xi_i=1\right\}$.

又由于

$$g(x)=\sum_{i=1}^{n}k(\xi_i)=\begin{cases}\sum\limits_{i=1}^{n}\xi_i\log\xi_i, & \xi_i\geqslant 0, j=1,\cdots,n;\\ +\infty, & \text{其他};\end{cases}$$

其中 $k(\xi)=\begin{cases}\xi\log\xi, & \xi>0;\\ 0, & \xi=0;\\ +\infty, & \xi<0.\end{cases}$ 所以有

$$g(x)+\delta\left(x\mid C\right)=\begin{cases}h(x), & \xi_i\geqslant 0, j=1,\cdots,n, \text{且}\xi_1+\cdots+\xi_n=1\\ +\infty, & \text{其他}\end{cases}=f(x).$$

根据定理 2.3, ri(dom$g$) 与 ri$C$ 交集非空, 即

$$\begin{aligned}f^*(x^*)&=\left(g(x^*)+\delta\left(x^*\mid C\right)\right)^*\\&=\left(g^*\Box\delta^*\left(\cdot\mid C\right)\right)(x^*)\\&=\inf_{y^*}\left\{g^*\left(x^*-y^*\right)+\delta^*\left(y^*\mid C\right)\right\},\end{aligned}$$

且对于每个 x^*, 下确界都可以在某些 y^* 上取到.

由于 $g^*(x^*)=\sum\limits_{i=1}^{n}k^*(\xi_i^*)$, $k^*(\xi_i^*)=e^{\xi_i^*-1}$ 且

$$\delta^*\left(x^*\mid C\right)=\begin{cases}\lambda, & \text{如果存在}\lambda\in\mathbb{R}\text{ 使得}x^*=\lambda\left(1,\cdots,1\right);\\ +\infty, & \text{其他}.\end{cases}$$

因此

$$f^*(x^*)=\min_{\lambda\in R}\left\{\lambda+\sum_{j=1}^{n}e^{\xi_j^*-\lambda-1}\right\}.$$

这个下确界可以通过关于 λ 求导并令其等于 0 得到. 即

$$f^*(x^*)=\log\left(e^{\xi_1^*}+\cdots+e^{\xi_n^*}\right).$$

□

2.4 凸包运算的对偶运算

定理 2.4 设 f_i 为定义在 $\mathbb{R}^n$ 上的正常凸函数, 其中 $i \in I$ (任意指标集). 则有

$$(\operatorname{conv}\{f_i \mid i \in I\})^* = \sup\{f_i^* \mid i \in I\}, \tag{2.17}$$

$$(\sup\{\operatorname{cl} f_i \mid i \in I\})^* = \operatorname{cl}(\operatorname{conv}\{f_i^* \mid i \in I\}). \tag{2.18}$$

如果 I 是有限的且集合 $\operatorname{cl}(\operatorname{dom} f_i)$ 都是同一集合 C, 则公式(2.18)中的闭包运算能够去掉. 进一步地, 在此情况下有

$$(\sup\{f_i \mid i \in I\})^* = \inf\left\{\sum_{i\in I} \lambda_i f_i^*(x_i^*)\right\},$$

其中下确界对于每个 x^* 都可以取到.

证明 令 $f = \operatorname{conv}\{f_i \mid i \in I\}$.

(步 1) 证明每个元素 $(x^*, \mu^*) \in \operatorname{epi} f^*$ 对应了一个仿射函数 $h(x) = \langle x, x^*\rangle - \mu^*$ 且满足 $h(x) \leqslant f(x)$. 由共轭函数的定义, 有

$$f^*(x^*) = \sup_x \{\langle x, x^*\rangle - f(x)\}.$$

因而对任意的 $(x^*, \mu^*) \in \operatorname{epi} f^*$, 有

$$\mu^* \geqslant f^*(x^*) \geqslant \langle x, x^*\rangle - f(x), \quad \forall\, x.$$

因此得到

$$f(x) \geqslant \langle x, x^*\rangle - \mu^*, \quad \forall\, x.$$

记 $h(x) = \langle x, x^*\rangle - \mu^*$, 则 $h(x) \leqslant f(x)$. 即对每一个 (x^*, μ^*), 均对应了一个仿射函数 $h(x) = \langle x, x^*\rangle - \mu^*$, 满足 $h(x) \leqslant f(x)$, 对任意 x 均成立.

反过来, 对每个函数 $h(x) = \langle x, x^*\rangle - \mu^*$, 若

$$h(x) \leqslant f(x), \quad \forall\, x,$$

则有

$$\begin{aligned}\langle x, x^*\rangle - \mu^* \leqslant f(x),\ \forall\, x &\Longrightarrow \mu^* \geqslant \langle x, x^*\rangle - f(x),\ \forall\, x\\ &\Longrightarrow \mu^* \geqslant \sup_x \{\langle x, x^*\rangle - f(x)\} = f^*(x^*).\end{aligned}$$

即 $(x^*, \mu^*) \in \operatorname{epi} f^*$. 因此得到

$$(x^*, \mu^*) \in \operatorname{epi} f^* \Longleftrightarrow \text{仿射函数 } h(x) = \langle x, x^*\rangle - \mu^*,$$

且满足 $h(x)\leqslant f(x),\ \forall\ x$.

(步 2) 证明 $h(x)\leqslant f(x)$ 和 $h(x)\leqslant f_i(x)(i\in I)$ 的等价性. 因为 $h(x)\leqslant f(x)$ 且 $f(x)\leqslant f_i(x),\ \forall\ i\in I$. 所以 $h(x)\leqslant f_i(x),\ \forall\ i\in I$. 反之,

$$\begin{aligned}h(x)\leqslant f_i(x),\ \forall\ i\in I &\Longrightarrow \mathrm{epi}h(x)\supset \mathrm{epi}f_i(x),\ \forall\ i\in I\\ &\Longrightarrow \mathrm{epi}h(x)\supset \mathrm{conv}\left(\mathrm{epi}\{f_i(x)\mid i\in I\}\right)\\ &\Longrightarrow h(x)\leqslant f(x).\end{aligned}$$

因此有 $h(x)\leqslant f(x)\Longleftrightarrow h(x)\leqslant f_i(x)$.

(步 3) 证明 $\mu^*\geqslant f^*(x^*)$ 和 $\mu^*\geqslant f_i^*(x^*)(\forall\ i\in I)$ 的等价性. 注意到

$$\begin{aligned}(x^*,\mu^*)\in\mathrm{epi}f^* &\Longleftrightarrow h(x)\leqslant f(x),\ \forall x\quad(\text{由第一步结果可得})\\ &\Longleftrightarrow h(x)\leqslant f_i(x),\ \forall\ i\in I\quad(\text{第二步结果})\\ &\Longleftrightarrow \langle x,x^*\rangle-\mu^*\leqslant f_i(x),\ \forall\ x,\ \forall\ i\in I\\ &\Longleftrightarrow \mu^*\geqslant\langle x,x^*\rangle-f_i(x),\ \forall\ x,\ \forall\ i\in I\\ &\Longleftrightarrow \mu^*\geqslant\sup_x\{\langle x,x^*\rangle-f_i(x)\},\ \forall\ i\in I\\ &\Longleftrightarrow \mu^*\geqslant f_i^*(x^*),\ \forall\ i\in I\\ &\Longleftrightarrow (x^*,\mu^*)\in\mathrm{epi}f_i^*,\ \forall\ i\in I.\end{aligned}$$

这说明 $\mathrm{epi}f^*$ 与 $\mathrm{epi}(\sup f_i^*)$ 是同一个集合, 由此得到(2.17).

将 f_i^* 代入(2.17)中的 f_i, 得

$$(\mathrm{conv}\,\{f_i^*\mid i\in I\})^*=\sup\{f_i^{**}\mid i\in I\}=\sup\{\mathrm{cl}f_i\mid i\in I\}.$$

因此有

$$(\sup\{\mathrm{cl}f_i\mid i\in I\})^*=(\mathrm{conv}\,\{f_i^*\mid i\in I\})^{**}=\mathrm{cl}\,(\mathrm{conv}\,\{f_i^*\mid i\in I\}).$$

即得到(2.18). 如果存在 $\mathrm{ri}(\mathrm{dom}f_i)$ 的公共点使 f_i 的上确界在此点为有限的, 则有

$$(\sup\{\mathrm{cl}f_i\mid i\in I\})^*=(\mathrm{cl}\,(\sup\{f_i\mid i\in I\}))^*=(\sup\{f_i\mid i\in I\})^*.$$

特别地, 当 I 有限且对于每个 i 都有 $\mathrm{cl}(\mathrm{dom}f_i)=C$ 时, 这也是成立的. 且集合 $\mathrm{dom}f_i$ 的支撑函数都等于 f_i^* 的回收函数 $f_i^*0^+=\delta^*(\cdot\mid C)$. 进一步, 由 [3, 推论 2.10] 知, $\mathrm{conv}\{f_i^*\mid i\in I\}$ 为闭的. 因此

$$(\sup\{f_i\mid i\in I\})^*=\inf\left\{\sum_{i\in I}\lambda_i f_i^*(x_i^*)\right\},$$

且对于每个 x^*, 下确界都可以取到. □

推论 2.9　对于每个 $i \in I$ (任意指标集), C_i 是 $\mathbb{R}^n$ 中的非空凸集, 则集合 C_i 并集的凸包 D 的支撑函数为

$$\delta^*(\cdot \mid D) = \sup\{\delta^*(\cdot \mid C_i) \mid i \in I\}.$$

而 $\mathrm{cl}C_i$ 的交集 C 的支撑函数为

$$\delta^*(\cdot \mid C) = \mathrm{cl}(\mathrm{conv}\{\delta^*(\cdot \mid C_i) \mid i \in I\}).$$

证明　取 $f_i = \delta(\cdot \mid C_i)$, $D = \mathrm{conv}\{C_i \mid i \in I\}$, 代入定理 2.4 的(2.17), 有

$$\begin{aligned}
(\mathrm{conv}\,\{f_i \mid i \in I\})^* &= (\mathrm{conv}\,\{\delta\,(\cdot \mid C_i)\ \mid i \in I\})^* \\
&= \left(\inf\left\{\sum_{i\in I}\lambda_i\delta\,(x_i \mid C_i)\ \middle|\ x = \sum_{i\in I}\lambda_i x_i\right\}\right)^* \\
&= (\delta\,(\cdot \mid \mathrm{conv}\,\{C_i \mid i \in I\}))^* \\
&= \delta^*\,(\cdot \mid D)\,,
\end{aligned}$$

以及

$$\sup\{f_i^* \mid i \in I\} = \sup\{\delta^*(\cdot \mid C_i) \mid i \in I\}.$$

因此 $\delta^*(\cdot \mid D) = \sup\{\delta^*(\cdot \mid C_i) \mid i \in I\}$.

记 $C = \cap \mathrm{cl}C_i$. 将 $f_i = \delta(\cdot \mid C_i)$ 代入定理 2.4 的(2.18), 得到

$$\begin{aligned}
(\sup\,\{\mathrm{cl}f_i \mid i \in I\})^* &= (\sup\,\{\mathrm{cl}\delta\,(\cdot \mid C_i)\ \mid i \in I\})^* \\
&= (\sup\,\{\delta\,(\cdot \mid \mathrm{cl}C_i)\ \mid i \in I\})^* \\
&= (\delta\,(\cdot \mid \cap\,\mathrm{cl}C_i))^* \\
&= \delta^*\,(\cdot \mid \cap\,\mathrm{cl}C_i) \\
&= \delta^*\,(\cdot \mid C)\,,
\end{aligned}$$

以及

$$\mathrm{cl}\,(\mathrm{conv}\,\{f_i^* \mid i \in I\}) = \mathrm{cl}\,(\mathrm{conv}\,\{\delta^*\,(\cdot \mid C_i)\ \mid i \in I\})\,.$$

因此 $\delta^*\,(\cdot \mid C) = \mathrm{cl}\,(\mathrm{conv}\,\{\delta^*\,(\cdot \mid C_i)\ \mid i \in I\})$. 结论成立. □

推论 2.10　对于每个 $i \in I$ (任意指标集), C_i 是 $\mathbb{R}^n$ 中的凸集. 则有

$$(\mathrm{conv}\,\{C_i \mid i \in I\})^\circ = \cap\,\{C_i^\circ \mid i \in I\}\,, \tag{2.19}$$

$$(\cap\,\{\mathrm{cl}C_i \mid i \in I\})^\circ = \mathrm{cl}\,(\mathrm{conv}\,\{C_i^\circ \mid i \in I\})\,. \tag{2.20}$$

证明 由于凸集 C 的极是 C 的支撑函数的水平集, 即 $C^\circ = \{x^* \mid \delta^*(x^* \mid C) \leqslant 1\}$. 因而有

$$
\begin{aligned}
(\operatorname{conv}\{C_i \mid i \in I\})^\circ &= \{x^* \mid \delta^*(x^* \mid \operatorname{conv}\{C_i \mid i \in I\}) \leqslant 1\} \\
&= \{x^* \mid \delta^*(x^* \mid D) \leqslant 1\},
\end{aligned}
$$

其中 $D = \operatorname{conv}\{C_i \mid i \in I\}$. 另外,

$$
\begin{aligned}
\cap\{C_i^\circ \mid i \in I\} &= \cap\{x^* \mid \delta^*(x^* \mid C_i) \leqslant 1,\ i \in I\} \\
&= \{x^* \mid \sup\{\delta^*(x^* \mid C_i) \mid i \in I\} \leqslant 1\}.
\end{aligned}
$$

因此根据推论 2.9, 有(2.19)成立.

将 C_i° 代入(2.19)中的 C_i, 得

$$
(\operatorname{conv}\{C_i^\circ \mid i \in I\})^\circ = \cap\{C_i^{\circ\circ} \mid i \in I\},
$$

故有

$$
\begin{aligned}
(\operatorname{conv}\{C_i^\circ \mid i \in I\})^{\circ\circ} &= (\cap\{C_i^{\circ\circ} \mid i \in I\})^\circ \\
&= (\cap\{\operatorname{cl}C_i \mid i \in I\})^\circ \\
&= \operatorname{cl}(\operatorname{conv}\{C_i^\circ \mid i \in I\}),
\end{aligned}
$$

即(2.20)成立. □

例子 2.14 计算函数 $f(x) = \max\{\|x - a_i\|_2 \mid i = 1, \cdots, m\}$ 的共轭.

证明 首先将 f 写成 $f = \max\{f_i \mid i = 1, \cdots, m\}$ 的形式. 即 f 是 $f_i(x) = \|x - a_i\|_2\ (i = 1, \cdots, m)$ 的逐点最大值. 由于 f_i 有相同的有效域, 因此根据定理 2.4, 有

$$
\begin{aligned}
f^*(x^*) &= (\max\{f_i(x^*) \mid i = 1, \cdots, m\})^* \\
&= \inf\left\{\sum_{i\in I}\lambda_i f_i^*(x_i^*) \,\middle|\, \sum_{i\in I}\lambda_i x_i^* = x^*,\ \sum_{i\in I}\lambda_i = 1,\ \lambda_i \geqslant 0\right\}.
\end{aligned}
$$

由于 $f_i^*(x^*) = \delta(x^* \mid B) + \langle a_i, x^*\rangle$, 其中 B 为欧氏单位球. 因此 $f^*(x^*)$ 为

$$
\begin{aligned}
f^*(x^*) = \inf\Bigg\{&\lambda_1\langle a_1, x_1^*\rangle + \cdots + \lambda_m\langle a_m, x_m^*\rangle,\ \sum_{i\in I}\lambda_i x_i^* = x^*, \\
&\sum_{i\in I}\lambda_i = 1,\ \lambda_i \geqslant 0,\ \|x_i^*\|_2 \leqslant 1\Bigg\}.
\end{aligned}
$$

□

例子 2.15　已知 $f_1(x) = |x|$ 和 $f_2(x) = |x-1|$, $x \in \mathbb{R}$. 计算函数 $f = \operatorname{conv}\{f_1, f_2\}$ 的共轭.

证明　(方法一)　用常规方法进行计算. $f_1(x)$, $f_2(x)$ 及 $f(x)$ 如图 2.5 所示, 由于

$$f(x) = \operatorname{conv}\{f_1(x), f_2(x)\} = \begin{cases} -x, & x \leqslant 0; \\ 0, & 0 < x < 1; \\ x-1, & x \geqslant 1; \end{cases}$$

因此有

$$f^*(x^*) = \begin{cases} \sup\limits_x \{xx^* + x\} = \sup\limits_x \{(x^*+1)\,x\}, & x \leqslant 0 \\ \sup\limits_x \{xx^*\}, & 0 < x < 1 \\ \sup\limits_x \{xx^* - x + 1\} = \sup\limits_x \{(x^*-1)\,x + 1\}, & x \geqslant 1 \end{cases}$$

$$= \begin{cases} +\infty, & x^* < -1; \\ 0, & -1 \leqslant x^* < 0; \\ x^*, & 0 < x^* < 1; \\ +\infty, & x^* \geqslant 1. \end{cases}$$

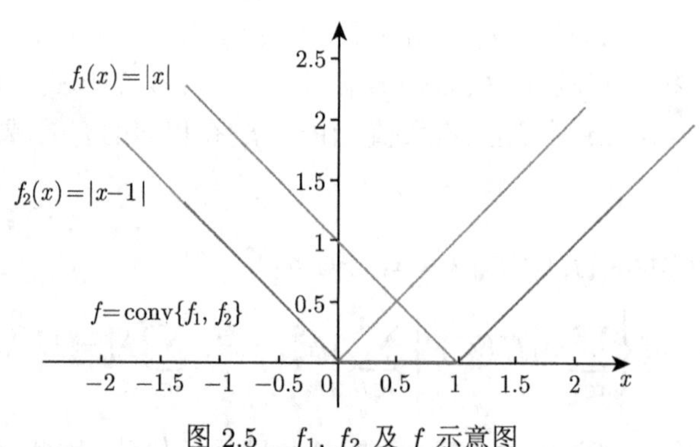

图 2.5　f_1, f_2 及 f 示意图

(方法二)　利用本章的定理进行计算. 已知

$$f_1^*(x^*) = \sup_x \{xx^* - |x|\} = \begin{cases} 0, & |x^*| \leqslant 1; \\ +\infty, & |x^*| > 1; \end{cases}$$

$$f_2^*(x^*) = |x|^* + \langle 1, x^* \rangle = \begin{cases} x^*, & |x^*| \leqslant 1; \\ +\infty, & |x^*| > 1; \end{cases}$$

因此有

$$f^* = (\operatorname{conv}\{f_1, f_2\})^* = \sup\{f_1^*, f_2^*\} = \begin{cases} +\infty, & x^* < -1; \\ 0, & -1 \leqslant x^* < 0; \\ x^*, & 0 < x^* < 1; \\ +\infty, & x^* \geqslant 1. \end{cases} \qquad \square$$

2.5 练　习

练习 2.1　设凸二次函数 $h(x) = \frac{1}{2}x^{\mathrm{T}}x$, 其中 $x = (x_1, x_2) \in \mathbb{R}^2$.

(i) 求 h 的共轭函数 h^*;

(ii) 设 $f(x) = h(x) + x_1$, 求 f 的共轭函数 f^*.

练习 2.2　设函数 $h(x) = \frac{1}{2}\|x\|^2$, 其中 $x \in \mathbb{R}^n$. 设 $f(x) = h(x+e)$, 其中 e 表示全 1 向量. 求 f 的共轭函数 f^*.

练习 2.3　设 $h(x_1) = \inf\limits_{x_2}\{x_1^2 + x_2^2 \mid x_2 \in \mathbb{R}\}$, 求函数 h 的共轭函数 h^*.

练习 2.4　设 $C = [0,1] \times [0,1] \subseteq \mathbb{R}^2$, 线性映射 $A: \mathbb{R}^2 \to \mathbb{R}^2$ 定义为 $Ax = (x_2, -x_1)$, 其中 $x = (x_1, x_2) \in \mathbb{R}^2$. 求 AC 在 $x^* = (x_1^*, x_2^*)$ 处的支撑函数 $\delta^*(x^* \mid AC)$.

练习 2.5　设函数 $f(x) = \|x\|^2$, $x \in \mathbb{R}^n$ 和 $g(x) = \delta(x \mid C)$, $x \in \mathbb{R}^n$. 求 $f \,\square\, g$ 的共轭函数.

练习 2.6　设

$$\begin{aligned} C_1 &= \{x \in \mathbb{R}^n \mid \|x\| \leqslant 1\}, \\ C_2 &= \{x \in \mathbb{R}^n \mid \|x\| \leqslant 2\}, \\ &\vdots \\ C_m &= \{x \in \mathbb{R}^n \mid \|x\| \leqslant m\}, \end{aligned}$$

$i = 1, 2, \cdots, m$, 求 $\operatorname{cl}(\delta^*(\cdot \mid C_1) \,\square (\delta^*(\cdot \mid C_2) \,\square \cdots \square\, \delta^*(\cdot \mid C_m)))$.

练习 2.7　设 $f_1(x) = \|x\|$ 和 $f_2(x) = \|x\|_\infty$, $x \in \mathbb{R}^n$. 计算函数 $f = \operatorname{conv}\{f_1, f_2\}$ 的共轭.

练习 2.8　设 $C_1 = \{x \in \mathbb{R}^2 \mid \|x\| \leqslant 1\}$, $C_2 = [-\frac{3}{4}, \frac{3}{4}] \times [-\frac{3}{4}, \frac{3}{4}] \subseteq \mathbb{R}^2$. 求集合 C_1 和 C_1 并集的凸包的支撑函数.

本章思维导图

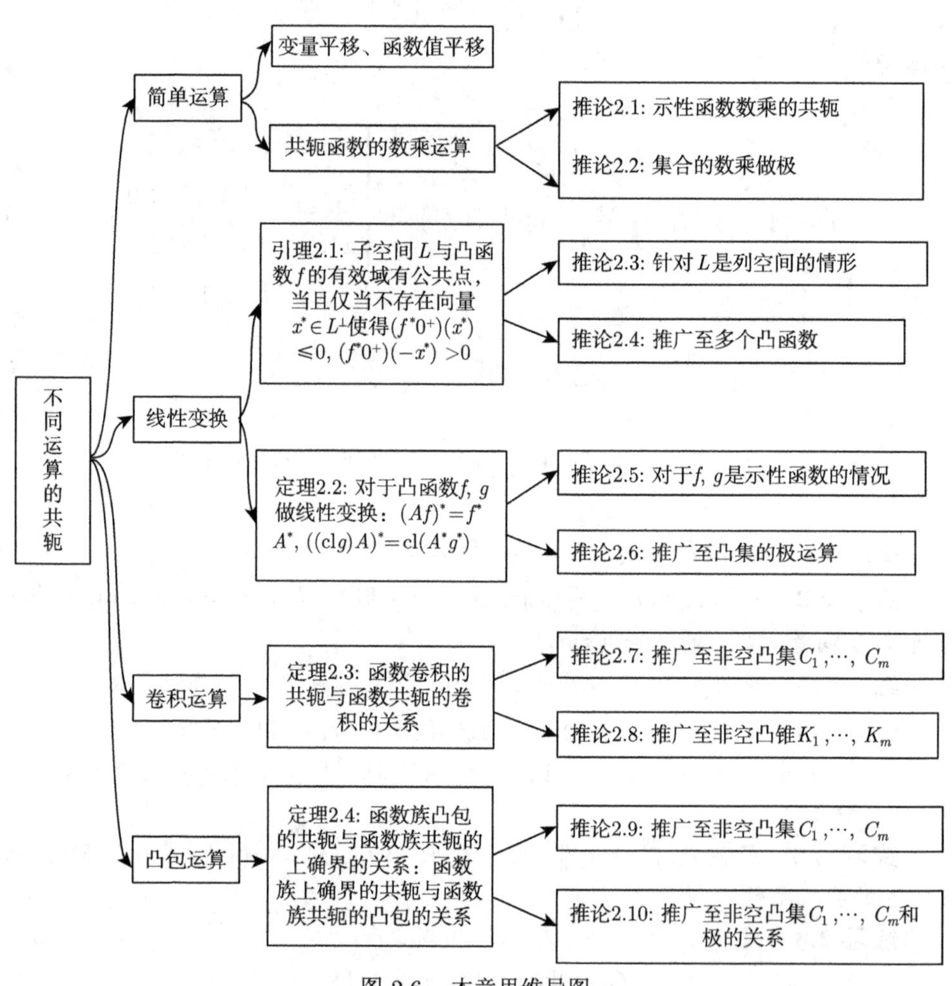

图 2.6　本章思维导图

第 3 章 Carathéodory 定理

如果 S 是一个 $\mathbb{R}^n$ 上的子集, S 的凸包可以由 S 中所有元素的凸组合组成. 实际上, 根据经典的 Carathéodory 定理, 没有必要形成多于 $n+1$ 个元素的组合. 也就是说, 我们可以将注意力集中到凸组合 $\lambda_1 x_1 + \cdots + \lambda_m x_m$ 上, 其中 $m \leqslant n+1$(如果不要求元素 x_i 互不相同时, 可将注意力集中到 $m = n+1$ 的情况).

Carathéodory 定理是凸理论中基本的维数结果, 并且它是许多与维数相关的结果的来源. 除了用其证明无限线性不等式的结果以外, 我们将在后面章节利用其证明与凸集的交相关的 Helly 定理.

3.1 预 备 知 识

为了形成系统的 Carathéodory 定理, 我们将集合 S 的凸包视为由点和方向（无限远处的点）构成的. Carathéodory 定理不仅包含了凸锥及其他无界凸集的生成, 也包含了普通凸包的生成.

令 S_0 为 $\mathbb{R}^n$ 上的点集, S_1 为 $\mathbb{R}^n$ 上如 [3, 第 1 章] 中定义的方向的集合. 我们定义 $S = S_0 \cup S_1$ 的凸包 $\mathrm{conv}S$ 为 $\mathbb{R}^n$ 中满足 $C \subset S_0$ 且 C 在 S_1 中所有方向回收的最小凸集 C. 显然这样的最小凸集 C 是存在的. 事实上, 有

$$C = \mathrm{conv}\left(S_0 + \mathrm{ray}S_1\right) = \mathrm{conv}S_0 + \mathrm{conv}\left(\mathrm{ray}S_1\right) = \mathrm{conv}S_0 + \mathrm{cone}S_1,$$

其中 $\mathrm{ray}S_1$ 由原点和方向属于 S_1 的所有向量组成, 并且

$$\mathrm{cone}S_1 = \mathrm{conv}\left(\mathrm{ray}S_1\right).$$

即 $\mathrm{cone}S_1$ 为所有方向属于 S_1 的向量生成的凸锥. 我们首先举个例子说明 S 的凸包.

例子 3.1 取 $S_0 = \{(1,1),\ (2,1)\}$ 及 $S_1 = \{(0,1),\ (1,1)\}$ 分别作为点和方向的集合. 那么由 S_0 中点和 S_1 方向生成的集合为

$$\begin{aligned} S = &\{(1,1) + a_1(0,1) + a_2(1,1) \mid a_1 \geqslant 0,\ a_2 \geqslant 0\} \\ &\cup \{(2,1) + b_1(0,1) + b_2(1,1) \mid b_1 \geqslant 0,\ b_2 \geqslant 0\}. \end{aligned}$$

集合 S 的凸包为

$$\operatorname{conv}S=\operatorname{conv}\Big(\big\{(1,1)+a_1(0,1)+a_2(1,1)\mid a_1\geqslant 0,\ a_2\geqslant 0\big\}\cup \\ \big\{(2,1)+b_1(0,1)+b_2(1,1)\mid b_1\geqslant 0,\ b_2\geqslant 0\big\}\Big).$$

如图 3.1 所示.

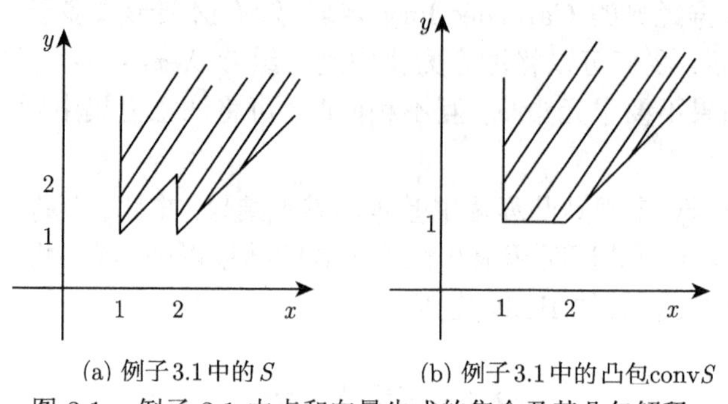

(a) 例子 3.1 中的 S　　(b) 例子 3.1 中的凸包 $\operatorname{conv}S$

图 3.1　例子 3.1 中点和向量生成的集合及其凸包解释

从代数上来说, 一个向量 x 属于 $\operatorname{conv}S$, 当且仅当它能被表示成下列形式:

$$x=\lambda_1x_1+\cdots+\lambda_kx_k+\lambda_{k+1}x_{k+1}+\cdots+\lambda_mx_m,$$

其中 $x_1,\cdots,x_k$ 是 S_0 中的向量, 并且 $x_{k+1},\cdots,x_m$ 是方向属于 $S_1(1\leqslant k\leqslant m)$ 的向量, 所有系数 λ_i 非负, 且 $\lambda_1+\cdots+\lambda_k=1$. 我们把这样的 x 称作 S 中 m 个点和方向的凸组合. 这样的凸组合对应着 $\mathbb{R}^{n+1}$ 中的超平面 $H=\{(1,x)\mid x\in\mathbb{R}^n\}$ 上的非负线性组合

$$\lambda_1(1,x_1)+\cdots+\lambda_k(1,x_k)+\lambda_{k+1}(0,x_{k+1})+\cdots+\lambda_m(0,x_m).$$

记 S' 由 $\mathbb{R}^{n+1}$ 中所有形如 $(1,x)$ 和 $(0,d)$ 的向量组成, 其中 $x\in S_0,\ d\in S_1'$. S_1' 为 $\mathbb{R}^n$ 中的子集, 且 S_1' 中向量的方向集合即为 S_1. 因此另一种获得 $\operatorname{conv}S$ 的方式为将超平面 H 与 S' 在 $\mathbb{R}^{n+1}$ 中生成的凸锥相交.

由此得到如下结论.

引理 3.1　记 S 为点和方向的集合, 即 $S=S_0\cup S_1$, 其中 $S_0=\{x_1,\cdots,x_k\}$ 为点的集合, $S_1=\{x_{k+1},\cdots,x_m\}\subseteq\mathbb{R}^n$ 为方向的集合. 则 $\operatorname{conv}S$ 还可表示为 M 到 $\mathbb{R}^n$ 上的投影, 其中 $M=\{(1,x)\mid x\in\operatorname{conv}S\}$. M 实际上为超平面 H 与锥 K 的交, 即

$$M=H\cap K,$$

其中 $H=\{(1,x)\mid x\in\mathbb{R}^n\}$ 为超平面, $K=\mathrm{cone}S'$ 为 S' 生成的凸锥, $S'=\{(1,x)\mid x\in S_0\}\cup\{(0,x)\mid x\in S_1'\}$, S_1' 中的方向的集合即为 S_1.

一种特殊的情况是凸锥的情形. 由集合 $T\subset\mathbb{R}^n$ 生成的凸锥可以等价地视作由原点和 T 中所有向量的方向构成的集合 S 的凸包. 这样的 S 中的 m 个元素的凸组合一定是 S 中 0 和 $m-1$ 个方向的凸组合. 因此它是 T 中 $m-1$ 个向量的非负线性组合.

例子 3.2 取 $T=\{(1,0),\ (1,1)\}$, $\mathrm{cone}T=\{(x,y)\in\mathbb{R}^2\mid(x,y)=\lambda_1(1,0)+\lambda_2(1,1),\lambda_1,\lambda_2\geqslant 0\}$, 如图 3.2 所示. 原点和 T 中向量方向构成的集合 $S=\{(0,0),\ (1,0),\ (1,1)\}$, S 的凸包为

$$\begin{aligned}\mathrm{conv}S=&\{(x,y)\in\mathbb{R}^2\mid(x,y)=1(0,0)+\lambda_1(1,0)+\lambda_2(1,1),\lambda_1,\lambda_2\geqslant 0\}\\=&\{(x,y)\in\mathbb{R}^2\mid(x,y)=\lambda_1(1,0)+\lambda_2(1,1),\lambda_1,\lambda_2\geqslant 0\}\\=&\mathrm{cone}T.\end{aligned}$$

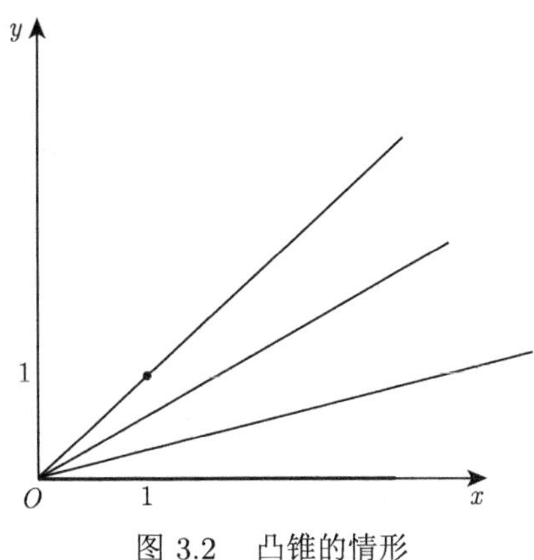

图 3.2 凸锥的情形

关于仿射包也有新的理解. $\mathbb{R}^n$ 中点和方向的混合集 S 的仿射包 $\mathrm{aff}S$ 当然可以定义为 $\mathrm{aff}(\mathrm{conv}S)$, 它是包含了 S 中所有的点且在 S 中所有方向上回收的最小仿射包. 平凡的情况是: 如果 S 中仅包含方向, 那么有 $\mathrm{aff}S=\mathrm{conv}S=\varnothing$. 这是因为

$$\begin{aligned}\mathrm{aff}S=&\mathrm{aff}(\mathrm{conv}S)\\=&\mathrm{aff}(\mathrm{conv}S_0+\mathrm{cone}S_1)\\=&\mathrm{aff}(\mathrm{cone}S_1)\quad(S_0=\varnothing)\\=&\mathrm{cone}S_1\\=&\mathrm{conv}S=\varnothing.\end{aligned}$$

如果 $\dim(\text{aff}S) = m-1$, 我们称 S 为仿射无关的, 其中 m 为 S 中点和方向的总数. 对于非空的 S, 这个条件意味着 S 至少包含一个点, 并且如下向量

$$(1, x_1), \cdots, (1, x_k), (0, x_{k+1}), \cdots, (0, x_m)$$

在 $\mathbb{R}^{n+1}$ 是线性无关的, 其中 $x_1, \cdots, x_k$ 为 S 中的点, $x_{k+1}, \cdots, x_m$ 为任意向量, 它们为 S 中的不同方向. 接下来我们证明这个结论.

引理 3.2　记 m 为 S 中点和方向的总个数. 若 $\dim(\text{aff}S) = m-1$, 则 $\begin{pmatrix} 1 \\ x_1 \end{pmatrix}, \cdots, \begin{pmatrix} 1 \\ x_k \end{pmatrix}, \begin{pmatrix} 0 \\ x_{k+1} \end{pmatrix}, \cdots, \begin{pmatrix} 0 \\ x_m \end{pmatrix}$ 线性无关. 其中 $x_1, \cdots, x_k$ 为 S 中的点, $x_{k+1}, \cdots, x_m$ 为 S 中的方向.

证明　由 $\dim(\text{aff}S) = m-1$ 可知, 存在 $y_1, y_2, \cdots, y_m \in \mathbb{R}^n$ 仿射无关, 即 $y_2 - y_1, \cdots, y_m - y_1 \in \mathbb{R}^n$ 线性无关. 由于 $y_j \in \text{aff}S$, $j = 1, \cdots, m$, 因而存在 λ_{ij}, $i = 1, \cdots, m$, 使得

$$y_j = \sum_{i=1}^{m} \lambda_{ij} x_i, \quad \sum_{i=1}^{k} \lambda_{ij} = 1, \ \lambda_{ij} \geqslant 0, \ i = 1, \cdots, m, \ j = 1, \cdots, m. \tag{3.1}$$

即 $\sum\limits_{i=1}^{m} (\lambda_{i2} - \lambda_{i1}) x_i, \cdots, \sum\limits_{i=1}^{m} (\lambda_{im} - \lambda_{i1}) x_i$ 线性无关. 由此可知, $x_1, \cdots, x_m$ 的极大无关组中向量个数为 $m-1$.

反设 $\begin{pmatrix} 1 \\ x_1 \end{pmatrix}, \cdots, \begin{pmatrix} 1 \\ x_k \end{pmatrix}, \begin{pmatrix} 0 \\ x_{k+1} \end{pmatrix}, \cdots, \begin{pmatrix} 0 \\ x_m \end{pmatrix}$ 线性相关, 则存在不全为 0 的 α_i, $i = 1, \cdots, m$, 使得

$$\alpha_1 \begin{pmatrix} 1 \\ x_1 \end{pmatrix} + \alpha_2 \begin{pmatrix} 1 \\ x_2 \end{pmatrix} + \cdots + \alpha_k \begin{pmatrix} 1 \\ x_k \end{pmatrix} + \alpha_{k+1} \begin{pmatrix} 0 \\ x_{k+1} \end{pmatrix} + \cdots + \alpha_m \begin{pmatrix} 0 \\ x_m \end{pmatrix} = 0. \tag{3.2}$$

即

$$\sum_{i=1}^{m} \alpha_i x_i = 0, \quad \sum_{i=1}^{k} \alpha_i = 0. \tag{3.3}$$

下面分两种情况讨论.

情形 1　存在 $1 \leqslant j \leqslant k$, 使得 $\alpha_j \neq 0$. 不妨设 $\alpha_1 \neq 0$, 因而由(3.3)知, x_1 可以写成如下形式:

$$x_1 = \sum_{i=2}^{m} \mu_i x_i, \quad \sum_{i=2}^{k} \mu_i = 1. \tag{3.4}$$

由(3.4)及(3.1)知

$$y_j = \lambda_{1j} x_1 + \sum_{i=2}^{m} \lambda_{ij} x_i = \lambda_{1j} \sum_{i=2}^{m} \mu_i x_i + \sum_{i=2}^{m} \lambda_{ij} x_i$$

$$=\sum_{i=2}^{m}\big(\mu_i\lambda_{1j}+\lambda_{ij}\big)x_i,\quad j=1,\cdots,m.$$

故

$$\begin{aligned}y_j-y_1&=\sum_{i=2}^{m}\big(\mu_i\lambda_{1j}+\lambda_{ij}\big)x_i-\sum_{i=2}^{m}\big(\mu_i\lambda_{11}+\lambda_{i1}\big)x_i\\&=\big(\lambda_{1j}-\lambda_{11}\big)\sum_{i=2}^{m}\mu_i x_i+\sum_{i=2}^{m}\big(\lambda_{ij}-\lambda_{i1}\big)x_i,\quad j=2,\cdots,m.\end{aligned}\tag{3.5}$$

记 $z_j=y_j-y_1$, $j=2,\cdots,m$, 则有

$$\begin{aligned}z_2&=\big(\lambda_{12}-\lambda_{11}\big)\sum_{i=2}^{m}\mu_i x_i+\sum_{i=2}^{m}\big(\lambda_{i2}-\lambda_{i1}\big)x_i,\\z_3&=\big(\lambda_{13}-\lambda_{11}\big)\sum_{i=2}^{m}\mu_i x_i+\sum_{i=2}^{m}\big(\lambda_{i3}-\lambda_{i1}\big)x_i,\\&\ \ \vdots\\z_m&=\big(\lambda_{1m}-\lambda_{11}\big)\sum_{i=2}^{m}\mu_i x_i+\sum_{i=2}^{m}\big(\lambda_{im}-\lambda_{i1}\big)x_i.\end{aligned}$$

写成矩阵形式为 $\Lambda\in\mathbb{R}^{n\times m}$, 其中

$$\begin{aligned}\Lambda&=(z_2,\cdots,z_m)\\&=(x_2,\cdots,x_m)\begin{pmatrix}(\lambda_{12}-\lambda_{11})\mu_2+\lambda_{22}-\lambda_{21} & \cdots & (\lambda_{1m}-\lambda_{11})\mu_2+\lambda_{2m}-\lambda_{21}\\ \vdots & \ddots & \vdots\\ (\lambda_{12}-\lambda_{11})\mu_m+\lambda_{m2}-\lambda_{m1} & \cdots & (\lambda_{1m}-\lambda_{11})\mu_m+\lambda_{mm}-\lambda_{m1}\end{pmatrix}\\&=(x_2,\cdots,x_m)\begin{pmatrix}(\lambda_{12}-\lambda_{11})(1-\sum_{i=3}^{m}\mu_i) & \cdots & (\lambda_{1m}-\lambda_{11})(1-\sum_{i=3}^{m}\mu_i)\\ +\lambda_{22}-\lambda_{21} & & +\lambda_{2m}-\lambda_{21}\\ \vdots & \ddots & \vdots\\ (\lambda_{12}-\lambda_{11})\mu_m & \cdots & (\lambda_{1m}-\lambda_{11})\mu_m\\ +\lambda_{m2}-\lambda_{m1} & & +\lambda_{mm}-\lambda_{m1}\end{pmatrix}\quad(\text{由(3.4)})\\&:=BM.\end{aligned}$$

对于 M, 我们考虑它的秩, 对它进行如下基本初等行变换. 将第 i 行加到第一行,

$i=2,\cdots,m$, 可以得到

$$M \to \begin{pmatrix} \lambda_{12}-\lambda_{11}+\sum\limits_{i=2}^{k}\lambda_{i2}-\sum\limits_{i=2}^{k}\lambda_{i1} & \cdots & \lambda_{1m}-\lambda_{11}+\sum\limits_{i=2}^{k}\lambda_{im}-\sum\limits_{i=2}^{k}\lambda_{i1} \\ (\lambda_{12}-\lambda_{11})\mu_3+\lambda_{32}-\lambda_{31} & \cdots & (\lambda_{1m}-\lambda_{11})\mu_3+\lambda_{3m}-\lambda_{31} \\ \vdots & \ddots & \vdots \\ (\lambda_{12}-\lambda_{11})\mu_m+\lambda_{m2}-\lambda_{m1} & \cdots & (\lambda_{1m}-\lambda_{11})\mu_m+\lambda_{mm}-\lambda_{m1} \end{pmatrix}$$
$$= \begin{pmatrix} \sum\limits_{i=1}^{k}\lambda_{i2}-\sum\limits_{i=1}^{k}\lambda_{i1} & \cdots & \sum\limits_{i=1}^{k}\lambda_{im}-\sum\limits_{i=1}^{k}\lambda_{i1} \\ (\lambda_{12}-\lambda_{11})\mu_3+\lambda_{32}-\lambda_{31} & \cdots & (\lambda_{1m}-\lambda_{11})\mu_3+\lambda_{3m}-\lambda_{31} \\ \vdots & \ddots & \vdots \\ (\lambda_{12}-\lambda_{11})\mu_m+\lambda_{m2}-\lambda_{m1} & \cdots & (\lambda_{1m}-\lambda_{11})\mu_m+\lambda_{mm}-\lambda_{m1} \end{pmatrix}$$
$$= \begin{pmatrix} 0 & \cdots & 0 \\ (\lambda_{12}-\lambda_{11})\mu_3+\lambda_{32}-\lambda_{31} & \cdots & (\lambda_{1m}-\lambda_{11})\mu_3+\lambda_{3m}-\lambda_{31} \\ \vdots & \ddots & \vdots \\ (\lambda_{12}-\lambda_{11})\mu_m+\lambda_{m2}-\lambda_{m1} & \cdots & (\lambda_{1m}-\lambda_{11})\mu_m+\lambda_{mm}-\lambda_{m1} \end{pmatrix}.$$

最后一个等号由(3.1)中的 $\sum\limits_{i=1}^{k}\lambda_{ij}=1(j=1,\cdots,m)$ 得到. 因而可得到

$$\text{rank}(M)\leqslant m-2.$$

根据 $\text{rank}(BM)=\min\{\text{rank}(B),\text{rank}(M)\}$ 可知

$$\text{rank}(A)=\text{rank}(BM)\leqslant\min\{\text{rank}(B),\text{rank}(M)\}\leqslant m-2,$$

与 $z_2,\cdots,z_m$ 线性无关矛盾.

情形 2　$\alpha_1=\cdots=\alpha_k=0$, $\sum\limits_{i=k+1}^{m}\alpha_i x_i=0$. 因为 $x_1,\cdots,x_m$ 的极大无关组中向量个数为 $m-1$, 所以 k 只能为 0, 与 S 中至少有一个点矛盾.

综上两种情况可知, 反设不成立. 因而原命题成立. □

3.2　广义单纯形

定义 3.1　一个广义 m 维单纯形指的是由 $m+1$ 个仿射无关点和方向的凸包构成的集合. 其中这些点被称为单纯形的普通顶点, 这些方向也称为无穷远处的顶点.

例子 3.3 一维广义单纯形为线段和闭半射线, 见图 3.3. 二维广义单纯形为三角形, 闭的带状（一对不同的平行闭半射线的凸包）和闭象限（一对具有相同端点的不同闭半射线的凸包）, 如图 3.4 所示.

(a) 两个普通顶点组成的一维广义单纯形　　(b) 一个普通顶点和一个无穷顶点组成的一维广义单纯形

图 3.3 一维广义单纯形

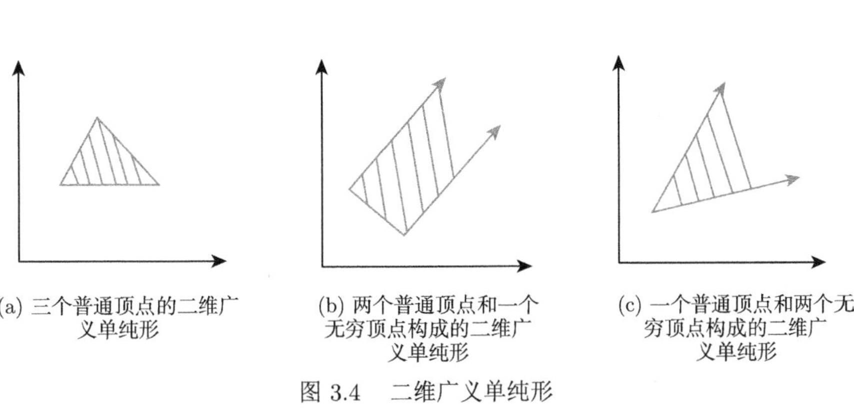

(a) 三个普通顶点的二维广义单纯形　　(b) 两个普通顶点和一个无穷顶点构成的二维广义单纯形　　(c) 一个普通顶点和两个无穷顶点构成的二维广义单纯形

图 3.4 二维广义单纯形

定义 3.2 包含一个普通顶点和 $m-1$ 个无穷顶点的广义 m 维单纯形被称作 m（不对称）卦限.

定义 3.3 $\mathbb{R}^n$ 上的 m 维卦限正是 $\mathbb{R}^m$ 上的非负象限经过 $\mathbb{R}^m$ 到 $\mathbb{R}^n$ 的一一对应仿射变换下的像. 这些卦限都是闭集, 因为 $\mathbb{R}^m$ 中的非负象限是闭的.

例子 3.4 $\mathbb{R}^2$ 上的非负象限通过适当的一一对应仿射变换可以得到 $\mathbb{R}^3$ 上的二维卦限. 如选择仿射变换为 $A=\begin{pmatrix}1&1\\0&0\\0&1\end{pmatrix}\in\mathbb{R}^{3\times 2}$, 将向量 $a=\begin{pmatrix}1\\0\end{pmatrix}$ 和 $b=\begin{pmatrix}0\\1\end{pmatrix}$ 变换为 $Aa=\begin{pmatrix}1\\0\\0\end{pmatrix}$ 和 $Ab=\begin{pmatrix}1\\0\\1\end{pmatrix}$. 如图 3.5 和 3.6 所示. 此时 $\mathbb{R}^2$ 上的非负象限 $\mathbb{R}^2_+ := \{(x_1,x_2)\mid x_1\geqslant 0,\ x_2\geqslant 0\}$ 可变换为 $\mathbb{R}^3$ 上的二维卦限 $M:=\{(x_1,x_2,x_3)\mid x_1\geqslant 0,\ x_2=0,\ 0\leqslant x_3\leqslant x_1\}$.

更一般地, $\mathbb{R}^n$ 上每个广义 m 维单纯形都是闭的. 因为这样的集合可以表示为 $\mathbb{R}^{n+1}$ 上的 $m+1$ 维卦限和超平面 $\{(1,x)\mid x\in\mathbb{R}^n\}$ 的交集.

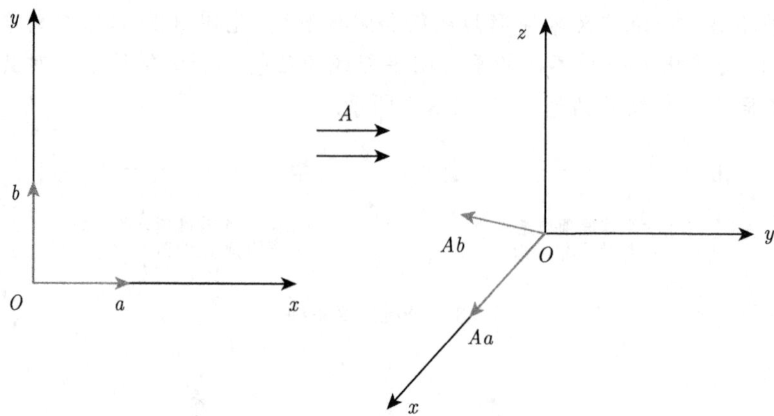

图 3.5　点 a, $b \in \mathbb{R}^2$ 通过 A 变换至 Aa, $Ab \in \mathbb{R}^3$

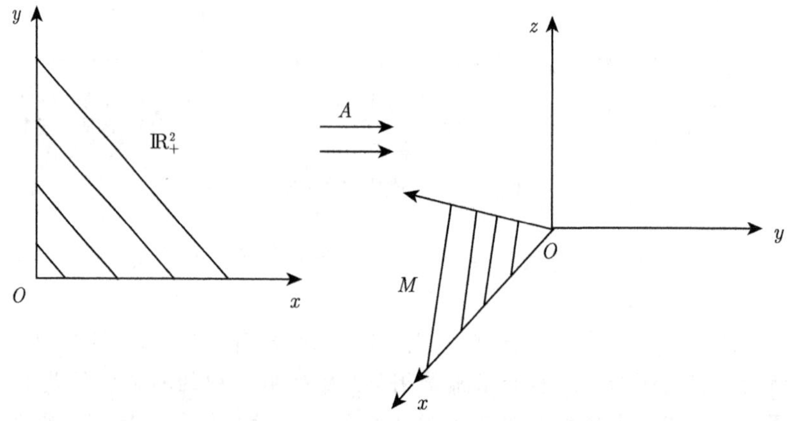

图 3.6　$\mathbb{R}^2_+$ 通过 A 变换后变为 M

3.3　Carathéodory 定理及证明

定理 3.1　(Carathéodory 定理)　令 S 为 $\mathbb{R}^n$ 上任意点和方向的集合, 且 $C=\text{conv}S$. (i) $x \in C$ 当且仅当 x 能被表示为 S 中 $n+1$ 个点和方向的凸组合 (不一定不同). (ii) C 为所有顶点属于 S 的 d 维广义单纯形的并, 其中 $d=\text{dim}C$.

证明　(i) 令 S_0 为 S 中点的集合, S_1 为 S 中方向的集合, S_1' 为 $\mathbb{R}^n$ 中向量的集合, 且满足 S_1' 中向量的方向集合为 S_1. 设 S' 为 $\mathbb{R}^{n+1}$ 中的子集, 由形如 $(1,w)$ 且 $w \in S_0$ 或 $(0,w)$ 且 $w \in S_1'$ 的向量构成, 即: $S'=\{(1,w) \mid w \in S_0\} \cup \{(0,w) \mid w \in S_1'\}$. K 为 S' 生成的凸锥. 由引理 3.1, conv$S$ 可以表示为 K

和超平面 $\{(1,w) \mid w \in \mathbb{R}^n\}$ 的交到 $\mathbb{R}^n$ 上的投影. 显然若 $x \in C$, 则有

$$y := \begin{pmatrix} 1 \\ x \end{pmatrix} \in K \cap \{(1,w) \mid w \in \mathbb{R}^n\}.$$

同样地, 若 $y \in K \cap \{(1,w) \mid w \in \mathbb{R}^n\}$, y 投影到 $\mathbb{R}^n$ 得到的 $x \in C$, 证明思路如图 3.7 所示.

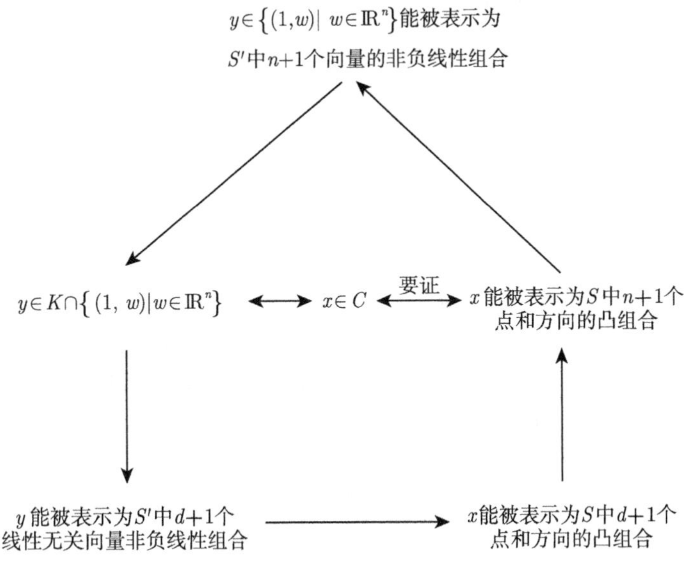

图 3.7 定理 3.1第一部分证明思路

($\Leftarrow$) 若 x 能被表示为 S 中 $n+1$ 个点和方向的凸组合, 那么 y 能被表示为 S' 中 $n+1$ 个向量的非负线性组合, 即

$$y \doteq \begin{pmatrix} 1 \\ x \end{pmatrix} = a_1 \begin{pmatrix} 1 \\ w_1 \end{pmatrix} + \cdots + a_k \begin{pmatrix} 1 \\ w_k \end{pmatrix} + a_{k+1} \begin{pmatrix} 0 \\ w_{k+1} \end{pmatrix} + \cdots + a_{n+1} \begin{pmatrix} 0 \\ w_{n+1} \end{pmatrix},$$

且 $\sum_{i=1}^{k} a_i = 1,\ a_i \geqslant 0,\ i = 1, \cdots, n+1$. 显然 $y \in K$, 所以 $y \in K \cap \{(1,w) \mid w \in \mathbb{R}^n\}$, 即 $x \in C$. 因此若 x 能表示为 S 中 $n+1$ 个点和方向的凸组合, 则有 $x \in C$.

将定理第一部分的必要性用 $\mathbb{R}^{n+1}$ 中的集合描述, 即当 $y \in K \cap \{(1,w) \mid w \in \mathbb{R}^n\}$ 时, y 能被表示为 S' 中 $n+1$ 个向量的非负线性组合. 相关的概念关系如图3.8 所示.

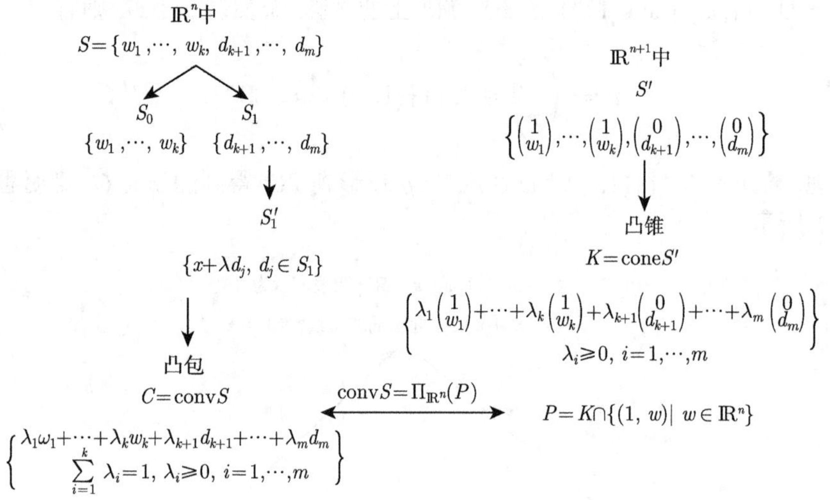

(a) $\mathbb{R}^n$中概念关系 (b) $\mathbb{R}^{n+1}$中概念关系

图 3.8 $\mathbb{R}^n$ 与 $\mathbb{R}^{n+1}$ 上的概念及对应关系

($\Rightarrow$) 若 $x\in C$, 那么 $y\in K\cap\{(1,w)\mid w\in\mathbb{R}^n\}$, 如果可以证明 y 能被表示为 S' 中 $d+1$ 个线性无关向量的非负线性组合, 即

$$y=\begin{pmatrix}1\\x\end{pmatrix}=\mu_1\begin{pmatrix}1\\w_1\end{pmatrix}+\cdots+\mu_k\begin{pmatrix}1\\w_k\end{pmatrix}+\mu_{k+1}\begin{pmatrix}0\\w_{k+1}\end{pmatrix}+\cdots+\mu_{d+1}\begin{pmatrix}0\\w_{d+1}\end{pmatrix},$$

且 $\begin{pmatrix}1\\w_1\end{pmatrix},\cdots,\begin{pmatrix}1\\w_k\end{pmatrix},\begin{pmatrix}0\\w_{k+1}\end{pmatrix},\cdots,\begin{pmatrix}0\\w_{d+1}\end{pmatrix}$ 线性无关, 则有

$$x=\mu_1w_1+\cdots+\mu_kw_k+\mu_{k+1}w_{k+1}+\cdots+\mu_{d+1}w_{d+1},$$

其中 $d+1$ 为 S' 生成的 $\mathbb{R}^{n+1}$ 中的子空间的维数, $d+1\leqslant n+1$. 因此 y 能被表示为 S' 中 $n+1$ 个向量的非负线性组合, 则 x 能被表示为 S 中 $n+1$ 个点和方向的凸组合 (令 $\mu_{d+2}=\cdots=\mu_{n+1}=0$).

接下来我们要证明, 对任意 $y\in K$, y 确实可以被表示为 S' 中 $d+1$ 个线性无关向量的非负线性组合. 令 $y_1,\cdots,y_m\in S'$, 使得 $y=\lambda_1y_1+\cdots+\lambda_my_m$, $\lambda_i\geqslant 0$, $i=1,\cdots,m$. 若 y_i 之间线性无关, 则有

$$m\leqslant \mathrm{dim}K=d+1.$$

假定 y_i 间不是线性无关, 我们可以找到 $\mu_1, \cdots, \mu_m \in \mathbb{R}$, 其中至少一个为正, 使得

$$\mu_1 y_1 + \cdots + \mu_m y_m = 0.$$

令 $\lambda \in \mathbb{R}$ 且满足 $\lambda\mu_i \leqslant \lambda_i$, 且存在 i, 使得 $\lambda\mu_i = \lambda_i$, 令 $\lambda_i' = \lambda_i - \lambda\mu_i \geqslant 0$. 那么有

$$\lambda_1' y_1 + \cdots + \lambda_m' y_m = \lambda_1 y_1 + \cdots + \lambda_m y_m - \lambda\mu_1 y_1 - \cdots - \lambda\mu_m y_m = y,$$

其中有一个 λ_i' 为 0, 因此 y 可以表示为 S' 中少于 m 个元素的非负线性组合. 若剩下元素不是线性无关, 则可重复上述过程并去掉一个向量. 在有限步后, 我们得到 y 用 S' 中线性无关向量 $z_1, \cdots, z_r$ 的非负线性组合表示, 其中 $r \leqslant d+1$, 且有

$$y = \lambda_{z_1} z_1 + \cdots + \lambda_{z_r} z_r + 0 z_{r+1} + \cdots + 0 z_{d+1}.$$

若 $y \in K \cap \{(1, w) \mid w \in \mathbb{R}^n\} \subset K$, 显然也可以被表示为 S' 中 $d+1$ 个线性无关向量的非负线性组合, 因而 $(\Rightarrow)$ 得证.

(ii) 设

$$z_1 = \begin{pmatrix} 1 \\ w_1 \end{pmatrix}, \cdots, z_k = \begin{pmatrix} 1 \\ w_k \end{pmatrix},$$
$$z_{k+1} = \begin{pmatrix} 0 \\ w_{k+1} \end{pmatrix}, \cdots, z_{d+1} = \begin{pmatrix} 0 \\ w_{d+1} \end{pmatrix},$$

且线性无关, 那么

$$\operatorname{rank}(w_1, \cdots, w_k,\ w_{k+1}, \cdots, w_{d+1}) = d+1 \text{或} d.$$

因为 $x \in C$, $\dim C = d$, 所以 $w_i (i = 1, \cdots, d+1)$ 中至多有 d 个线性无关向量, 即 $\operatorname{rank}(w_1, \cdots, w_k,\ w_{k+1}, \cdots, w_{d+1}) = d$. 则存在不全为 0 的系数 μ_i, $i = 1, \cdots, d+1$, 使得 $\sum\limits_{i=1}^{d+1} \mu_i w_i = 0$. 接下来我们要证明 $w_i (i = 1, \cdots, d+1)$ 是仿射无关的.

下面先讨论点的系数不全为 0 的情况. 即存在 $1 \leqslant j \leqslant k$ 使得 $w_j = \sum\limits_{i=1,\ i\neq j}^{d+1} \mu_i w_i = 0$. 不妨设

$$w_1 = \sum_{i=2}^{d+1} \mu_i w_i. \tag{3.6}$$

将 (3.6) 两边同时减去 $\sum\limits_{i=2}^{d+1}\mu_i w_1$, 可得

$$\left(1-\sum_{i=2}^{d+1}\mu_i\right)w_1=\sum_{i=2}^{d+1}\mu_i\left(w_i-w_1\right). \tag{3.7}$$

若方向的系数存在不为 0 的, 即存在 $k+1\leqslant m\leqslant d+1$, 使得 $\mu_m\neq 0$, 若 $1-\sum\limits_{i=2}^{d+1}\mu_i=0$, 可以扩大 w_m, 使 μ_m 减小, 使得 $1-\sum\limits_{i=2}^{d+1}\mu_i\neq 0$, 即 w_1 可以用 $w_2-w_1,\cdots,w_{d+1}-w_1$ 表示.

若方向的系数均为 0, 即 $\mu_{k+1}=\cdots=\mu_{d+1}=0$. 则(3.7)可写为

$$\left(1-\sum_{i=2}^{k}\mu_i\right)w_1=\sum_{i=2}^{k}\mu_i\left(w_i-w_1\right).$$

若 $1-\sum\limits_{i=2}^{k}\mu_i=0$, 则由 $z_1,\cdots,z_{d+1}$ 构成的 $\mathbb{R}^{(n+1)\times(d+1)}$ 的矩阵 D 为

$$\begin{aligned}D&=\begin{pmatrix}1&\cdots&1&0&\cdots&0\\w_1&\cdots&w_k&w_{k+1}&\cdots&w_{d+1}\end{pmatrix}\\&=\begin{pmatrix}\sum\limits_{i=2}^{d+1}\mu_i&\cdots&1&0&\cdots&0\\\sum\limits_{i=2}^{d+1}\mu_i w_i&\cdots&w_k&w_{k+1}&\cdots&w_{d+1}\end{pmatrix},\end{aligned}$$

其秩为 d, 与 $z_1,\cdots,z_{d+1}$ 线性无关矛盾, 所以 $1-\sum\limits_{i=2}^{k}\mu_i\neq 0$, 即 w_1 可以用被 $(w_2-w_1),\cdots,(w_{d+1}-w_1)$ 表示.

若点的系数全为 0, 那么 $\sum\limits_{i=1}^{d+1}\mu_i w_i=0$ 简化为

$$\sum_{i=k+1}^{d+1}\mu_i w_i=0. \tag{3.8}$$

即存在不全为 0 的 μ_i, $i=k+1,\cdots,d+1$, 使得(3.8)成立. 因为 $\operatorname{rank}(w_1,\cdots,w_k,w_{k+1},\cdots,w_{d+1})=d$, 且至少有一个点, 所以 $w_{k+1},\cdots,w_{d+1}$ 线性无关, 矛盾.

综上, w_1 能被 $(w_2-w_1),\cdots,(w_{d+1}-w_1)$ 表示, 根据 $\operatorname{rank}(w_1,\cdots,w_k,\ w_{k+1},\cdots,w_{d+1})=d$, 所以 $(w_2-w_1),\cdots,(w_{d+1}-w_1)$ 线性无关, 即 $w_1,\ w_2,\cdots,w_{d+1}$ 仿射无关. 因此对任意 $x\in C$, x 在某个顶点属于 S 的广义 d 维单纯形内, 且顶点属于 S 的广义 d 维单纯形均在 C 中, 即 C 为所有顶点属于 S 的 d 维广义单纯形的并. 证明思路如图 3.9. □

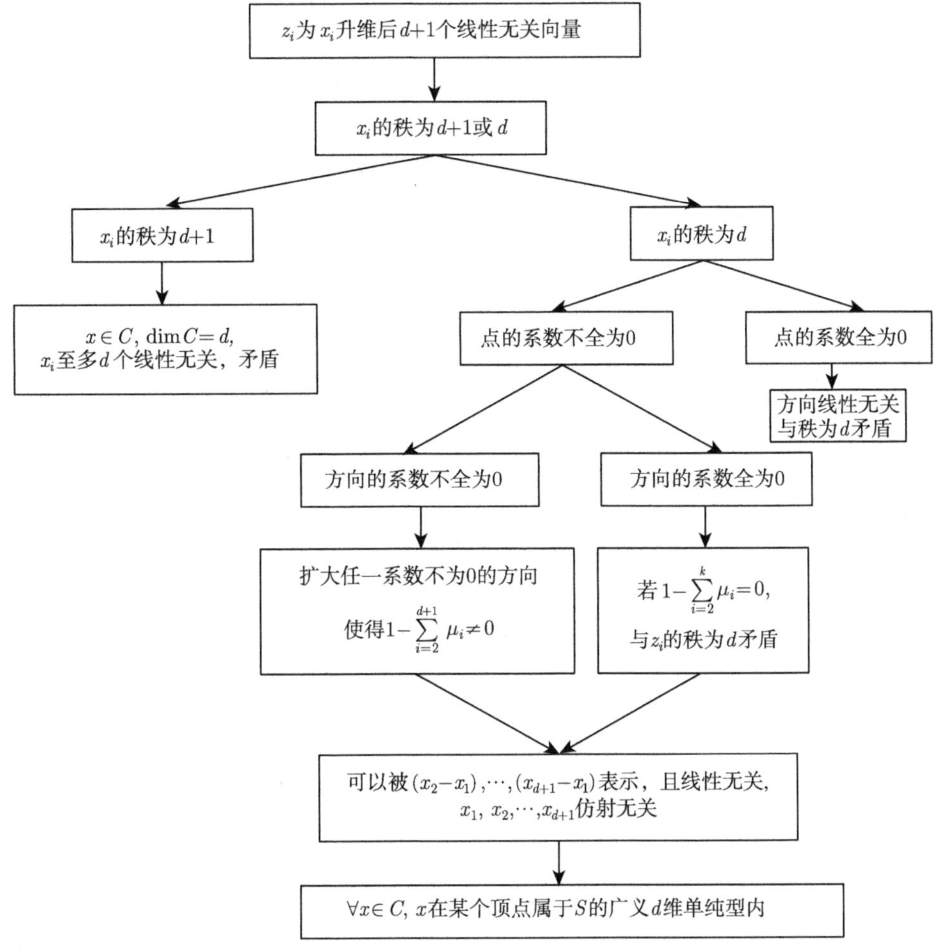

图 3.9 定理 3.1 第二部分证明思路

3.4 不同情形下的讨论

首先将定理 3.1 的结论用于集合 S 为多个凸集的并的情况.

推论 3.1 设 $\{C_i \mid i\in I\}$ 为 $\mathbb{R}^n$ 上任意凸集的集合, C 为这些集合的并的凸包. 那么 C 中的每个点都可以被表示为 $n+1$ 个或更少的仿射无关点的凸组合, 且每个点属于不同的 C_i.

证明 由定理 3.1 可知, 每个 $x\in C$ 都属于某个广义 d 维单纯形, 能被表示为凸组合

$$x = \lambda_0 x_0 + \cdots + \lambda_d x_d,$$

其中 $x_0,\ x_1, \cdots, x_d$ 为这些集合的并集中的仿射无关点, 即: $x_i \in \bigcup\limits_{j\in I} C_j,\ i = 0,\ 1, \cdots, d$, 且 $d = \dim C \leqslant n$. 系数为 0 的点能够从这个表达式中去掉. 说明如下. 如果两个非零系数的点属于同一个 C_i, 如 x_0 和 x_1, 则对应项 $\lambda_0 x_0 + \lambda_1 x_1$ 能合并成 μy, 其中 $\mu = \lambda_0 + \lambda_1$,

$$y = \left(\left(\frac{\lambda_0}{\mu}\right) x_0 + \left(\frac{\lambda_1}{\mu}\right) x_1\right) \in C_i.$$

且这个 y 和 $x_2, \cdots, x_d$ 仿射无关. 这表明 x 的表达式可以简化为每个不同集合只有一个点. □

推论 3.2 设 $\{C_i \mid i \in I\}$ 为 $\mathbb{R}^n$ 中任意非空凸集集合, K 为这些集合的并生成的凸锥. 那么 K 中每个非零向量都能被表示为 n 个或更少的线性无关向量的非负线性组合, 并且每个向量属于不同的 C_i.

证明 取定理 3.1 中 S 为原点和 C_i 中所有向量的方向, 那么

$$\begin{aligned} K &= \operatorname{cone}\left(\bigcup_{i=I} C_i\right) = \operatorname{conv}\left(\operatorname{ray}\left(\bigcup_{i=I} C_i\right)\right) \\ &= \operatorname{conv}\left(0 \cup \left\{\lambda y \;\middle|\; \lambda \leqslant 0,\ y \in \bigcup_{i=I} C_i,\ y \neq 0\right\}\right). \end{aligned}$$

根据定理 3.1, 每个 $x \in K$ 属于一个以原点为顶点的 d 维卦限, 其中 $d = \dim K$, 且有

$$x = \lambda_1 x_1 + \cdots + \lambda_{d+1} x_{d+1}, \quad \lambda_1 + \cdots + \lambda_k = 1. \tag{3.9}$$

因为仅含有原点一个普通顶点, 所以 $k = 1,\ \lambda_1 = 1,\ x_1 = 0$. (3.9)可以写为

$$x = \lambda_2 x_2 + \cdots + \lambda_{d+1} x_{d+1}.$$

因此每个非零 $x \in K$ 都能够被表示为 C_i 的并集中 d 个线性无关向量的非负线性组合. 与推论 3.1 类似, 系数为 0 的点能够从这个表达式中去掉. 如果两个非零系数的点属于同一个 C_i, 如 x_2 和 x_3, 则对应项 $\lambda_2 x_2 + \lambda_3 x_3$ 能合并成 μy, 其中 $\mu = \lambda_2 + \lambda_3$, 且

$$y = \left(\left(\frac{\lambda_2}{\mu}\right) x_2 + \left(\frac{\lambda_3}{\mu}\right) x_3\right) \in C_i.$$

这个 y 和 $x_4, \cdots, x_{d+1}$ 线性无关. 这表明 x 的表达式可以简化为每个不同集合只有一个点. □

将定理 3.1 中的 S 用于函数簇的上图的并集, 有如下结果.

推论 3.3 设 $\{f_i \mid i \in I\}$ 为 $\mathbb{R}^n$ 上任意正常凸函数集合. 令 f 为这个集合的凸包. 那么对每个 x, 有

$$f(x) = \inf\left\{\sum_{i\in I}\lambda_i f_i(x_i) \;\middle|\; \sum_{i\in I}\lambda_i x_i = x\right\}, \tag{3.10}$$

其中下确界取自 x 的所有凸组合, 至多 $n+1$ 个系数 λ_i 非零, 且非零系数的 x_i 仿射无关.

证明 取推论 3.1 中的 $C_i = \text{epi} f_i$. 设 $F = \text{conv}\{\bigcup_{i\in I} C_i\}$. 由推论 3.1 可知, F 中的每个元素都可以表示成 $n+2$ 个或更少的属于不同 C_i 的仿射无关点的凸组合. $\mu > f(x)$ 当且仅当存在 $\alpha < \mu$, 使得

$$(x,\alpha) = \left(\sum_{i\in I}\lambda_i x_i, \sum_{i\in I}\lambda_i \mu_i\right), \quad \sum_{i\in I}\lambda_i = 1,\ \lambda_i \geqslant 0,$$

其中 $(x_i,\mu_i) \in \text{epi} f_i$, $i \in I$, 且 $(x_i,\mu_i)(i\in I)$ 仿射无关, 即 $(x_i,\mu_i)(i\in I)$ 组成 $\mathbb{R}^{n+1}$ 中的一个单纯形. 在这个单纯形中, 若 (x,α) 沿着 α 所在方向的反方向收缩, 那么一定会落在单纯形的面上或边上. 即存在更小的 $\alpha' \leqslant \alpha$, 使得 (x,α') 属于同一单纯形. 而构成该面的顶点仍然是仿射无关的, 所以相当于该面是一个低一维的单纯形, 并且可以不用原来所有顶点表示. 用这些顶点构造新的单纯形, (x,α') 不存在垂直于前 n 个维度所构成超平面的垂线. 这些顶点 $(y_1,a_1),\cdots,(y_m,a_m)$ 仿射无关, 且投影到 $y_1,\cdots,y_m$ 所在平面依然仿射无关. $y_1,\cdots,y_m \in \mathbb{R}^n$ 仿射无关, 且 $m \leqslant n+1$.

如例子 3.1中, 函数集上图的凸包中的点 $(x,\alpha) = \left(\frac{3}{2},\frac{1}{2}\right)$, 它在由 $(x_1,\mu_1) = \left(\frac{1}{2},0\right)$, $(x_2,\mu_2) = \left(\frac{5}{2},0\right)$, $(x_3,\mu_3) = \left(\frac{11}{4},\frac{5}{4}\right)$ 三个点构成的单纯形中, 系数可以取为 $\lambda_1 = \frac{11}{20}$, $\lambda_2 = \frac{1}{20}$, $\lambda_3 = \frac{2}{5}$. 如果将点 (x,α) 沿着 y 轴负方向收缩至三点构成的单纯形的边界上, 即得到新的点 $(x,\alpha') = \left(\frac{3}{2},0\right)$, 落在了仅由两个点 $(x_1,\mu_1) = \left(\frac{1}{2},0\right)$, $(x_2,\mu_2) = \left(\frac{5}{2},0\right)$ 构成的单纯形中, 系数为 $\frac{1}{2}$, $\frac{1}{2}$. 即 (x,α') 仅需两个点表示，且两个点线性无关, 如图 3.10 所示.

由 [2, 定理 5.6], 有

$$f(x) = \inf\left\{\mu \;\middle|\; x = \sum_{i\in I}\lambda_i x_i,\ \mu = \sum_{i\in I}\lambda_i\mu_i,\ \mu_i \geqslant f_i(x_i)\right\}$$

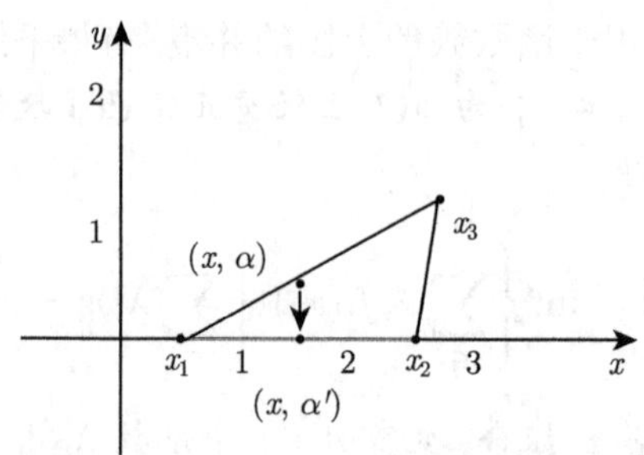

图 3.10 推论 3.3 中的收缩示意图

$$= \inf\left\{\sum_{i\in I}\lambda_i\mu_i \;\middle|\; x = \sum_{i\in I}\lambda_i x_i,\ \mu_i \geqslant f_i(x)\right\}$$

$$= \inf\left\{\sum_{i\in I}\lambda_i f_i(x) \;\middle|\; x = \sum_{i\in I}\lambda_i x_i\right\}.$$

因此对任意 $\mu > f(x)$, 都可以找到更小的 $\alpha > f(x)$, 且可以找到 $\alpha' \leqslant \alpha$, 使得 x 的凸组合中仅 $n+1$ 个系数非零, 且相应的 x_i 仿射无关. □

例子 3.5 设

$$f_1(x) = \begin{cases} -x, & x < 0; \\ 0, & 0 \leqslant x \leqslant 1; \\ x-1, & x > 1; \end{cases}$$

$$f_2(x) = \begin{cases} -x+2, & x < 2; \\ 0, & 2 \leqslant x \leqslant 3; \\ x-3, & x > 3; \end{cases}$$

$$f_3(x) = \begin{cases} -x+4, & x < 4; \\ 0, & 4 \leqslant x \leqslant 5; \\ x-5, & x > 5; \end{cases}$$

由(3.10)计算的函数集合的凸包 f 为

$$f(x) = \begin{cases} -x, & x < 0; \\ 0, & 0 \leqslant x \leqslant 5; \\ x-5, & x > 5. \end{cases}$$

如图 3.11 所示.

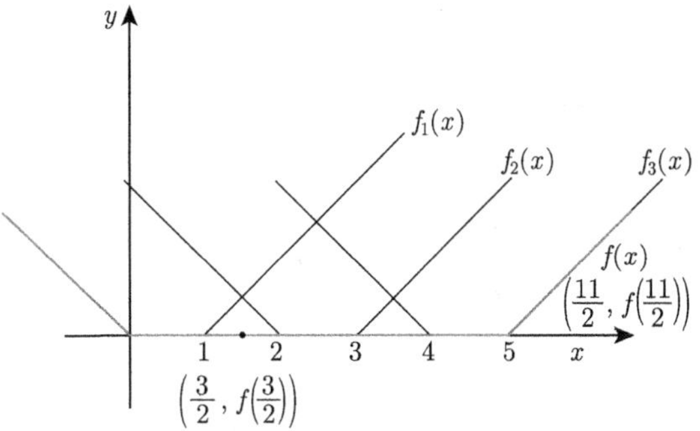

图 3.11 $f_1(x)$, $f_2(x)$, $f_3(x)$ 及函数集凸包 $f(x)$

对 $x=\frac{3}{2}$, 则

$$f\left(\frac{3}{2}\right)=\inf\left\{\sum_{i=1}^{3}\lambda_i f_i(x_i)\ \middle|\ \sum_{i=1}^{3}\lambda_i x_i=\frac{3}{2}\right\},$$

其中至多 2 个系数非零. 可以取 $\lambda_1=\lambda_2=\frac{1}{2}$, $\lambda_3=0$, $x_1=\frac{1}{2}$, $x_2=\frac{5}{2}$, 则可达到极小值 $f\left(\frac{3}{2}\right)=0$.

对于 $x=\frac{11}{2}$, 有

$$f\left(\frac{11}{2}\right)=\inf\left\{\sum_{i=1}^{3}\lambda_i f_i(x_i)\ \middle|\ \sum_{i=1}^{3}\lambda_i x_i=\frac{11}{2}\right\},$$

可以取 $\lambda_1=\lambda_2=0$, $\lambda_3=1$, $x_1=0$, $x_2=0$, $x_3=\frac{11}{2}$, 则可达到极小值 $f\left(\frac{11}{2}\right)=f_3\left(\frac{11}{2}\right)$.

注 3.1 可以发现推论 3.1 是推论 3.3 的特殊情况. 将推论 3.3 中的 f_i 取为 $\delta(\cdot\mid C_i)$, 需证明对任意的 $x\in C$, x 都能表示为 $n+1$ 个或更少仿射无关点的凸组合, 且每个点属于不同的 C_i. 由推论 3.3 知, 对任意的 $x\in C$,

$$f(x)=\inf\left\{\sum_{i\in I}\lambda_i f_i(x_i)\ \middle|\ \sum_{i\in I}\lambda_i x_i=x\right\},$$

其中至多 $n+1$ 个系数 λ_i 非零, 且仿射无关. 由推论 3.3, 下确界是取遍 x 的所有 $n+1$ 个系数不为 0 的凸组合, 且仿射无关. 对于任意一个这样的凸组合, 有

$$x = \sum_{i \in I} \lambda_i x_i, \quad \sum_{i \in I} \lambda_i = 1, \quad \lambda_i \geqslant 0,\ i \in I.$$

同时已知存在凸组合, 使得

$$x = \sum_{j \in I} \alpha_j y_j, \quad \sum_{j \in I} \alpha_j = 1,\ \alpha_j \geqslant 0,\ y_j \in \bigcup_{i \in I} C_i,\ j \in I.$$

那么有

$$\begin{pmatrix} x \\ 0 \end{pmatrix} = \sum_{j \in I} \alpha_j \begin{pmatrix} y_j \\ 0 \end{pmatrix}.$$

y_j 一定会在某个 C_i 中, 所以 $f_i(y_j) = 0$. 那么

$$\begin{pmatrix} y_j \\ 0 \end{pmatrix} \in \bigcup_{i \in I} \mathrm{epi} f_i.$$

故有

$$\begin{pmatrix} x \\ 0 \end{pmatrix} \in \mathrm{conv}\left(\bigcup_{i \in I} \mathrm{epi} f_i \right).$$

所以 $f(x) \leqslant 0$. 若存在 $f_i(x_i) = +\infty$, 那么 $f(x) = +\infty$, 与 $f(x) \leqslant 0$ 矛盾. 所以

$$f_i(x_i) = 0, \quad i \in I.$$

所以对于 $x = \sum\limits_{i \in I} \lambda_i x_i$, $\sum\limits_{i \in I} \lambda_i = 1$ 这样的凸组合, 有 $x_i \in C_i$, $i \in I$, 且 x_i 仿射无关.

推论 3.4 设 $\{f_i \,|\, i \in I\}$ 为 $\mathbb{R}^n$ 上任意正常凸函数的集合. 令 f 为该集族的最大正齐次凸函数, 使得对任意的 $i \in I$, $f \leqslant f_i$. 即 f 是由 $\mathrm{conv}\{f_i \,|\, i \in I\}$ 生成的最大正齐次凸函数. 那么, 对每个向量 $x \neq 0$, 有

$$f(x) = \inf\left\{ \sum_{i \in I} \lambda_i f_i(x_i) \;\middle|\; \sum_{i \in I} \lambda_i x_i = x \right\},$$

其中下确界为取遍 x 的所有非负线性组合, 且至多 n 个系数 λ_i 非零, 且非零系数的 x_i 线性无关.

证明 注意到

$$\begin{aligned} f\text{为正齐次凸函数} &\iff f\text{的上图为凸锥} \\ &\iff f_i\text{的上图} \subseteq f\text{的上图}\ (f \leqslant f_i) \\ &\iff f\text{的上图为}f_i\text{上图的并生成的凸锥}. \end{aligned}$$

取 $C_i = \mathrm{epi} f_i$, S 为原点和 C_i 中所有向量的方向. 设 $K = \mathrm{cone}\left(\bigcup_{i\in I} C_i\right) = \mathrm{conv} S$. 由推论 3.2 可知, K 中的每个元素都可以表示成 $n+1$ 个或更少的属于不同 C_i 的线性无关点的非负线性组合. $\mu > f(x)$ 当且仅当存在 $\alpha < \mu$, 使得下式成立

$$(x,\alpha) = \left(\sum_{i\in I} \lambda_i x_i, \sum_{i\in I} \lambda_i \mu_i\right), \quad \sum_{i\in I} \lambda_i = 1,\ \lambda_i \geqslant 0,\ i \in I,$$

且 (x_i, μ_i) 线性无关. 类似于推论 3.3 中的讨论, (x,α) 在以原点为顶点的 $n+1$ 维卦限中, 存在极小的 $\alpha' \leqslant \alpha$, 使得 (x,α') 属于同一 $n+1$ 维卦限中. 即 (x,α') 落在 $n+1$ 维卦限的某一超平面上, 即前 n 维构成的 n 维卦限上, 可以不用原来所有顶点表示, n 维卦限的顶点也线性无关. (x,α') 不存在垂直前 n 个维度所构成 n 维卦限的垂线. 这些顶点 $(y_1,a_1),\cdots,(y_m,a_m)$ 线性无关, 且投影到 $y_1,\cdots,y_m$ 所在平面依然线性无关, $y_1,\cdots,y_m \in \mathbb{R}^n$ 线性无关, 且 $m \leqslant n$. 因为任意 $\mu > f(x)$, 都可以找到更小的 $\alpha > f(x)$, 且可以继续找到 $\alpha' \leqslant \alpha$, 使得 x 的凸组合中仅 n 个系数非零, 且相应的 x_i 线性无关. □

例子 3.6 f_1 和 f_2 如例 3.5 中定义, 则最大正齐次凸函数 $f(x)$ 为

$$f(x) = \begin{cases} -x, & x \leqslant 0; \\ 0, & 0 \leqslant x. \end{cases}$$

如图 3.12 所示.

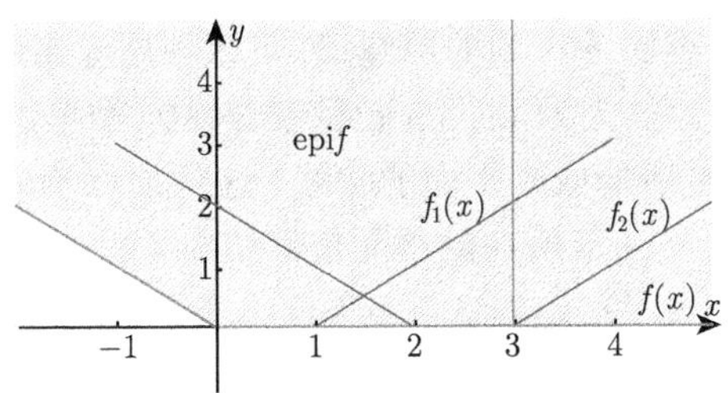

图 3.12 例子 3.6 中的 $f_1(x), f_2(x)$ 及生成的最大正齐次凸函数 $f(x)$

对于 $x=-1$, 则

$$f(-1) = \inf\left\{\sum_{i=1}^{2} \lambda_i f_i(x_i) \;\middle|\; \sum_{i=1}^{2} \lambda_i x_i = -1\right\},$$

其中至多 1 个系数非零, 可以取 $\lambda_1 = 1, \lambda_2 = 0, x_1 = -1, x_2 = 2$.

对于 $x = \dfrac{7}{2}$, 则

$$f\left(\frac{3}{2}\right)=\inf\left\{\sum_{i=1}^{2}\lambda_i f_i(x_i)\ \middle|\ \sum_{i=1}^{2}\lambda_i x_i=\frac{7}{2}\right\},$$

其中至多 1 个系数非零, 可以取 $\lambda_1=0,\lambda_2=1,x_1=0,x_2=\dfrac{7}{2}$.

推论 3.5 设 f 为从 $\mathbb{R}^n$ 到 $(-\infty,+\infty]$ 的任意函数, 那么有

$$(\mathrm{conv}f)(x)=\inf\left\{\sum_{i=1}^{n+1}\lambda_i f(x_i)\ \middle|\ \sum_{i=1}^{n+1}\lambda_i x_i=x\right\},$$

其中下确界取自 x 的所有 $n+1$ 个点的凸组合 (如果取的是 $n+1$ 个仿射无关的点的凸组合, 公式仍然成立).

证明 取 $S=\mathrm{epi}f, F=\mathrm{conv}(\mathrm{epi}f)$. 由推论 3.1 可知, F 中的每个元素都可以表示成 $n+2$ 个或更少的仿射无关点的凸组合. 下面证明: 对任意的 $\mu>f(x)$, 都可以找到更小的 $\alpha>f(x)$, 且可以找到 $\alpha'\leqslant\alpha$, 使得 x 的凸组合中仅 $n+1$ 个系数非零, 且相应的 x_i 仿射无关.

$\mu>f(x)$ 当且仅当存在 $\alpha<\mu$, 使得

$$(x,\alpha)=\left(\sum_{i\in I}\lambda_i x_i,\sum_{i\in I}\lambda_i\mu_i\right),\quad \sum_{i\in I}\lambda_i=1,\ \lambda_i\geqslant 0,\ i\in I,$$

且 (x_i,μ_i) 仿射无关. 即 (x_i,μ_i) 组成 $\mathbb{R}^{n+1}$ 中的一个单纯形. 由于 $\mu>\alpha$, 因此存在极小的 $\alpha'\leqslant\alpha$, 使得 (x,α') 属于同一单纯形, 且 (x,α') 落在该单纯形的面上. 这相当于一个低一维的 $\mathbb{R}^n$ 中的单纯形, 可以不用原来所有的顶点表示, 且该单纯形的顶点也仿射无关. 因为 (x,α') 已落在该 $\mathbb{R}^n$ 维单纯形上, 所以 (x,α') 不存在垂直于前 n 个维度所构成超平面的垂线. 这些顶点 $(y_1,a_1),\cdots,(y_m,a_m)$ 仿射无关, 且投影到 $y_1,\cdots,y_m$ 所在的平面依然仿射无关. 即 $y_1,\cdots,y_m\in\mathbb{R}^n$ 仿射无关, 且 $m\leqslant n+1$, 由 [2, 定理 5.6] 可知

$$\begin{aligned}f(x)=&\inf\left\{\mu\ \middle|\ x=\sum_{i\in I}\lambda_i x_i,\mu=\sum_{i\in I}\lambda_i\mu_i,\mu_i\geqslant f(x_i)\right\}\\=&\inf\left\{\sum_{i\in I}\lambda_i\mu_i\ \middle|\ x=\sum_{i\in I}\lambda_i x_i,\mu_i\geqslant f(x)\right\}\\=&\inf\left\{\sum_{i\in I}\lambda_i f(x)\ \middle|\ x=\sum_{i\in I}\lambda_i x_i\right\}.\end{aligned}$$

因此, 结论成立, 得证. □

例子 3.7 设

$$f(x)=\begin{cases}-x, & x\leqslant 0;\\ 0, & 0\leqslant x\leqslant 1;\\ x-1, & 1\leqslant x\leqslant \dfrac{3}{2};\\ -x+2, & \dfrac{3}{2}\leqslant x\leqslant 2;\\ 0, & 2\leqslant x\leqslant 3;\\ x-3, & x\leqslant 3.\end{cases}$$

由推论 3.5 定义的 conv$f$ 为

$$(\mathrm{conv}f)(x)=\begin{cases}-x, & x\leqslant 0;\\ 0, & 0\leqslant x\leqslant 3;\\ x-3, & x\geqslant 3.\end{cases}$$

如图 3.13 所示.

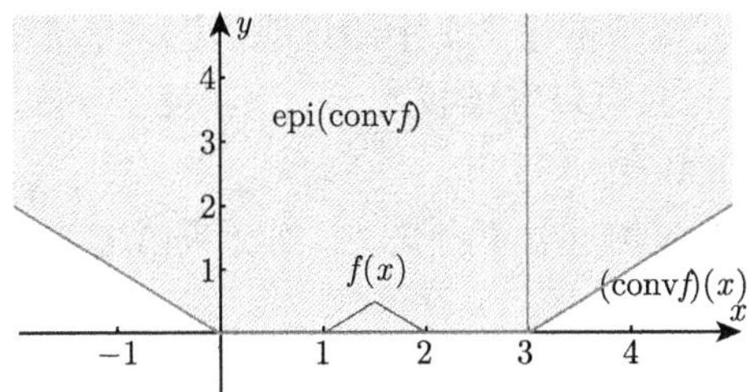

图 3.13 例子 3.7 中的 $f(x)$ 及 $(\mathrm{conv}f)(x)$

若 $x=-1$, 则

$$(\mathrm{conv}f)\left(\frac{3}{2}\right)=\inf\left\{\sum_{i=1}^{2}\lambda_i f(x_i)\ \middle|\ \sum_{i=1}^{2}\lambda_i x_i=-1\right\}.$$

可以取 $\lambda_1=1,\ \lambda_2=0,\ x_1=-1,\ x_2=2.$

若 $x=\dfrac{3}{2}$, 则

$$(\mathrm{conv}f)\left(\frac{3}{2}\right)=\inf\left\{\sum_{i=1}^{2}\lambda_i f(x_i)\ \middle|\ \sum_{i=1}^{2}\lambda_i x_i=\frac{3}{2}\right\}.$$

可以取 $\lambda_1=\lambda_2=\dfrac{1}{2},\ x_1=\dfrac{1}{2},\ x_2=\dfrac{5}{2}.$

推论 3.6 设 f 为从 $\mathbb{R}^n$ 到 $(-\infty,+\infty]$ 的任意函数, k 为由 f (即由 conv$f$) 生成的正齐次凸函数. 那么对于任意向量 $x\neq 0$, 有

$$k(x)=\inf\left\{\sum_{i=1}^{n}\lambda_i f(x_i)\;\middle|\;\sum_{i=1}^{n}\lambda_i x_i=x\right\},\tag{3.11}$$

其中下确界取遍 x 所有的 n 个向量的非负线性组合的形式 (如果凸组合取自 n 个线性无关的向量, 公式仍然成立).

证明　注意到

$$\begin{aligned}k\text{为正齐次凸函数} &\iff k\text{的上图为凸锥}\\ &\iff f\text{的上图}\subseteq k\text{的上图}(k\leqslant f)\\ &\iff k\text{的上图为}f\text{的上图生成的凸锥}.\end{aligned}$$

取 S 为原点和 $\mathrm{epi}f$ 中所有向量的方向, $K=\mathrm{cone}(\mathrm{epi}f)=\mathrm{conv}S$. 由推论 3.2 可知, K 中的每个元素都可以表示成 $n+1$ 或更少的线性无关点非负线性组合. $\mu>f(x)$ 当且仅当存在 $\alpha<\mu$, 使

$$(x,a)=\left(\sum_{i\in I}\lambda_i x_i,\sum_{i\in I}\lambda_i\mu_i\right),\quad \sum_{i\in I}\lambda_i=1,\lambda_i\geqslant 0,i\in I,$$

且 (x_i,μ_i) 线性无关. 类似于推论 3.5 中的证明, 可以得到对任意 $\mu>f(x)$, 都可以找到更小的 $\alpha>f(x)$, 且可以继续找到 $\alpha'\leqslant\alpha$, 使得 x 的凸组合中仅 n 个系数非零, 且相应的 x_i 线性无关. □

例子 3.8　设 $f(x)$ 如例 3.7 中所定义. 则公式(3.11)中定义的 $k(x)$ 为

$$k(x)=\begin{cases}-x, & x\leqslant 0;\\ 0, & x\geqslant 0.\end{cases}$$

如图 3.14 所示.

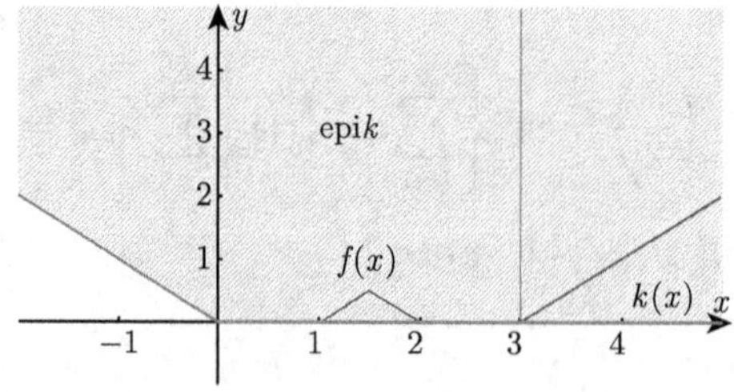

图 3.14　例子 3.8 中的 $f_1(x),f_2(x)$ 及生成的最大正齐次凸函数 $k(x)$

若 $x=-1$, 则

$$k(x)=\inf\left\{\sum_{i=1}^{2}\lambda_i f(x_i)\;\middle|\;\sum_{i=1}^{n}\lambda_i x_i=-1\right\},$$

可以取 $\lambda_1=1,\ \lambda_2=0,\ x_1=-1,\ x_2=2.$

若 $x=4$, 则

$$k(x)=\inf\left\{\sum_{i=1}^{2}\lambda_i f(x_i)\ \middle|\ \sum_{i=1}^{n}\lambda_i x_i=4\right\},$$

可以取 $\lambda_1=0,\ \lambda_2=4,\ x_1=0,\ x_2=1.$

3.5　凸包闭性的进一步讨论

Carathéodory 定理的最重要结果涉及凸包的闭性. 一般来说, 闭凸集的凸包不一定是闭的. 例如, 当 S 为 $\mathbb{R}^2$ 中的一条直线和不在线上的单点的并时, $\mathrm{conv}S$ 不是闭的. 我们有如下结果.

性质 3.1　若 M 为凸集, 则 $\mathrm{conv}M=M$.

证明　由凸包的定义, $M\subseteq \mathrm{conv}M$. 反过来, 对任意的 $t\in \mathrm{conv}M$, 存在 $\lambda_i\geqslant 0,\ t_i\in M,\ i=1,\cdots,k$, 使得

$$\sum_{i=1}^{k}\lambda_i t_i=t,\quad \sum_{i=1}^{k}\lambda_i=1,\lambda_i\geqslant 0.$$

而由于 M 为凸集, $t_i\in M, i=1,\cdots,k$, 因而 $t\in M$. 故 $\mathrm{conv}M\subseteq M$. 因此 $M=\mathrm{conv}M$. □

定理 3.2　若 S 是由 $\mathbb{R}^n$ 中有界集, 则 $\mathrm{cl}(\mathrm{conv}S)=\mathrm{conv}(\mathrm{cl}S)$. 特别地, 若 S 是闭有界的, 则 $\mathrm{conv}S$ 也是闭有界的.

证明　令 $m=(n+1)^2$, Q 是由形如

$$(\lambda_0,\cdots,\lambda_n,x_0,\cdots,x_n)\in\mathbb{R}^m$$

的向量所组成的集合. 其中 $\lambda_i\in\mathbb{R}$, $x_i\in\mathbb{R}^n$, 且满足

$$\lambda_i\geqslant 0,\quad \lambda_0+\cdots+\lambda_n=1,\quad x_i\in \mathrm{cl}S.$$

即

$$Q=\left\{(\lambda_0,\cdots,\lambda_n,x_0,\cdots,x_n)\ \middle|\ \sum_{i=0}^{n}\lambda_i=1,\lambda_i\geqslant 0,x_i\in \mathrm{cl}S,i=1,2,\cdots,n\right\}.$$

由定理 3.1 可知, Q 在由 $\mathbb{R}^m$ 到 $\mathbb{R}^n$ 的连续映射

$$\theta:(\lambda_0,\cdots,\lambda_n,x_0,\cdots,x_n)\to\lambda_0x_0+\cdots+\lambda_nx_n$$

下的像是 conv(cl$S$). 若 S 是 $\mathbb{R}^n$ 上的有界集, 则 Q 是 $\mathbb{R}^m$ 上的闭有界集. Q 在连续映射 θ 下的像 conv(cl$S$) 也是闭有界集. 因而有

$$\mathrm{conv}(\mathrm{cl}S) = \mathrm{cl}(\mathrm{conv}(\mathrm{cl}S)). \tag{3.12}$$

要证 cl(conv$S$) = conv(cl$S$), 下面分两步.

第一步证明

$$\mathrm{cl}(\mathrm{conv}S) \subseteq \mathrm{conv}(\mathrm{cl}S). \tag{3.13}$$

第二步证明

$$\mathrm{cl}(\mathrm{conv}S) \supseteq \mathrm{conv}(\mathrm{cl}S). \tag{3.14}$$

(步 1)　注意到 $S \subseteq \mathrm{cl}S$, 因此有 $\mathrm{conv}S \subseteq \mathrm{conv}(\mathrm{cl}S)$. 两边同时取闭集, 依然成立. 即

$$\mathrm{cl}(\mathrm{conv}S) \subseteq \mathrm{cl}(\mathrm{conv}(\mathrm{cl}S)).$$

又由公式 (3.12), 可得 $\mathrm{cl}(\mathrm{conv}S) \subseteq \mathrm{conv}(\mathrm{cl}S)$. 即 (3.13).

(步 2)　为了证 (3.14), 首先证明下式成立：

$$\mathrm{cl}(\mathrm{conv}S) = \mathrm{conv}(\mathrm{cl}(\mathrm{conv}S)). \tag{3.15}$$

若公式 (3.15) 得证, 则由 $\mathrm{conv}S \supseteq S$ 可知 $\mathrm{cl}(\mathrm{conv}S) \supseteq \mathrm{cl}S$. 两边同时取凸包, 可得 $\mathrm{conv}(\mathrm{cl}(\mathrm{conv}S)) \supseteq \mathrm{conv}(\mathrm{cl}S)$. 再结合 (3.15), 即可得 $\mathrm{cl}(\mathrm{conv}S) \supseteq \mathrm{conv}(\mathrm{cl}S)$. 即 (3.14). 因此下面只需证明公式 (3.15).

对于(3.15), 显然有 $\mathrm{cl}(\mathrm{conv}S) \subseteq \mathrm{conv}(\mathrm{cl}(\mathrm{conv}S))$. 下面证 $\mathrm{cl}(\mathrm{conv}S) \supseteq \mathrm{conv}(\mathrm{cl}(\mathrm{conv}S))$. 注意到 cl(conv$S$) 为闭凸集, 故将性质 3.1 的结果用于 $M = \mathrm{cl}(\mathrm{conv}S)$, 即得公式 (3.15). 因而命题得证.

特别地, 若 S 是闭有界的, 则 $\mathrm{cl}S = S$, $\mathrm{conv}(\mathrm{cl}S) = \mathrm{conv}S = \mathrm{cl}(\mathrm{conv}S)$, 即 conv$S$ 也是闭有界的. □

推论 3.7　设 S 为 $\mathbb{R}^n$ 中的非空闭有界集, f 为定义在 S 上的连续实值函数, 且对于 $x \notin S$, 有 $f(x) = +\infty$, 则 conv$f$ 是闭正常函数.

证明　设 F 为 f 在 S 上的图, 即 F 为由 $(x, f(x))$, $x \in S$ 构成的 $\mathbb{R}^{n+1}$ 中的子集, $F = \{(x, f(x)) \in \mathbb{R}^{n+1} \mid x \in S\}$. 因为 S 是闭有界的, f 是定义在 S 上的连续函数, 所以 F 是闭有界的. 由定理 3.2 可知 conv$F$ 是闭有界的. 设 K 为 $\mathbb{R}^{n+1}$ 中的垂直射线 $\{(0, \mu) \in \mathbb{R}^{n+1} \mid \mu \geqslant 0\}$. 则非空凸集 $K + \mathrm{conv}F$ 有以下性质.

(i) $K + \mathrm{conv}F$ 是闭的. 原因：由欧氏空间中的闭有界性等价于紧性, 可知 conv$F$ 是紧集. 由 conv$F$ 的紧性和 K 的闭性可知 $K + \mathrm{conv}F$ 的闭性.

(ii) $K+\mathrm{conv}F$ 不含垂线. 因为 $\mu \geqslant 0$ 且 $\mathrm{conv}F$ 有界, 所以一定不存在垂线.

由 (i), (ii) 可知, $K+\mathrm{conv}F$ 是某个闭正常凸函数 $g(x)$ 的上图. 取 $y \in K+\mathrm{conv}F$, 则有

$$\begin{aligned}
y &= \left\{(0,\mu)+\sum_i \lambda_i\left(x_i, f(x_i)\right) \,\middle|\, (0,\mu)\in K, (x_i, f(x_i))\in F, \sum_i \lambda_i = 1, \lambda_i \geqslant 0\right\} \\
&= \left\{\left(\sum_i \lambda_i x_i, \mu+\sum_i \lambda_i f(x_i)\right) \,\middle|\, (0,\mu)\in K, (x_i, f(x_i))\in F, \sum_i \lambda_i = 1, \lambda_i \geqslant 0\right\} \\
&:= \left\{(x,t) \,\middle|\, x=\sum_i \lambda_i x_i,\ t \geqslant \sum_i \lambda_i f(x_i), x_i\in S,\ \sum_i \lambda_i = 1, \lambda_i \geqslant 0\right\}.
\end{aligned}$$

因此

$$\begin{aligned}
g(x) &= \inf\{t \mid (x,t)\in K+\mathrm{conv}F\} \\
&= \inf\left\{t \,\middle|\, x=\sum_i \lambda_i x_i,\ t \geqslant \sum_i \lambda_i f(x_i),\ x_i\in S,\ \lambda_i \geqslant 0,\ \sum_i \lambda_i = 1\right\} \\
&= \inf\left\{\sum_i \lambda_i f(x_i) \,\middle|\, x=\sum_i \lambda_i x_i,\ x_i\in S,\ \lambda_i \geqslant 0,\ \sum_i \lambda_i = 1\right\}.
\end{aligned}$$

由推论 3.5 可知, $g(x)=(\mathrm{conv}f)(x)$. □

例子 3.9 分段函数

$$f(x)=\begin{cases} x+1, & x\in[0,1] \\ -x+5, & x\in[2,3] \end{cases}$$

的像 F 及 $\mathrm{conv}F$, $K+\mathrm{conv}F$, $\mathrm{conv}f$ 分别如图 3.15 和图 3.16 所示.

$$\begin{aligned}
(\mathrm{conv}f)(x) &= \inf\left\{\sum_i \lambda_i f(x_i) \,\middle|\, x=\sum_i \lambda_i x_i, x_i\in[0,1]\cup[2,3], \lambda_i \geqslant 0, \sum_i \lambda_i = 1\right\} \\
&= g(x) \\
&= \inf\{t \mid (x,t)\in K+\mathrm{conv}F\},
\end{aligned}$$

即

$$(\mathrm{conv}f)(x)=\frac{1}{3}x+1, \quad x\in[0,3].$$

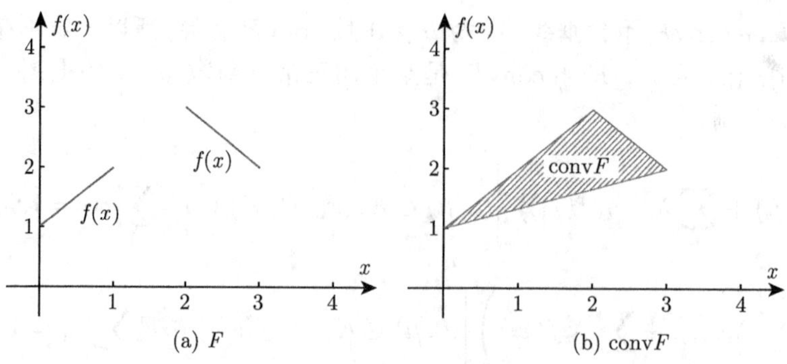

图 3.15　例子 3.9 中分段函数 f 的像 F 及 $\mathrm{conv}F$

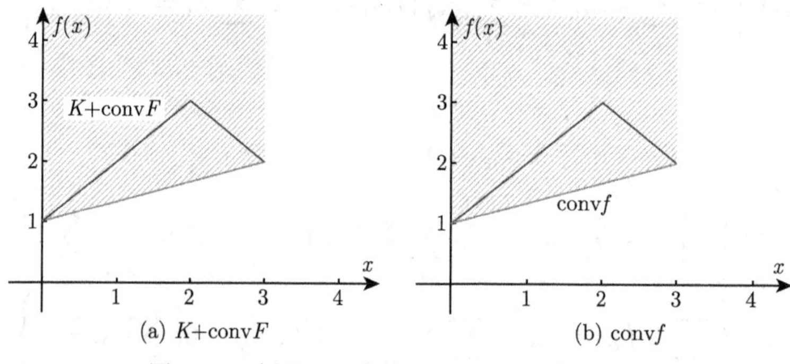

图 3.16　例子 3.9 中的 $K+\mathrm{conv}F$ 和 $\mathrm{conv}f$

性质 3.2　在推论 3.7 的条件下, 如下定义的凸函数

$$h(z)=\sup\{\langle z,x\rangle-f(x)\mid x\in S\}$$

是处处有限且处处连续的.

证明　(i) 先证明 $h(z)$ 的凸性. 对任意的 $z_1,z_2\in\mathrm{dom}h$, 及 $0\leqslant\theta\leqslant 1$, 有

$$\begin{aligned}h(\theta z_1+(1-\theta)z_2)=&\sup\{\langle\theta z_1+(1-\theta)z_2,x\rangle-f(x)\mid x\in S\}\\=&\sup\{\theta\langle z_1,x\rangle+(1-\theta)\langle z_2,x\rangle-\theta f(x)-(1-\theta)f(x)|x\in S\}\\\leqslant&\theta\sup\{\langle z_1,x\rangle-f(x)\mid x\in S\}\\&+(1-\theta)\sup\{\langle z_2,x\rangle-f(x)\mid x\in S\}\\=&\theta h(z_1)+(1-\theta)h(z_2).\end{aligned}$$

因而 $h(z)$ 是凸函数.

(ii) $h(z)$ 处处有限. 连续函数 $f(x)$ 在闭集 S 上一定有界, 且 $\langle z,x\rangle$ 一定有界, 所以 $h(z)$ 取不到无穷, 即 $h(z)$ 处处有限.

(iii) $h(z)$ 处处连续. 对任意的 $\varepsilon > 0$, 存在 $\delta = \dfrac{\varepsilon}{\|x\|}$, 当 $|\Delta x| < \delta$ 时, 有

$$\begin{aligned}|h(z+\Delta z)-h(z)| =& |\sup\{\langle z+\Delta z, x\rangle - f(x) \mid x\in S\}\\ &-\sup\{\langle z,x\rangle - f(x)\mid x\in S\}|\\ =&|\sup\{\langle z,x\rangle - f(x)+\langle \Delta z, x\rangle \mid x\in S\}\\ &-\sup\{\langle z,x\rangle - f(x)\mid x\in S\}|.\end{aligned}$$

由于

$$\begin{aligned}\sup_{x\in S}\{\langle z,x\rangle - f(x)\} - \sup_{x\in S}\{\langle \Delta z, x\rangle\} &\leqslant \sup_{x\in S}\{\langle z,x\rangle - f(x)+\langle \Delta z,x\rangle\}\\ &\leqslant \sup_{x\in S}\{\langle z,x\rangle - f(x)\} + \sup_{x\in S}\{\langle \Delta z, x\rangle\},\end{aligned}$$

故有

$$\begin{aligned}-\sup_{x\in S}\{\langle \Delta z, x\rangle\} &\leqslant \sup_{x\in S}\{\langle z,x\rangle - f(x)+\langle \Delta z,x\rangle\} - \sup_{x\in S}\{\langle z,x\rangle - f(x)\}\\ &\leqslant \sup_{x\in S}\{\langle \Delta z, x\rangle\},\end{aligned}$$

即

$$|h(z+\Delta z)-h(z)| \leqslant |\sup\{\langle \Delta z, x\rangle\}| < \varepsilon.$$

因此 $h(z)$ 处处连续. □

性质 3.3 对如上定义的 h, 有 $h^*(x^*) = (\mathrm{conv} f)(x^*)$.

证明 由函数 h 的定义可知 $h = f^*$. 由定理 12.2 可知 $f^{**} = \mathrm{cl}(\mathrm{conv} f)$. 因此 $h^* = f^{**} = \mathrm{cl}(\mathrm{conv} f)$. 又因为 $\mathrm{conv} f$ 是闭正常凸函数, 所以 $h^* = \mathrm{conv} f$. □

3.6 Carathéodory 定理的对偶结论

Carathéodory 定理涉及给定的点和方向所构成的集合的凸包, 而与 Carathéodory 定理对偶的结果则描述了给定半空间的交.

$\mathbb{R}^n$ 中的任意半空间 H 可以用 $\mathbb{R}^{n+1}$ 中满足 $x^* \neq 0$ 的向量 (x^*, μ^*) 表示:

$$H = \{x\in \mathbb{R} \mid \langle x, x^*\rangle \leqslant \mu^*\}.$$

假设 S^* 是由 $\mathbb{R}^{n+1}$ 中一些向量 (x^*, μ^*) 构成的某个非空集合. 考虑与这些向量对应的闭半空间的交所构成的闭凸集 C, 即

$$C = \{x \mid \forall (x^*, \mu^*)\in S^*, \langle x, x^*\rangle \leqslant \mu^*\}.$$

一般来说, 除了 S^* 中的向量所对应的闭半空间以外, 还有其他包含 C 的闭半空间. 下面展示如何用 S^* 中的向量来表示其他包含 C 的闭半空间.

注意到不等式 $\langle x, x^* \rangle \leqslant \mu^*$ 对每个 $x \in C$ 成立当且仅当

$$\mu^* \geqslant \sup \{\langle x, x^* \rangle \mid x \in C\} = \delta^*(x^* \mid C).$$

所以包含 C 的闭半空间所对应的向量 (x^*, μ^*), $x^* \neq 0$ 在 C 的支撑函数的上图中. 因此我们有如下性质.

性质 3.4　给定 $\mathbb{R}^{n+1}$ 中非空集合函数 S^*. k 是凸集 D 的支撑函数, 且使得 D 包含于与 S^* 中向量对应的所有半空间中, 当且仅当 k 是 $\mathbb{R}^n$ 上的正齐次闭凸函数, 且 $S^* \subset \operatorname{epi}k$.

证明　($\Rightarrow$) 即证: 给定 S^*, 若 $k = \delta^*(x^* \mid D)$, 其中 $D = \{x \mid \langle x, x^* \rangle \leqslant \mu^*, (x^*, \mu^*) \in S^*\}$, 则 k 为 $\mathbb{R}^n$ 上的正齐次凸函数, 且 $S^* \subset \operatorname{epi}k$.

由 [3, 定理 6.2] 知, 若 $k(x^*) = \delta^*(x^* \mid D)$, 则 k 为正常闭凸正齐次函数. 下面只需证 $S^* \subset \operatorname{epi}k$. 对任意的 $(x^*, \mu^*) \in S^*$, 由 D 的定义可知

$$\langle x, x^* \rangle \leqslant \mu^*, \quad \forall x \in D.$$

因此, 有

$$\sup_{x \in D} \langle x, x^* \rangle \leqslant \mu^*.$$

即 $k(x^* \mid D) \leqslant \mu^*$. 因而由上图定义知 $(x^*, \mu^*) \in \operatorname{epi}k$, 即 $S^* \subset \operatorname{epi}k$.

($\Leftarrow$) 由 [3, 推论 6.2] 可知, 若 f 为不恒等于正无穷的正齐次凸函数, 则 $\operatorname{cl}f$ 为某些闭凸函数 (记为 M) 的支撑函数. 此处 k 是正齐次闭凸函数, 所以 $\operatorname{cl}k = k$. 由于 $S^* \subset \operatorname{epi}k$, S^* 非空, 因而 $\operatorname{epi}k$ 非空, 故 k 不恒为正无穷. 因为对任意 $(x^*, \mu^*) \in S^*, (x^*, \mu^*) \in \operatorname{epi}k$, 故有

$$\mu^* \geqslant k(x^*) = \sup \{\langle x, x^* \rangle | x \in M\}, \quad \forall (x^*, \mu^*) \in S^*.$$

即对任意的 $x \in M$, 有 $\mu^* \geqslant \langle x, x^* \rangle$, 其中 $(x^*, \mu^*) \in S^*$. 因此 x 需满足的条件可以刻画为

$$M = \{x \mid \langle x, x^* \rangle \leqslant \mu^*, \forall\ (x^*, \mu^*) \in S^*\}.$$

这就是题设中的 D. 证明结束. □

因为 C 是 S^* 中所有向量对应的半空间的交, 而 D 包含于 S^* 中所有向量对应的半空间中, 所以 $C \supseteq D$. 换句话说, C 是 S^* 中所有向量对应的半空间的交集, 而 D 包含于该交集. 因此 $D \subseteq C$. C 的支撑函数是集合 D 对应的支撑函数的最大. 因此, $\delta^*(\cdot|C) = \operatorname{cl}f$. 其中 f 是 S^* 生成的正齐次凸函数, 定义为

$$f(x^*) = \inf \{\mu^* \mid (x^*, \mu^*) \in K\}, \tag{3.16}$$

其中 K 为 $\mathbb{R}^{n+1}$ 中由 S^* 与垂直向量 $(0,1)$ 所生成的凸锥, 即 $K=\text{cone}(S^*\cup(0,1))$. 假设 C 非空, 则有

$$\text{epi}\delta^*(\cdot\mid C)=\text{epi}(\text{cl}f)=\text{cl}(\text{epi}f)=\text{cl}K. \tag{3.17}$$

因此, 含有 C 的最一般的半空间对应的向量 (x^*,μ^*) 是 K 中向量的极限. 另外, K 可以用 S^* 中的向量表示. $(x^*,\mu^*)\in K$ 当且仅当存在向量 $(x_i^*,\mu_i^*)\in S^*, i=1,\cdots,m$ 以及非负 $\lambda_i\in\mathbb{R}$, 使得

$$(x^*,\mu^*)=\lambda_0(0,1)+\lambda_1(x_1^*,\mu_1^*)+\cdots+\lambda_m(x_m^*,\mu_m^*). \tag{3.18}$$

这个条件说明

$$x^*=\lambda_1x_1^*+\cdots+\lambda_mx_m^*,\quad \mu^*\geqslant\lambda_1\mu_1^*+\cdots+\lambda_m\mu_m^*.$$

应用 Carathéodory 定理于 S, 其中 S 由原点、$\mathbb{R}^{n+1}$ 中“向上”的方向及 S^* 中向量的方向组成 (这个 S 满足 $\text{conv}S=K$). 我们可以知道 $m\leqslant n+1$. K 为由 S^* 和 $(0,1)$ 生成的凸锥当且仅当

$$K=\text{conv}S,\quad S=\{(0,0),(0,1)\}\cup\{(x_i^*,\mu_i^*)\mid(x_i^*,\mu_i^*)\in S^*\}.$$

由定理 3.1 知, $(x^*,\mu^*)\in K$ 当且仅当存在向量 $(x_i^*,\mu_i^*)\in S^*$, (x^*,μ^*) 能够被表示成凸组合:

$$(x^*,\mu^*)=\beta_1(0,0)+\beta_2(0,1)+\beta_3(x_1^*,\mu_1^*)+\cdots+\beta_d(x_{d-2}^*,\mu_{d-2}^*).$$

对比公式 (3.18), 令 $\lambda_0=\beta_2,\lambda_1=\beta_3,\cdots$, 可知 $m+1=d-1$, 即 $m=d-2$. 根据定理 3.1, 由于 $d-1\leqslant n+1$, 故 $d\leqslant n+2$. 可知 $m\leqslant n$. 换句话说, 当 $\text{cl}K=K$ 时, 我们可以将每个包含 C 的闭半空间对应的向量 (x_i^*,μ_i^*) 用小于等于 n 个 S^* 中的闭半空间来表示.

性质 3.5 当 $\text{cl}K=K$ 时, 能够将每个含有 C 的闭半空间用 n 个或少于 n 个与 S^* 中向量对应的半空间来表示.

证明 因为包含 C 并表示闭半空间的向量 (x^*,μ^*), $x^*\neq0$ 属于 C 的支撑函数的上图, 即 $(x_i^*,\ \mu_i^*)\in\text{epi}k$, 其中 $k=\delta^*(\cdot\mid C)$, 且

$$\text{epi}\delta^*(\cdot\mid C)=\text{epi}(\text{cl}f)=\text{cl}(\text{epi}f)=\text{cl}K,$$

其中 f 由 (3.6) 定义, K 由 (3.17) 定义. 所以包含 C 并表示闭半空间的向量在 $\text{cl}K$ 中. 因此只有当 $\text{cl}K=K$ 时, 才可以用小于等于 n 个 S^* 中对应的向量来表示. □

定理 3.3　设 S^* 是由 $\mathbb{R}^{n+1}$ 中向量 (x^*,μ^*) 构成的非空闭有界集合. 令

$$C=\{x\mid\langle x,x^*\rangle\leqslant\mu^*,\forall\ (x^*,\mu^*)\in S^*\}.$$

假设凸集 C 是 n 维的, 即 $\dim C=n$. 则对于给定的向量 (x^*,μ^*), $x^*\neq 0$, 半空间

$$H=\{x\mid\langle x,x^*\rangle\leqslant\mu^*\}\tag{3.19}$$

包含 C 当且仅当存在向量 $(x_i^*,\mu_i^*)\in S^*$, 及非负系数 λ_i, $i=1,\cdots,m$, 其中 $m\leqslant n$, 使得

$$x^*=\lambda_1x_1^*+\cdots+\lambda_mx_m^*,\quad \mu^*\geqslant\lambda_1\mu_1^*+\cdots+\lambda_m\mu_m^*.\tag{3.20}$$

证明　令 $D\in\mathbb{R}^{n+1}$ 为由 S^* 和 $(0,1)$ 组成的集合, K 是由 D 生成的凸锥, 即

$$D=S^*\cup(0,1),\quad K=\mathrm{cone}D.$$

由性质 3.4, 我们只需要证明 $\mathrm{cl}K=K$. 因为 D 闭有界, 所以 $\mathrm{conv}D$ 也是闭有界的 (定理 3.2). 而且 K 与由 $\mathrm{conv}D$ 生成的凸锥相同. 由 [3, 推论 2.6] 可知, 若 $\mathrm{conv}D$ 不包含原点, 则有 $\mathrm{cl}K=K$. 因此, 下面证明 $\mathrm{conv}D$ 不包含原点.

凸集 C 是 n 维的说明存在 $\bar{x}\in\mathrm{int}C$, 对于这样的 $\bar{x}$ 以及每个 $(x^*,\mu^*)\in S^*$ 都有 $\langle\bar{x},x^*\rangle<\mu^*$. 因此 $\mathbb{R}^{n+1}$ 中的开上半空间

$$H_0=\{(x^*,\mu^*)\mid\langle\bar{x},x^*\rangle-\mu^*<0\}$$

包含 S^*. 另外, 当 $(x^*,\mu^*)=(0,1)$ 时, 显然也在 H_0 中. 因此 $H_0\supseteq D$. 当然 $H_0\supseteq\mathrm{conv}D$ ($\mathrm{conv}D$ 是包含 D 的最小凸集). 而该开半空间不含原点, 所以 $\mathrm{conv}D$ 不包含原点. 命题得证. □

注 3.2　定理 3.3 的条件 (3.20) 等价于存在形如

$$H_i=\{x\mid\langle x,x_i^*\rangle\leqslant\mu_i^*\},\quad (x_i^*,\mu_i^*)\in S^*\tag{3.21}$$

的 n 个半空间 (不一定互不相同) 使得

$$H_1\cap\cdots\cap H_n\subset H,$$

其中 H 如条件 (3.19) 中所定义.

3.7 练　　习

练习 3.1　设点集 $S_0=\{(1,1),(-1,2)\}$, 方向的集合 $S_1=\{(1,1),(-1,1)\}$, 求由 S_0 中点和 S_1 中方向生成的集合 S 及对应的凸包 $\mathrm{conv}S$ 和仿射包 $\mathrm{aff}(\mathrm{conv}S)$.

练习 3.2 举一个三维广义单纯型的例子, 并说明由哪些点和方向所生成的.

练习 3.3 举例说明推论 3.1.

练习 3.4 举例说明推论 3.2, 并与练习 3.3 比较异同.

本章思维导图

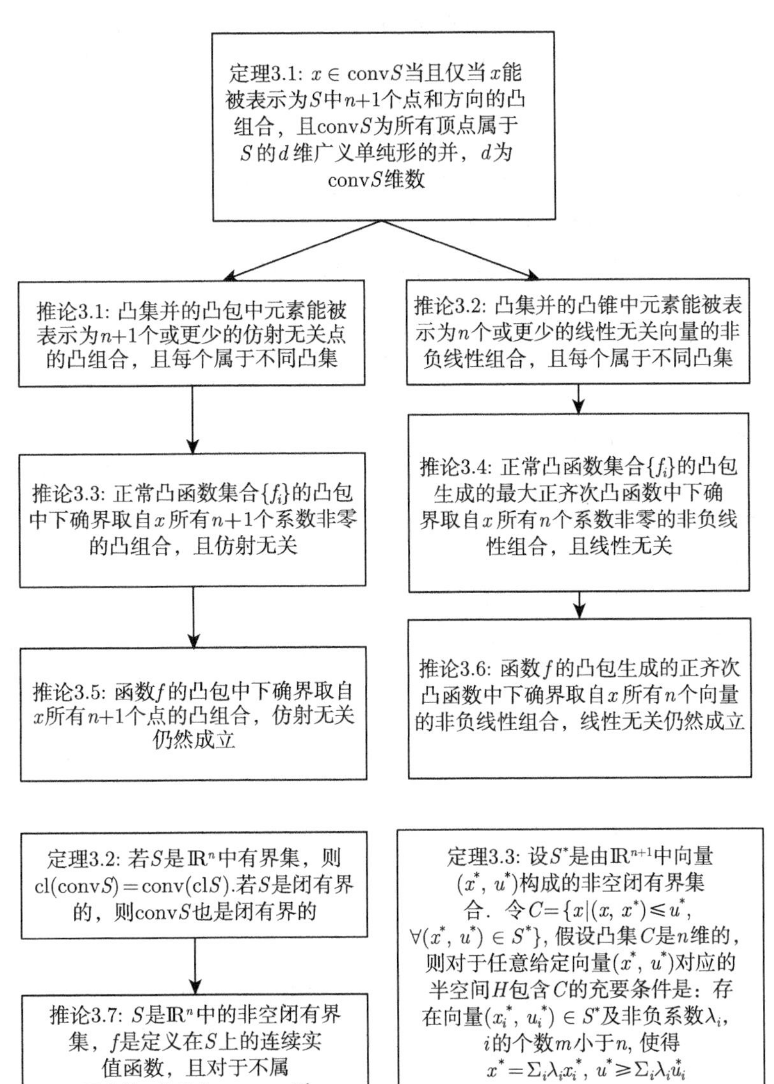

图 3.17 本章思维导图

第 4 章 极点和凸集的面

给定一个凸集 C, 存在不同的点集 S 使得 $C=\operatorname{conv}S$. 对于任意这样的 S, 由 Carathéodory 定理可知, C 中的点可以被表示为 S 中点的凸组合. 我们可以把这叫作 C 的"内部表示". 与之对应的 C 的"外部表示"指的是, C 可以表示为多个半空间的交. 对于 C 的内部表示, 形如 $C=\operatorname{conv}S$ 或者 $C=\operatorname{cl}(\operatorname{conv}S)$ 的表示也可以像以往的章节一样, 考虑 S 同时包含点和方向的情形. 当然, 若 S 越小或者越特殊, C 的内部表示也就越重要. 在最重要的情形下, 一个最小的 S 总是存在的. 我们在接下来将用面结构的理论来说明这一点.

4.1 凸集的面

首先介绍关于凸集的面的相关定义.

定义 4.1 如果凸集 C 的一个凸子集 C' 满足以下条件, 我们将其称为 C 的面: 对于每一条在 C 中的闭线段, 若它在 C' 中有一个相对内点, 则该线段的两个端点都在 C' 上.

等价地, 我们也有面的以下定义.

定义 4.2 如果凸集 C 的一个凸子集 C' 满足以下条件, 我们将其称为 C 的面: 任取 C 中的两点 x,y, 令

$$B=\{z\mid z=\lambda x+(1-\lambda)y,\ \lambda\in(0,1)\},\quad A=\{z\mid z=\lambda x+(1-\lambda)y,\ \lambda\in\mathbb{R}\}.$$

如果 $B\cap C'\neq\varnothing$, 则有 $A\cap C\subset C'$.

一般地, $\varnothing$ 和 C 均为凸集 C 的面.

定义 4.3 0 维的面叫作极点.

极点还有如下等价定义.

定义 4.4 凸集 C 中一点 x 如果满足以下条件, 则称 x 为 C 的极点: 对于任意 $y,z\in C$ 和 $\lambda\in(0,1)$, 无法将 x 表示为 $\lambda y+(1-\lambda)z$, 除非 $y=z=x$.

以下我们将给出几个例子.

例子 4.1 对于闭立方体

$$C=\{(x_1,x_2,x_3)\in\mathbb{R}^3\mid 0\leqslant x_1\leqslant 1,\ 0\leqslant x_2\leqslant 1,\ 0\leqslant x_3\leqslant 1\}.$$

C 的 0 维面为它的八个顶点, C 的一维面为它的十二条棱, C 的二维面为它的六个外表面, C 的三维面为它本身, 此外 $\varnothing$ 也是 C 的面, 如图 4.1 所示.

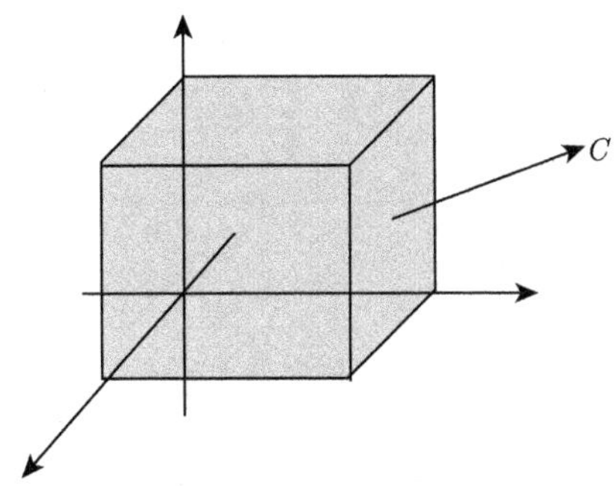

图 4.1 例子 4.1 图示

例子 4.2 对于开立方体

$$C=\{(x_1,x_2,x_3)\in\mathbb{R}^3 \mid 0<x_1<1,\ 0<x_2<1,\ 0<x_3<1\}.$$

C 的面只有它本身 C 和 $\varnothing$. 如图 4.2 所示.

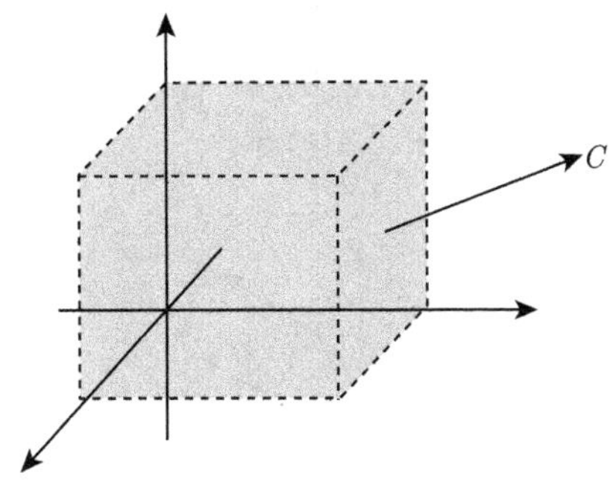

图 4.2 例子 4.2 图示

例子 4.3 对于 $\mathbb{R}^2_+=\{(x_1,x_2)\in\mathbb{R}^2 \mid x_1\geqslant 0,\ x_2\geqslant 0\}$, 除了空集和它本身外, 它的面为原点和两条半直线 $\{(0,x_2)\in\mathbb{R}^2 \mid x_2\geqslant 0\}$, $\{(x_1,0)\in\mathbb{R}^2 \mid x_1\geqslant 0\}$. 如图 4.3 所示.

例子 4.4 对于半正定锥

$$\mathcal{S}^n_+=\{A\in\mathcal{S}^n \mid x^{\mathrm{T}}Ax\geqslant 0,\ \forall\, x\in\mathbb{R}^n\},$$

它的 0 维的面为零矩阵. 给定 $m\in\{1,2,\cdots,n-1\}$, $\mathcal{S}^n_+$ 的 m 维面为 $\{A=\sum\limits_{i=1}^{m}\sigma_i x_i x_i^{\mathrm{T}} \mid \sigma_i\geqslant 0,\ i=1,2,\cdots,m\}$, 其中 $\{x_i\}_{i=1}^m\subset\mathbb{R}^n$ 为给定的一组单位正交向量组. 此外它的面还有 $\varnothing$ 和 $\mathcal{S}^n_+$.

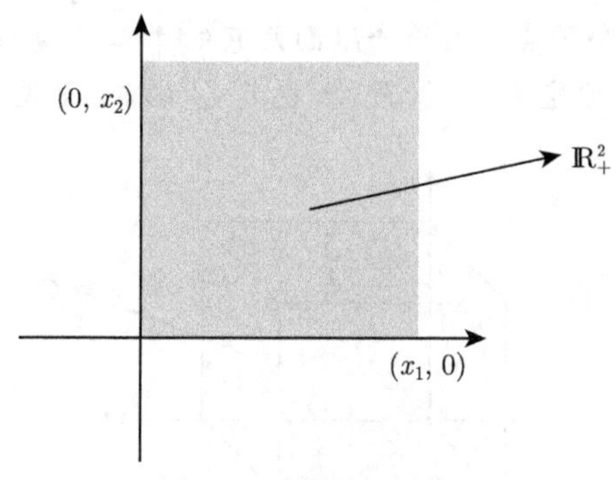

图 4.3 例子 4.3 图示

对于凸锥, 原点为唯一可能的极点. 这时研究极点的意义不大, 我们需要如下定义的极射线.

定义 4.5 对于凸锥 C, 以原点为端点的半直线面叫做 C 的极射线.

定义 4.6 如果 C' 为凸集 C 的半直线面, 则将 C' 的方向称为 C 的极方向.

例子 4.5 对于 $\mathbb{R}^2_+ = \{(x_1, x_2) \in \mathbb{R}^2 \mid x_1 \geqslant 0,\ x_2 \geqslant 0\}$, 它的极射线为 $\{(0, x_2) \mid x_2 \geqslant 0\}$ 和 $\{(x_1, 0) \mid x_1 \geqslant 0\}$. $\mathbb{R}^2_+$ 的极方向为 $k(0,1),\ k(1,0),\ k \geqslant 0$.

例子 4.6 对于一般的二维锥 $C = \{(x_1, x_2) \in \mathbb{R}^2 \mid x_2 \geqslant ax,\ x_2 \geqslant bx,\ a > 0, b < 0\}$, 它的极射线为 $\{(x_1,\ ax_1) \mid x_1 \geqslant 0\}$ 和 $\{(x_1, bx_1) \mid x_1 \leqslant 0\}$. C 的极方向为 $k(x_1,\ ax_1),\ k(x_1, bx_1),\ k \geqslant 0$. 如图 4.4 所示.

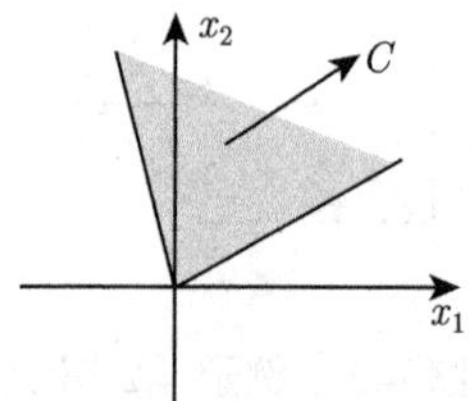

图 4.4 例子 4.6 图示

注 4.1 凸锥的极射线与极方向一一对应.

性质 4.1 若某个线性函数 h 在凸集 C 上的最大值在点集 C' 上取到, 则 C' 为 C 的面.

证明 记 α 为 h 在 C 上可以达到的最大值. 因为 $C' = C \cap \{x \mid h(x) = \alpha\}$, 即 C 为两个凸集的交, 所以 C' 为凸集. 如果线性函数 h 的最大值在 C 中一个线段 L 的相对内部点 x 取到, 那么 h 在 L 上一定为常数. 否则, 设 y, z 为 L 的两个端点, 则有 $\max\{h(y), h(z)\} > h(x)$, 这与 $h(x)$ 在 C 上达到最大值矛盾. 故 $h(y) = h(z) = h(x)$, 即 $y, z \in C'$. 因此 $L \subset C'$, 这说明 C' 为 C 的面. □

定义 4.7 线性函数 h 在凸集 C 上的最大值在 C' 上取到, 则将 C' 称为 C 的暴露面.

注 4.2 C 的暴露面 (除了C和可能的$\varnothing$) 恰好为所有 $C\cap H$ 形式的集合, 其中 H 为 C 的非平凡支撑超平面.

例子 4.7 考虑闭正方形

$$C=\{(x_1,x_2)\in\mathbb{R}^2\mid 0\leqslant x_1\leqslant 1,\ 0\leqslant x_2\leqslant 1\}.$$

如图 4.5 所示, 它的一个非平凡支撑超平面为

$$H=\{(x_1,x_2)\in\mathbb{R}^2\mid x_1+x_2=0\}.$$

于是原点即 $\{(0,0)\}=C\cap H$ 为 C 的一个暴露面.

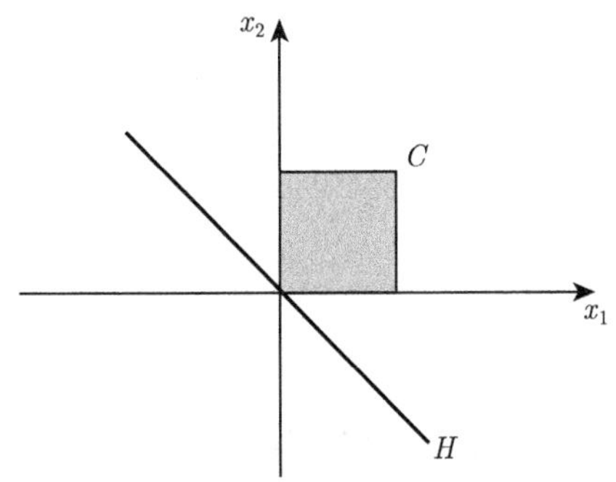

图 4.5 例子 4.7 中的闭正方形暴露面图示

定义 4.8 凸集 C 的单点暴露面被称为暴露点. 换言之, 有一个经过该点的支撑超平面与 C 的交集为单点.

定义 4.9 凸集 C 的半直线暴露面的方向称为 C 的暴露方向.

例子 4.8 考虑二维凸集 $C=\{(x_1,x_2)\in\mathbb{R}^2\mid x_1\geqslant 0,\ x_2\geqslant 0\}$, 它的暴露方向为 $\{(x_1,0)\in\mathbb{R}^2\mid x_1\geqslant 0\}$ 和 $\{(0,x_2)\in\mathbb{R}^2\mid x_2\geqslant 0\}$. 如图 4.6 所示.

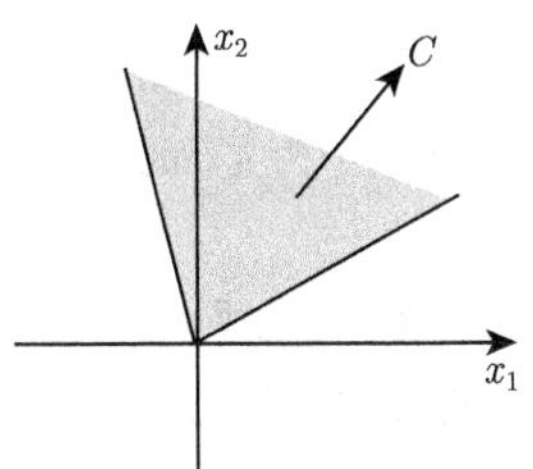

图 4.6 例子 4.8 和例子 4.9 图示

定义 4.10　凸锥 K 的端点在原点的半直线暴露面被称为 K 的暴露射线.

例子 4.9　考虑二维凸锥 $C = \{(x_1, x_2) \in \mathbb{R}^2 \mid x_1 \geqslant 0,\ x_2 \geqslant 0\}$, 它的暴露射线为 $\{(x_1, 0) \in \mathbb{R} \mid x_1 \geqslant 0\}$ 和 $\{(0, x_2) \in \mathbb{R} \mid x_2 \geqslant 0\}$. 如图 4.6 所示.

注 4.3　暴露点一定为极点, 暴露方向一定为极方向, 暴露射线一定为极射线. 面并非总是暴露的, 如例子 4.10.

例子 4.10　如图 4.7 所示, 鼓 C 是一个圆环面的凸包. 其横截面为两个标准半圆夹住一个长方形, 如图 4.8 所示. C 可视为该横截面绕其中心轴旋转 180° 所构成的立体图形. 令 D 为 C 的上表面, 则 D 的相对边界上的每一点如图 4.7 的 A 点都是极点, 但不是 C 的暴露点. (原因: 经过 A 的超平面, 若不与水平面平行, 则一定与侧面交于一点, 故 A 不是单点暴露面.)

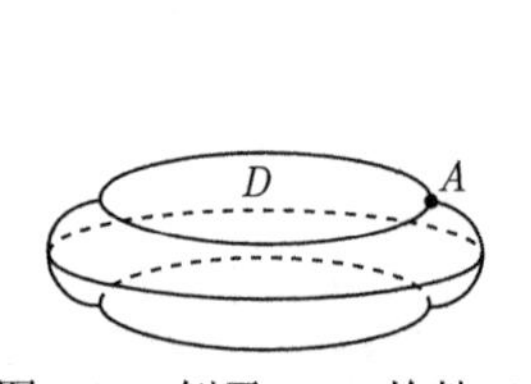

图 4.7　例子 4.10 的鼓 C

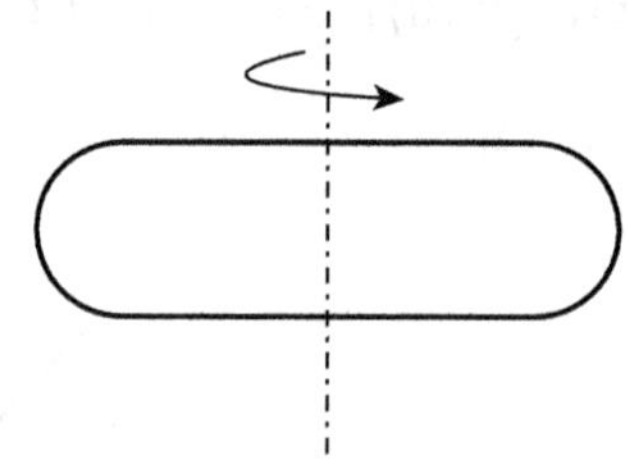
图 4.8　例子 4.10 中的鼓 C 的横截面

4.2　面的相关性质

下面介绍面的相关性质.

性质 4.2(面的传递性)　若 C'' 为 C' 的面, C' 为凸集 C 的面, 则有 C'' 为 C 的面.

证明　任取 C 中一条至少有一个相对内点在 C'' 上的线段, 因为 C' 为 C 的面, 则该线段两端点均在 C' 上. 又因为 C'' 为 C' 的面, 则该线段两端点均在 C 上. 故 C'' 为 C 的面. □

注 4.4　特别地, C 的面的极点或者极方向也是 C 的极点或者极方向.

注 4.5　对于暴露面没有类似注 4.4 的结论. 如例子 4.10 所示, D 相对边界上的每一点都是 D 的暴露面, 并且 D 为 C 的暴露面, 但 D 相对边界上的每一点都不是 C 的暴露面.

性质 4.3　若 C' 为 C 的面, D 为凸集, 满足 $C' \subset D \subset C$, 那么 C' 为 D 的一个面. 若 C' 在 C 中暴露, 则它在 D 中也暴露.

证明　任取 D 中一条至少有一个相对内点在 C' 上的线段, 则该线段也在 C 中. 因 C' 为 C 的面, 故该线段两端点在 C' 上. 因此 C' 为 D 的面. 因为 C' 在

C 中暴露, 则有 $C' = C \cap H$, 其中 H 为 C 的支撑超平面. 那么 $C' = D \cap H$, 且 H 为 D 的支撑超平面, 故 C' 在 D 中暴露. □

例子 4.11 令 C 为闭凸集, C' 为 C 中以 x 为端点的半直线面. 令 $D = x + 0^+C$, 那么 $D \subset C$. 且由 [2, 1.3 节] 可知 $C' \subset D$. 所以 C' 为 D 的半直线面, $C' - x$ 为锥 0^+C 的极射线. 例如, 二维凸锥 $C = \{(x_1, x_2) \in \mathbb{R}^2 \mid x_2 \geqslant |x_1| - 1,\ x_2 \geqslant 0\}$, 其中 $x = (1, 0)$, $C' = \{(x_1, x_1 - 1) \mid x_1 \geqslant 1\}$, $0^+C = \{(x_1, x_2) \in \mathbb{R} \mid x_2 \geqslant |x_1|\}$, $C' - x = \{(x_1, x_2) \mid x_2 = x_1, x_1 > 0\}$ 即为锥 0^+C 的极射线, 如图 4.9 所示.

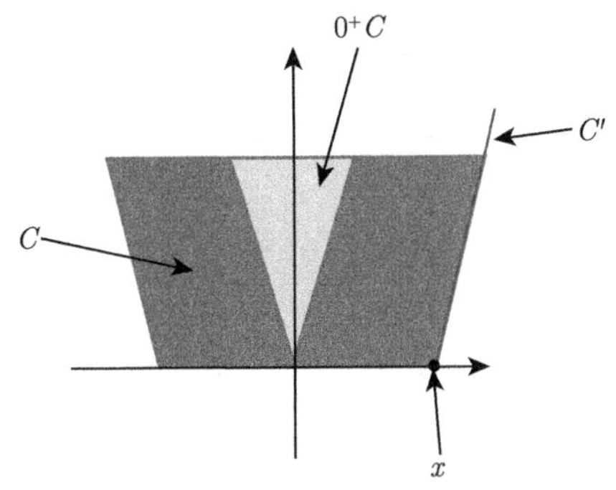

图 4.9 例子 4.11 图示

注 4.6 C 的每个极向也是 0^+C 的极向, C 的每个暴露方向也是 0^+C 的暴露方向. 反之不成立, 如例子 4.12.

例子 4.12 设 $C = \{(x_1, x_2) \in \mathbb{R}^2 \mid x_2 \geqslant x_1^2\}$, 则有 $0^+C = \{(0, k) \mid k \geqslant 0\}$. 那么 0^+C 有暴露方向, 但是 C 没有半直线面, 也没有极向或者暴露方向. 如图 4.10 所示.

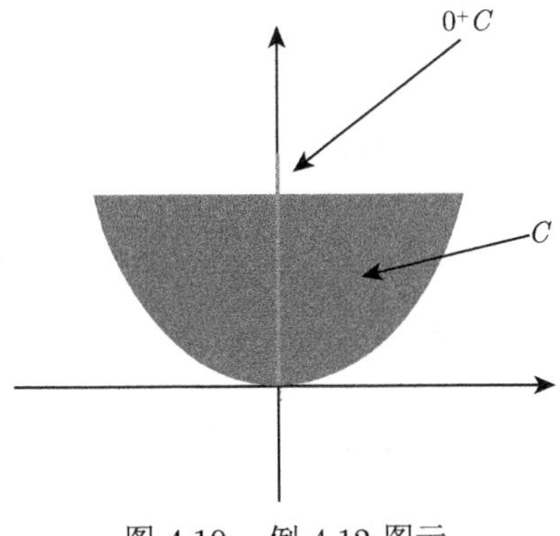

图 4.10 例 4.12 图示

面的定义中涉及线段, 其实面有一个更强的性质, 其中的线段可以替换为任意凸子集.

定理 4.1 令 C 为凸集, C' 为 C 的一个面. 若 D 为 C 的一个凸子集, 且 $\mathrm{ri}D \cap C' \neq \varnothing$, 则 $D \subset C'$.

证明 如图 4.11 所示, 令 $z \in C' \cap \mathrm{ri}D$. 对任意的 $x \in D$ 且 $x \neq z$, 存在 $y \in D$, 使得 z 在以 x 和 y 为端点的线段的相对内部. 因为 C' 为面, 所以 $x \in C'$. 于是 $D \subset C'$. □

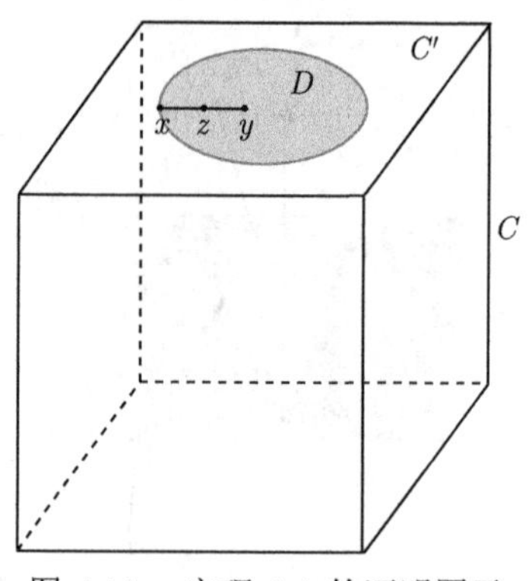

图 4.11 定理 4.1 的证明图示

推论 4.1 若 C' 为凸集 C 的一个面, 则 $C' = C \cap \mathrm{cl}\, C'$. 特别地, 若 C 为闭的, 则 C' 亦为闭的.

证明 令 $D = C \cap \mathrm{cl} C'$. 则 D 为 C 的凸子集且 $\mathrm{ri}\, D \subset C' \subset D$. 若 $\mathrm{ri}\, D = \varnothing$, 则 $D = C' = \varnothing$. 若 $\mathrm{ri}\, D \neq \varnothing$, 则 $\mathrm{ri}\, D \cap C' \neq \varnothing$. 于是 $D \subset C'$, 那么 $D = C'$. 特别地, 若 C 为闭的, 则 C' 为两闭集的交, 那么 C' 为闭的. □

推论 4.2 若 C' 与 C'' 为凸集 C 的面, 且 $\mathrm{ri}\, C' \cap \mathrm{ri}\, C'' \neq \varnothing$, 则 $C' = C''$.

证明 因为 $\mathrm{ri}\, C'' \cap C' \neq \varnothing$, 所以 $C'' \subset C'$. 又因为 $\mathrm{ri}\, C' \cap C'' \neq \varnothing$, 故 $C' \subset C''$. 因此 $C' = C''$. □

推论 4.3 令 C' 为凸集 C 的面且 $C' \neq C$, 那么 C' 在 C 的相对边界内, 于是 $\dim C' < \dim C$.

证明 反设 $\mathrm{ri}\, C \cap C' \neq \varnothing$. 由定理 1.1 知 $C \subset C'$. 那么 $C = C'$. 这与 $C' \neq C$ 矛盾. 故 $C' \subset (C \backslash \mathrm{ri}\, C)$. □

4.3 凸集与其面的关系

令 $\mathcal{F}(C)$ 为凸集 C 的所有面的集合, $\mathcal{F}(C) = \{C' \mid C' \subset C,\ C' 为\ C\ 的面\}$. 将 $\mathcal{F}(C)$ 视为在包含关系下的偏序集, 则其有最大元 C 和最小元 $\varnothing$. 注意到

面的交集仍然为面, 因此 $\mathcal{F}(C)$ 的每一个子集有该偏序关系下的最大下界, 即为该子集中所有集合的交集. 那么 $\mathcal{F}(C)$ 的每一个子集也有最小上界. 记 $M \subset \mathcal{F}(C) := \{C_1, \cdots, C_k\}$. M 为 $\mathcal{F}(C)$ 的子集, 则 M 在包含关系下的最大下界为 $\bigcap\limits_i \{C_i \mid C_i \in M\}$. 对于 M 的最小上界, 记 C_i 的上界集合为 M_i. 则对任意的 $A \in M_i$, 有 $C_i \subset A$, $A \in \mathcal{F}(C)$. 故 M 的最小上界为集合 $\bigcap\limits_i \{M_i \mid M_i$ 为 C_i 的上界集合, $C_i \in M\}$ 中在偏序关系下的最小元素. 因此 $\mathcal{F}(C)$ 为完全格.

例子 4.13 对于闭正方形

$$C = \{(x_1, x_2) \in \mathbb{R}^2 \mid 0 \leqslant x_1 \leqslant 1,\ 0 \leqslant x_2 \leqslant 1\},$$

有

$$\begin{aligned}\mathcal{F}(C) = \{\ &\varnothing,\ \{(0,0)\},\ \{(0,1)\},\ \{(1,0)\},\ \{(1,1)\},\\ &\{(x_1,0) \mid 0 \leqslant x_1 \leqslant 1\},\ \{(x_1,1) \mid 0 \leqslant x_1 \leqslant 1\},\\ &\{(0,x_2) \mid 0 \leqslant x_2 \leqslant 1\},\ \{(1,x_2) \mid 0 \leqslant x_2 \leqslant 1\}, C\}.\end{aligned}$$

令 $\{\{(0,0)\}, \{(1,x_2) \mid 0 \leqslant x_2 \leqslant 1\}\} =: \mathcal{E} \subset \mathcal{F}(C)$, 则 $\mathcal{E}$ 在包含关系下的最大下界为 $\varnothing$, 最小上界为 C. 对 $E = \{\{(0,0)\}, \{(x, x_2)\} \mid 0 \leqslant x_2 \leqslant 1\} \subset \mathcal{F}(C)$, E 在包含关系下的最大下界为 $\varnothing$, 最小上界为 $\{(0,x_2) \mid 0 \leqslant x_2 \leqslant 1\}$.

注 4.7 任何一个严格单减的面序列必定长度有限, 因为由引理 4.3 可知这些面的维度必须严格单减.

定理 4.2 令 C 为非空凸集, $\mathcal{U}$ 为 C 的所有非空面的相对内部的集合. 那么 $\mathcal{U}$ 为 C 的一个划分. 换言之, $\mathcal{U}$ 中的集合互不相交且它们的并集为 C. C 的每一个相对开凸子集包含于 $\mathcal{U}$ 中的某一集合, 并且这些集合为 C 的最大相对开凸子集.

证明 由引理 4.2 可知, C 的不同面的相对内部是互不相交的. 给定任一 C 的非空相对开凸子集 D (如 D 可能是单点集). 令 C' 为包含 D 的 C 的最小面 (所有包含 D 的面的交). 下证 D 包含于 $\mathcal{U}$ 中某一集合. 若 D 包含于 C' 的相对边界, 则由 [2, 定理 4.6] 可知, 存在 C' 的一个支撑超平面 H, 使得 $D \subset H$ 且 C' 不包含于 H, 那么 D 包含于 C' 的暴露面 $C'' = C' \cap H$. C'' 为 C 的一个比 C' 小的面. 因此 D 不能完全包含于 C' 的相对边界, 必须与 $\operatorname{ri} C'$ 相交. 由 [2, 引理 6.5.2] 可知 $\operatorname{ri} D \subset \operatorname{ri} C'$. 但是 $\operatorname{ri} D = D$, 因此 D 包含于 $\mathcal{U}$ 中某一集合. 因为 $\mathcal{U}$ 中集合互不相交, 我们可以推得 $\mathcal{U}$ 中集合为 C 的最大相对开凸子集. 将 D 取遍 C 中所有的单点集, 那么就有 $\mathcal{U}$ 中所有集合的并集为 C. 如图 4.12 所示. □

给定非空凸集 C 中不同的两点 x, y, 那么存在 C 的一个相对开凸子集 D 使得 $x, y \in D$ 的充分必要条件是: 在 C 中有一条线段使得 x, y 均在该线段的相对

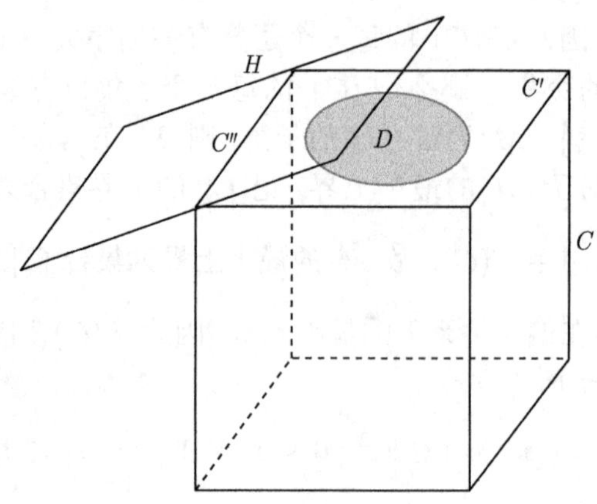

图 4.12 定理 4.2 的证明图示

内部. 我们可以定义 “$x \sim y$” 如下: x, y 满足以上线段条件或者 $x = y$. 由定理 4.2 可知, “$\sim$” 为 C 上的一个等价关系, 它对应的等价类为 C 的非空面的相对内部.

若 $C = \operatorname{conv} S$, 则由以下定理可知, 在 C 的面和 S 的特定子集间存在一一对应关系.

定理 4.3 令 $C = \operatorname{conv} S$, 其中 $S = P \cup D$ 为一个点集 P 与方向集合 D 的并集. 令 C' 为 C 的一个非空面, 那么有 $C' = \operatorname{conv} S'$. 其中 $S' = P' \cup D'$ 且由 C' 与 S 共有的点以及 S 包含的 C' 的回收方向组成, 即 $P' = P \cap C', D' = D \cap 0^+ C'$.

证明 由 $C = \operatorname{conv} S, C'$ 是 C 的非空面, 以及 S' 在定理的定义可知, S' 为 C' 中的部分点和部分回收方向, 故有 $\operatorname{conv} S' \subset C'$. 下面我们将证明 $C' \subset \operatorname{conv} S'$. 令 x 为 C' 的任一点, 需证明 $x \in \operatorname{conv} S'$. 因为 $x \in \operatorname{conv} S$, 故存在 S 中的点 $x_1, \cdots, x_k$ 和方向在 S 中的非零向量 $x_{k+1}, \cdots, x_m$, $1 \leqslant k \leqslant m$, 使得 $x = \sum\limits_{i=1}^{m} \lambda_i x_i$, 其中 $\lambda_i \geqslant 0,\ i = 1, \cdots, m$, 并且有 $\sum\limits_{i=1}^{k} \lambda_i = 1$. 令 $D = \operatorname{conv} S''$, 其中 S'' 由点 $x_1, \cdots, x_k$ 和 $x_{k+1}, \cdots, x_m$ 对应的方向组成. 由于上述表示中的系数 λ_i 均为正数, 那么 $x \in \operatorname{ri} D$ ([2, 定理 6.4]). 于是 $\operatorname{ri} D$ 与 C' 有交集. 由定理 4.1, $D \subset C'$. 因此 $x_1, \cdots, x_k \in C'$. 注意到 $x_1, \cdots, x_k \in S$, 故有 $x_1, \cdots, x_k \in S'$, 即 S'' 中的点均属于 S'. 假设 $k < m$, 则有 C' 包含 $x_{k+1}, \cdots, x_m$ 的方向所对应的半直线. 由 [2, 定理 1.3] 可知这些方向在 $\mathrm{cl} C'$ 是回收的. 它们也是 C 的回收方向 (因为它们属于 S, 并且 $C = \operatorname{conv} S$). 由引理 4.1 可知 $C' = C \cap \mathrm{cl} C'$. 这些方向其实也是 C' 的回收方向, 进而也属于 S'. 综上所述, $S'' \subset S'$ 并且 $x \in \operatorname{conv} S'$. □

例子 4.14 如图 4.13 所示, 令

$$C = \{(x_1, x_2, x_3) \in \mathbb{R}^3 \mid 0 \leqslant x_1 \leqslant 1,\ 0 \leqslant x_2 \leqslant 1,\ x_3 \geqslant 0\},$$

则有 $C = \operatorname{conv} S$, 其中

$$S = \{(x_1, x_2, 0) \in \mathbb{R}^3 \mid x_1 \in \{0,1\},\ x_2 \in \{0,1\}\} \cup \{(0,0,1)\}.$$

C 的一个面为

$$C' = \{(1, x_2, x_3) \in \mathbb{R}^3 \mid 0 \leqslant x_2 \leqslant 1,\ x_3 \geqslant 0\},$$

则有

$$S' = \{(1, x_2, 0) \in \mathbb{R}^3 \mid x_2 \in \{0,1\}\} \cup \{(0,0,1)\}.$$

由定理 4.3, 可知 $C' = \operatorname{conv} S'$.

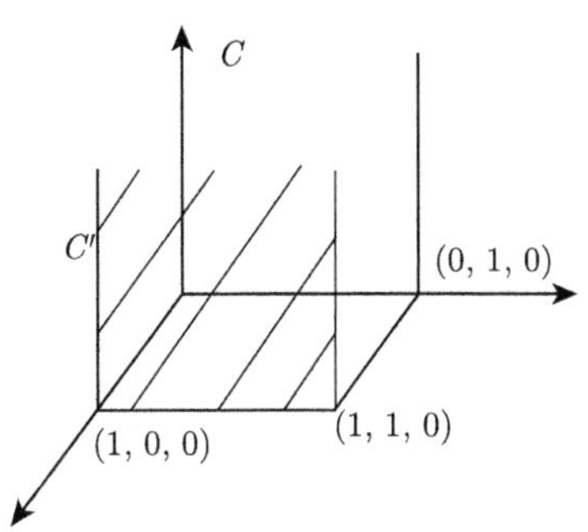

图 4.13 例子 4.14 图示

推论 4.4 假设 $C = \operatorname{conv} S$, 其中 S 为点和方向的集合. 那么 C 的每一个极点为 S 中的点. 如果没有 C 中的半直线包含 S 中的一个无界点集 (特殊地, 当 S 中所有点的集合有界时, 该条件成立), 那么 C 的每一极向也是 S 中的方向.

证明 令 C' 为 C 的极点, 则 $\varnothing \neq C' = \operatorname{conv} S'$, 其中 S' 为 C' 与 S 的公共点, 即为 S 的极点. 令 C' 为 C 的半直线面, S 中点序列无法取代 C' 对应的方向, C' 对应的方向 (C 的极向) 也为 S 中方向. □

在推论 4.4 中, "没有 C 中的半直线包含 S 中的一个无界点集" (记为"条件一") 为"C 的每一极向也是 S 中的方向" (记为"结论") 的充分非必要条件, 见例子 4.15—例子 4.17.

例子 4.15 $C = \mathbb{R}^2_+$, $S = \{(0,0)\} \cup \{(1,0)\} \cup \{(0,1)\}$, 其中点集为 $\{(0,0)\}$, 方向为 $\{(1,0)\} \cup \{(0,1)\}$. 此时, "条件一" 满足, S 的方向与 C 的极方向相同, 均为 $(1,0)$ 和 $(0,1)$. 此时"结论" 成立. 如图 4.14 所示.

例子 4.16 令 $C = \mathbb{R}^2_+$, $S = \{(k,k) \in \mathbb{R}^2 \mid k = 0,1,2,\cdots\} \cup \{(0,1),(1,0)\}$, 则有 $C = \operatorname{conv} S$. 虽然 C 中的半直线 $\{(k,k) \in \mathbb{R}^2 \mid k \geqslant 0\}$ 包含 S 中的一个无

界点集, 但是 C 的极向 $(0,1)$ 及 $(1,0)$ 都是 S 中方向. 该例子说明, 当“条件一”不成立时, “结论”也有可能成立. 如图 4.15 所示.

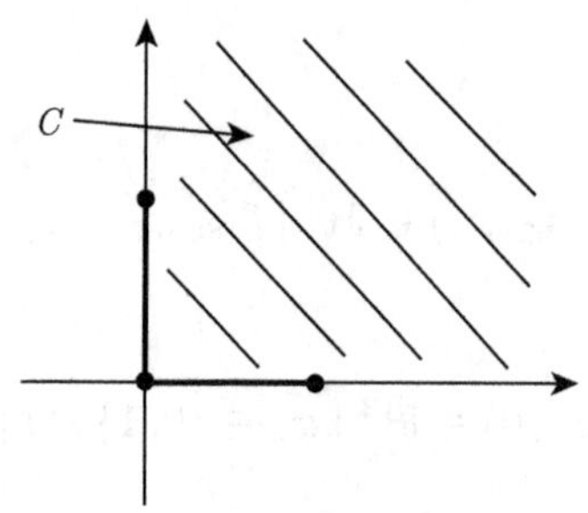

图 4.14　例子 4.15 图示

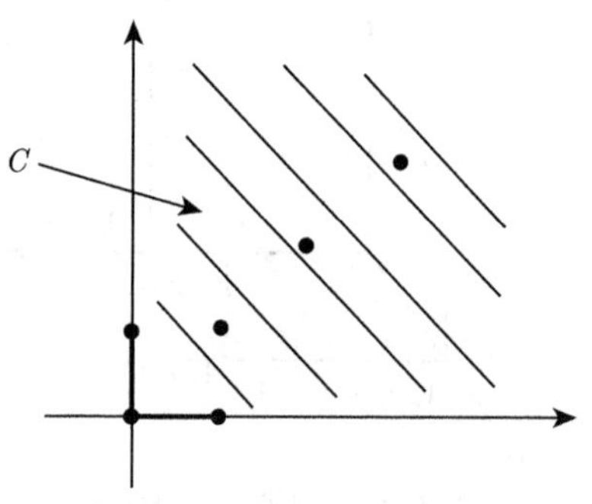

图 4.15　例子 4.16 图示

例子 4.17　$C=\mathbb{R}^2_+$, $S=\{(0,0)\}\cup\{(k,0)\mid k$为正整数$\}\cup\{(0,1)\}$. 其中点集为 $\{(0,0)\}\cup\{(k,0)\mid k$为正整数$\}$, 方向为 $\{(0,1)\}$. 此时, C 的半直线 $\{(x,0)\mid x\geqslant 0\}$ 包含了 S 中的无界点集 $\{(k,0)\mid$ 为正整数$\}$. “条件一”不成立, S 的方向仅有一个, C 的极方向为两个, “结论”不成立. 因 C 的极向 $(1,0)$ 并不是 S 的方向. 如图 4.16 所示.

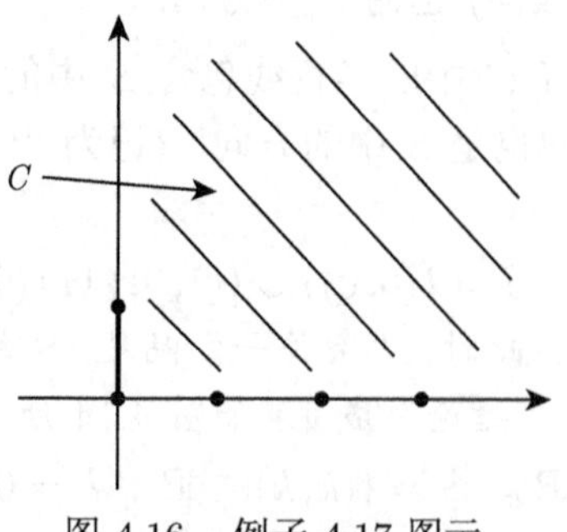

图 4.16　例子 4.17 图示

如果一个凸集 C 的线性性大于零, 则它没有极点或者极向. 然而在这种情况下, 我们有如下性质.

性质 4.4 设凸集 C 的线性性大于零. 记 $C = C_0 + L$, 其中 L 为 C 的线性空间, 并且 $C_0 = C \cap L^{\perp}$ 为一个线性性为零的凸集. 由关系式 $C' = C_0' + L$, $C_0' = C' \cap L^{\perp}$ 知, C 的面 C' 与 C_0 的面 C_0' 有着一一对应的关系.

证明 设 C_0' 为 C_0 的面, 下证 $C_0'+L$ 为 C 的面. 设 $\overline{ab} := \{x = \lambda a+(1-\lambda)b \mid \lambda \in [0,1]\}$ 为 C 中一条闭线段, 并且存在 $x_0 \in \operatorname{ri}\overline{ab}$ 使得 $x_0 \in C_0' + L$, 只需证 $a, b \in C_0' + L$. 由条件可知, 存在 $\alpha \in (0,1)$, 使得

$$x_0 = \alpha a + (1-\alpha)b.$$

因为 $x_0 \in C_0' + L$, $a, b \in C$ 并且 $C = C_0 + L$, 则有

$$x_0 = s + l, \quad a = s_a + l_a, \quad b = s_b + l_b,$$

其中 $s \in C_0' \subset C_0$, $s_a, s_b \in C_0$ 并且 $l, l_a, l_b \in L$. 因此

$$s + l = \alpha s_a + (1-\alpha)s_b + \alpha l_a + (1-\alpha)l_b.$$

注意到 $C_0 \perp L$, 所以有

$$s = \alpha s_a + (1-\alpha)s_b,\ l = \alpha l_a + (1-\alpha)l_b.$$

又因为 C_0' 为 C_0 的面, 故有 $s_a, s_b \in C_0'$, 于是有 $a, b \in C_0' + L$.

同理可证, 若 C' 为 C 的面, 则 $C' - L$ 为 C_0 的面. □

根据如上性质, 在研究面时, 考虑线性性为零的面就基本足够了.

例子 4.18 考虑无限高的圆柱

$$C = \{(x_1, x_2, x_3) \in \mathbb{R}^3 \mid x_1^2 + x_2^2 = 1\},$$

如图 4.17 所示, 其线性空间为

$$L = \{(x_1, x_2, x_3) \in \mathbb{R}^3 \mid x_1 = x_2 = 0\},$$

并且 $L^{\perp} = \{(x_1, x_2, x_3) \in \mathbb{R}^3 \mid x_3 = 0\}$, 如图 4.18 所示. 则有

$$C_0 = C \cap L^{\perp} = \{(x_1, x_2, x_3) \in \mathbb{R}^3 \mid x_1^2 + x_2^2 = 1,\ x_3 = 0\}.$$

C_0 的面 (除了 C_0 和 $\varnothing$) 为

$$\{(x_1, x_2, x_3) \in \mathbb{R}^3 \mid x_1^2 + x_2^2 = 1,\ x_3 = 0\}.$$

而 C 的面为 $C_0'+L$, 即

$$\{(x_1,x_2,x_3)\in\mathbb{R}^3 \mid x_1^2+x_2^2=1,\ x_3\in\mathbb{R}\}.$$

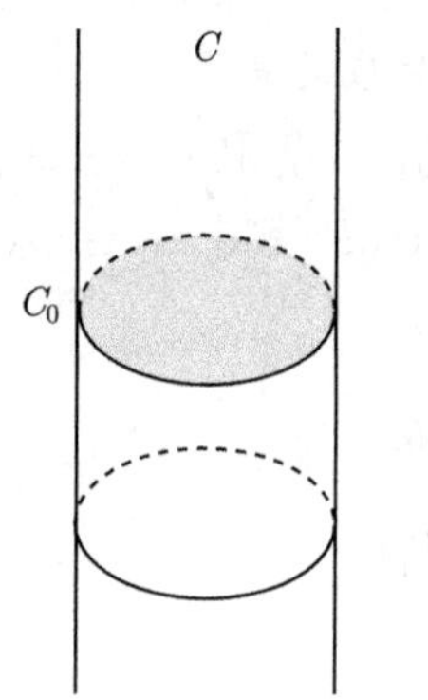

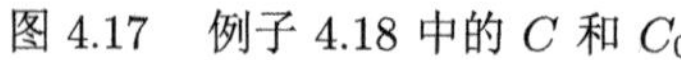
图 4.17 例子 4.18 中的 C 和 C_0

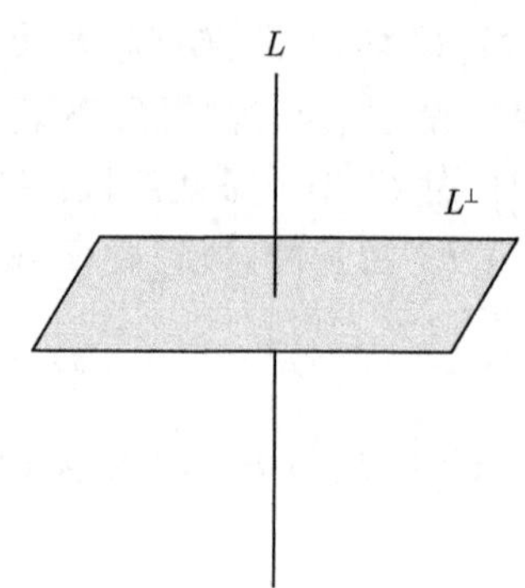

图 4.18 例子 4.18 中的 L 和 $L^\perp$

4.4 凸集的内部表示

我们接下来考虑凸集内部表示的问题. 首先, 什么时候闭凸集 C 为其相对边界的凸包呢? 当 C 为一个仿射集或者一个仿射集的闭半 (一个仿射集与一个闭半空间的交, 且该闭半空间不包含该仿射集.) 时, 以上命题显然不成立. 但由以下定理可知, 该命题在其他情形下成立.

定理 4.4 设 C 为闭凸集, 且 C 不是仿射集也不是仿射集的闭半, 则 C 的每个相对内点都位于连接 C 的两个相对边界点的线段上.

证明 设 D 为 C 的相对边界. 因为 C 不是仿射的，所以 D 非空. 先证明 D 是非凸的.

假设 D 为凸集，则由 [3, 定理 4.7] 知, 存在关于 C 的非支撑超平面 H，使得 $D\subset H$. 设 A 为包含 $\mathrm{ri}C$ 但与 D 不相交的开半空间 (如图 4.19 所示). 因为 C 不为 $\mathrm{aff}C$ 的闭半, $\mathrm{ri}C\subset\mathrm{aff}C$, 则一定存在点 $x\in A\cap\mathrm{aff}C$, 使得 $x\notin\mathrm{ri}C$. 任何连接 x 与 $\mathrm{ri}C$ 中的点的线段一定与某个端点在 D 上的线段相交. 这与 $A\cap D=\varnothing$ 矛盾，因此 D 非凸.

由于 C 是闭凸集, $D\subset C$ 且 D 非凸, 则存在 $x_1,x_2\in D$, $x_1\neq x_2$, 将 x_1,x_2 连成线段，若此线段上的点不在 D 上, 则必在 C 上, 即必在 $\mathrm{ri}C$.

设 M 为经过 x_1 和 x_2 的直线, M 与 C 的交一定为顶点是 x_1 和 x_2 的线段. 由 [2, 定理 6.1] 知，若该线段的两个顶点不是 x_1,x_2, 则 x_1,x_2 一定属于 $\mathrm{ri}C$. 由 [3, 推论 1.6] 知, 每个平行于 M 的直线一定也同样与 C 有闭的有界交. 因此,

给定任意 $y \in \mathrm{ri}C$, 穿过 y 且平行于 M 的直线一定与 C 相交于端点属于 D 的线段. □

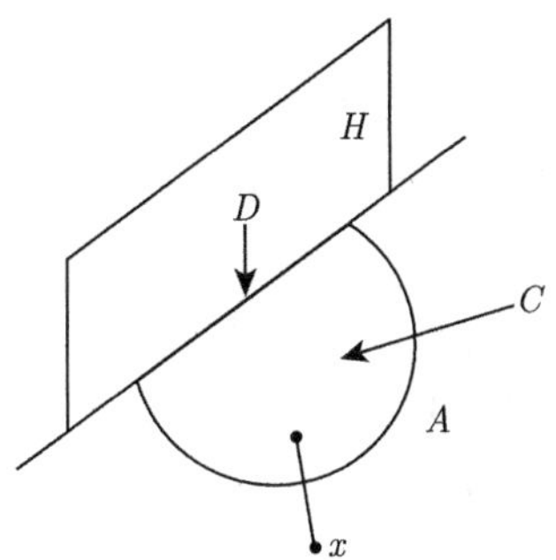

图 4.19 定理 4.4 图示

定理 4.5 设 C 为不包含直线的闭凸集, S 为 C 的所有极点和极方向所构成的集合, 则 $C = \mathrm{conv}S$.

证明 若 $\dim C \leqslant 1$, 则定理结果为平凡的, 此时 C 为空集、单点集、闭线段或者闭半直线. 假设定理对于所有维数小于给定 m $(m > 1)$ 的闭凸集均成立，且此时 C 是 m 维的. S 中的点属于 C，S 中方向为 C 的回收方向，则 $\mathrm{conv}S \subset C$. 因为 C 不含有直线且自身不为半直线，由定理 4.4，C 中每点都可以表示为相对边界上两点的凸组合，C 为其相对边界的凸包. 欲证明 $C \subset \mathrm{conv}S$，仅需证明 C 的相对边界点都在 $\mathrm{conv}S$ 中. 由定理 4.2，相对边界点 x 包含于某些面 C' 的相对内点中，而不是 C 本身. 由推论 4.1 知 C' 是闭的. 由推论 4.3 知 C' 具有更小的维度. 由假设知定理结论对 C' 成立. S' 为 C' 的极点和极方向，即

$$x \in \mathrm{conv}\, S', \quad x \in C' = \mathrm{conv}\, S'.$$

因为 $S' \subset S$，故有 $x \in \mathrm{conv}\, S$. 因此结论得证. □

推论 4.5 闭有界凸集为其极点的凸包.

证明 C 为有界凸集时，无极方向, 结论显然. □

推论 4.6 设 K 是不含有直线的闭凸锥, 且含有包括原点以外的点. 设 T 为 K 的任意子集且 K 的每个极射线均可由某个 $x \in T$ 生成, 则 K 为由 T 所生成的凸锥.

证明 T 为 K 中的向量的集合，且 K 的每个极射线都由某个 $x \in T$ 所生成. 设 S 为原点以及 T 中向量的方向组成. K 是由 T 所生成的凸锥, 即 $K = \mathrm{cone}S$. 这里原点是 K 唯一的极点，T 中向量的方向为 K 的极方向. □

推论 4.7 非空且不含有直线的闭凸集有至少一个极点.

证明　若只有极方向，则由定义知 conv S 将为空集. 矛盾, 故结论成立. □

例子 4.19　闭有界凸集 D 的极点集合不一定为闭的. 设 C_1 是 $\mathbb{R}^3$ 中的闭圆盘

$$C_1=\{(x_1,x_2,x_3)\mid x_1^2+x_2^2=1,x_3=0\}.$$

并且设 C_2 为垂直于 C_1 的线段, 线段端点为 a 和 c. 它的中点 b 为 C_1 的相对边界点, 如图 4.20 所示. $C_1\cup C_2$ 的凸包 D 是闭的. 但是 D 的极点集由 C_2 的两个端点 a,c 以及除 b 以外的 C_1 的所有相对边界点所构成, 即 $\{(-1,0,2),(-1,0,-2)\}\cup\{(x_1,x_2,0)\mid x_1^2+x_2^2=1,x_1\neq-1\}$. 此时, D 的极点集不为闭的.

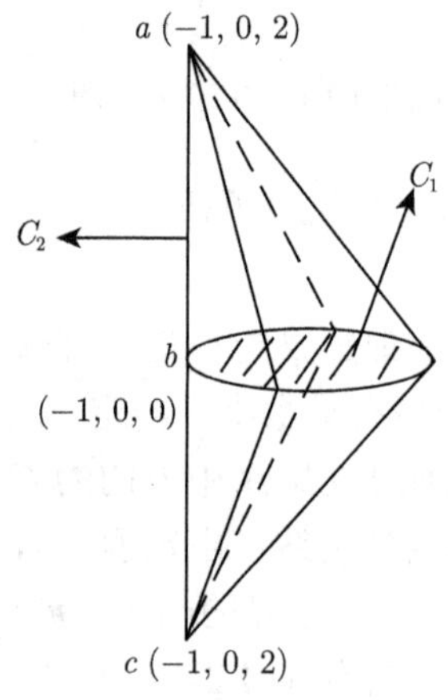

图 4.20　例子 4.19 图示

定理 4.6　对于任意闭凸集 C, C 的暴露点集为 C 的极点集的一个稠密子集. 因此，每个极点都是某些暴露点列的极限.

证明　设 B 为单位欧氏球. 对于任意 $\alpha>0$, C 中满足 $\|x\|<\alpha$ 的极点或暴露点与 $C\cap\alpha B$ 的极点以及暴露点相同. 因此只要在 C 为有界且非空的情况下证明定理即可.

设 S 为 C 的暴露点的集合. S 包含于 C 的极点集且 cl$S\subset C$. 我们需证明每个极点都属于 cl$S$. 假设 x 为 C 的极点, 但是不属于 cl$S$，根据推论 4.4, 则 x 不属于 $C_0=\text{conv}(\text{cl}S)$. 由定理 3.2 知, C_0 是闭的, 根据 [3, 定理 4.5], 存在包含 C_0 但是不含有 x 的闭半空间 H.

下面我们将构造一个 C 的暴露点 p, 使其不属于 H, 这个矛盾将支持定理成立. 设 e 是垂直于 H 并且向外的, 且 $\|e\|=1$. 设 ε 为满足 $(x-\varepsilon e)\in H$ 的最小正数, 选择 $\lambda>\varepsilon$ 使得 $y=x-\lambda e$. 考虑以 y 为中心, 以 λ 为半径的欧氏球 B_0. B_0 的边界包含 x. 利用勾股定理能够算出 H 中相对于 B_0 非内点的点与 x

之间的距离至少为 $(2\varepsilon\lambda)^{1/2}$. 现假设选择 λ 足够大使得 $(2\varepsilon\lambda)^{1/2} > r$, 其中 r 为 $\| z - x \|$ 关于 $z \in C \cap H$ 的上确界, 则 C 含有与 y 的距离至少为 λ 的点 (如 x), 但是不含有 $C \cap H$ 中满足此特点的点, 则 $p \notin H$.

设 B_1 为以 y 为中心, 经过 p 点的欧氏球. 过 p 点关于 B_1 的支撑超平面不含有 B_1 中的点, 但含有 p 点. 因为 $p \in C \subset B_1$, 因此 p 为 C 的暴露点, 如图 4.21 所示. 定理 4.6 的证明思路见图 4.22. □

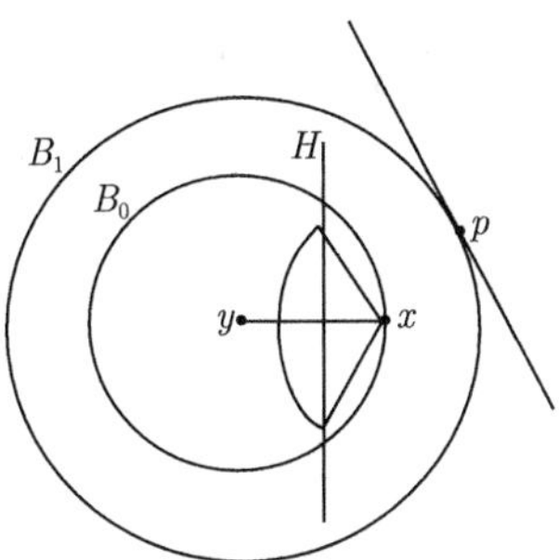

图 4.21 定理 4.6 图示

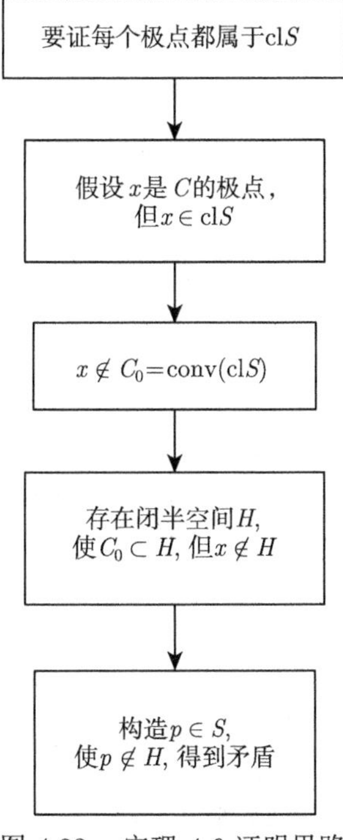

图 4.22 定理 4.6 证明思路

定理 4.7　设 C 为不含直线的闭凸集, 设 S 为 C 的所有暴露点和暴露方向的集合, 则 $C = \mathrm{cl}(\mathrm{conv}S)$.

证明　假设 C 在 $\mathbb{R}^n$ 中是 n 维的. 当 $n < 2$ 时定理是平凡的, 因为这里的 S 包含于定理 4.5 中的 S, 所以 $C \supset \mathrm{cl}(\mathrm{conv}S)$.

当 $n \geqslant 2$ 时, 因为 $\mathrm{cl}(\mathrm{conv}S)$ 为包含 C 的所有极点的闭凸集(定理 4.6), 因此为非空的(推论 4.7). 假设 $\mathrm{cl}(\mathrm{conv}\,S) \not\supset C$, 由此推出矛盾. 即: 存在点 $x \in C$, 使得 $x \notin \mathrm{cl}(\mathrm{conv}S)$. 由 [2, 定理 1.5] 知, 存在与 C 相交而与 $\mathrm{cl}(\mathrm{conv}S)$ 不相交的超平面. 原因如下. 由于 $x \notin \mathrm{cl}(\mathrm{conv}S)$, 由实分析可知，点 x 不包含于闭集 $\mathrm{cl}(\mathrm{conv}S)$ 中, 则 $\mathrm{dist}\{x, \mathrm{cl}(\mathrm{conv}S)\} > 0$, 即 $\inf\{\| x_1 - x \|, x_1 \in \mathrm{cl}(\mathrm{conv}S)\} > 0$. 由 [3, 定理 4.4] 知, x 与 $\mathrm{cl}(\mathrm{conv}S)$ 强分离. 故存在超平面 H, 使得 $x \in H$, 但 $\mathrm{cl}(\mathrm{conv}S) \cap H = \varnothing$. 又因为 $x \in C$, 故该超平面 H 与 C 相交于 x, 但与 $\mathrm{cl}(\mathrm{conv}S)$ 不相交.

注意到 $x \in C \cap H$, $\mathrm{cl}(\mathrm{conv}S) \subset C$, 但是 $H \cap \mathrm{cl}(\mathrm{conv}S) = \varnothing$. 因此 $H \cap C$ 为凸集, 且 $H \cap C$ 不包含直线. 因此, 凸集 $C \cap H$ 一定至少有一个极点 (推论 4.7) 和一个暴露点 (定理 4.6). 按照暴露点定义，在 H 中存在一个 $n-2$ 维[①] 的仿射集 M 与 $C \cap H$ 仅仅相交于 x, M 与 C 的非空内部不相交，所以由 [2, 定理 4.2] 知, 可以将 M 推广为与 $\mathrm{int}C$ 不相交的超平面 H'. 这个 H' 为关于 C 的支撑超平面，且 $C' = C \cap H'$ 为 C 的一个暴露面. C' 的极点与暴露点也为 C 的极点, 因此属于 $\mathrm{cl}(\mathrm{conv}S)$. 而 $H \cap \mathrm{cl}(\mathrm{conv}S) = \varnothing$, 故 C' 的暴露点与极点不在 H 中, 则不属于 H. 超平面 H 与 C' 仅仅相交于点 x[②]. 故 x 不是 C' 的暴露点, 则一定有 $\{x\} = H \cap \mathrm{ri}C'$. 因此 $\dim C' = 1$. 由假设知, C' 不为直线, 也不是两个点之间的连线. [③]唯一的可能就是 C' 为端点属于 S 的闭半直线. 此时 C' 的方向为 C 的暴露方向，因此此方向属于 S. 所以 $x \in C' \subset \mathrm{conv}\,S$. 这与 $x \notin \mathrm{conv}\,S$ 矛盾. 综上可知, 不管 C' 为何种情况均与 $x \in \mathrm{cl}(\mathrm{conv}\,S)$ 矛盾, 故反设不成立. □

例子 4.20　在某些情况下, $\mathrm{conv}\,S = C$. 如图 4.23 所示. C 为以原点为极点、射线 d_1 与 d_2 所生成的凸锥, 即: $C = \mathrm{cone}\{d_1, d_2\}$, $S = \{d_1, d_2\}$. 此时, $C = \mathrm{conv}S$.

---

① 注意到 H 是 $n-1$ 维仿射集, 集合 $C \cap H$ 的维数至多为 $n-1$. 故对于该集合来说, 其暴露点对应的是 $n-1$ 维空间中的超平面, 即 $n-2$ 维仿射集.

② 若 $H \cap C'$ 为某个线段, 则该线段两个端点 (设为p, q) 均为 C' 的极点, 则 $p, q \in \mathrm{cl}(\mathrm{conv}S)$, 故 $p, q \notin H$. 这与 $H \cap C' \supset \{p, q\}$ 矛盾. 若为半射线或直线也可类似导出矛盾.

③ 因为两点是 C' 的极点, 属于 S, C' 上的点 x 可表示为两点的凸组合, 则与 $x \in \mathrm{cl}(\mathrm{conv}S)$ 矛盾.

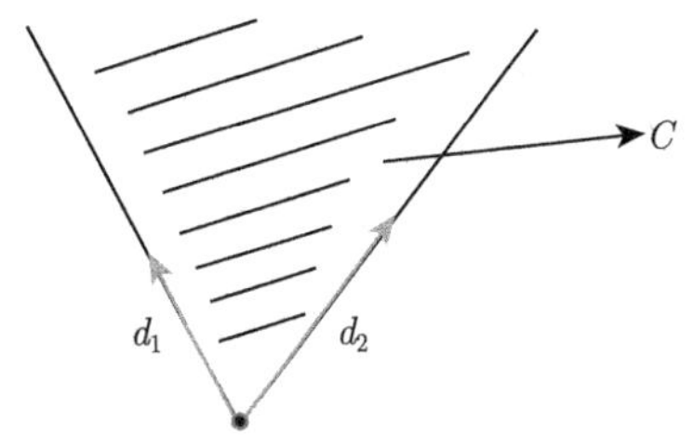

图 4.23 例子 4.20 $\mathrm{conv}\, S = C$ 情况

例子 4.21 C 为整个鼓面及内部. S 为 C 的暴露点与暴露方向的集合. 如图 4.24 所示. a, b, c, d 四个点不是暴露点, 但 $C \neq \mathrm{conv}S$. 因 $\mathrm{conv}S$ 不含 a, b, c, d 四个点, 但 $C = \mathrm{cl}(\mathrm{conv}S)$.

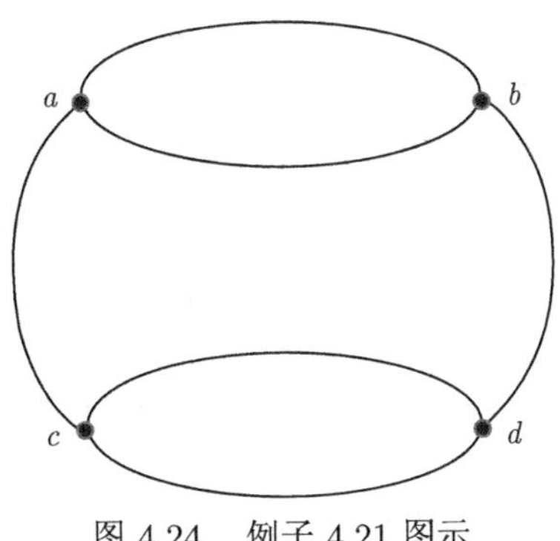

图 4.24 例子 4.21 图示

推论 4.8 设 K 为含有原点但不含有直线的闭凸集. 设 T 为 K 中某些向量的集合, 且满足 K 中的任何暴露向量均可由某个 $x \in T$ 生成, 则 K 为由 T 所生成的凸锥的闭包.

闭凸集 C 的暴露点将在后续章节中作为 C 的支撑函数进行刻画.

4.5 凸集的外部表示

与"暴露点"相对偶的概念是"切平面". 如果 H 为 C 在点 x 处唯一的支撑超平面，则称 H 在点 x 处与 C 相切. C 的切半空间为边界与 C 在某些点处相切的支撑半空间. 从后面有关凸函数可微性的讨论将会看到，切平面也能像经典分析那样，用微分极限来定义. 下面的"外部"表示定理可以看成定理 4.7 的对偶，是比 [3, 定理 4.5] 较强的一种形式.

定理 4.8 $\mathbb{R}^n$ 中的 n 维闭凸集 C 为与其相切的闭半空间的交.

证明　设 G 为支撑函数 $\delta^*(\cdot \mid C)$ 的上图, 即

$$G = \operatorname{epi}\left(\delta^*\left(\cdot \mid C\right)\right) = \left\{(x^*, u) \mid u \geqslant \delta^*(x^* \mid C)\right\}.$$

证明分如下几个步骤.

(i) 该 G 为 $\mathbb{R}^{n+1}$ 中含有原点的闭凸锥. 原因如下. 当 $x = 0$ 时,

$$\delta^*(x \mid C) = \sup\{\langle x, y\rangle \mid y \in C\} = \sup\{\langle 0, y\rangle \mid y \in C\} = 0.$$

故 $(0,0) \in G$. 所以 G 包含原点. 设 $(x, \alpha) \in \operatorname{epi}\left(\delta^*\left(\cdot \mid C\right)\right)$, 即 $\alpha \geqslant \delta^*(\cdot \mid C)$. 对任意的 $\lambda > 0$ 有 $\lambda(x, \alpha) = (\lambda x, \lambda\alpha)$.

$$\delta^*\left(\lambda x \mid C\right) = \sup\{\langle \lambda x, y\rangle \mid y \in C\} = \lambda \sup\{\langle x, y\rangle \mid y \in C\} = \lambda\delta^*\left(x \mid C\right),$$

因此有

$$\lambda\alpha \geqslant \lambda\delta^*(x \mid C) \geqslant \delta^*(\lambda x \mid C).$$

所以 $\lambda(x, \alpha) \in \operatorname{epi}(\delta^*(\cdot \mid C))$, 即: G 为包含原点的闭凸锥.

(ii) 因为 C 是 n 维的, C 具有非空的内部，所以对于每个 $x^* \neq 0$, 有

$$-\delta^*(-x^* \mid C) < \delta^*(x^* \mid C). \tag{4.1}$$

具体来说, 我们有

$$\begin{aligned} -\delta^*(-x^* \mid C) &= -\sup\{\langle -x^*, y\rangle \mid y \in C\} \\ &= \inf\{\langle x^*, y\rangle \mid y \in C\} \\ &< \sup\{\langle x^*, y\rangle \mid y \in C\}. \end{aligned}$$

所以 (4.1) 成立.

(iii) 下面说明 G 不含有过原点的直线. 即: 对任意的 $(x^*, u) \in G$, $x^* \neq 0$, $(-x^*, -u^*) \notin G$. 这样, 任意过原点的直线一定不在 G 中. 而对任意的 $(x^*, u) \in G$, $x^* \neq 0$, 有

$$u \geqslant \delta^*(x^* \mid C). \tag{4.2}$$

反设 $(-x^*, -u) \in G$, 则有 $-u \geqslant \delta^*(-x^* \mid C)$, 即

$$u \leqslant -\delta(-x^* \mid C). \tag{4.3}$$

由 (4.2) 和 (4.3) 知 $\delta^*(x^* \mid C) \leqslant -\delta(-x^* \mid C)$. 这与 (4.1) 矛盾. 故反设不成立. 故 $(-x^*, -u^*) \notin G$. 因此 G 不含有过原点的直线.

(iv) 由推论 4.8 知, $G = \mathrm{cl}(\mathrm{conv}S)$，其中 S 为 G 的所有暴露射线的集合. 由 G 的定义可知

$$u \geqslant \delta^*(x^* \mid C) = \sup\left\{\langle x, x^*\rangle \mid x \in C\right\}.$$

即对于 $x \in C$, 其所对应的线性函数 $\langle x, \cdot\rangle$ 均被支撑函数 $\delta^*(\cdot \mid C)$ 所优超. 换一角度, 即对所有 $x \in C$, 函数 $\langle x, \cdot\rangle$ 的上图的交即构成了 G. 其每个上图均包含了 G 中的非垂直暴露向量. 如图 4.25 所示. C 是形如 $\{x \mid \langle x, x^*\rangle \leqslant \alpha\}$ 的一些闭半空间的交, 这些闭半空间所对应的 (x^*, α) 是 G 的非垂直暴露向量. 这个条件表明, 存在 G 的某个非垂直支撑超平面 (即某个线性函数$\langle y, \cdot\rangle$的图) 与 G 相交, 且相交部分为由 (x^*, α) 所生成的射线. 即: 存在 $y \in C$, 使得 $\langle y, x^*\rangle = \delta^*(x^* \mid C) = \alpha$. 但对每个 $y^* \neq \lambda x^*, \lambda > 0, \langle y, y^*\rangle < \delta^*(y^* \mid C)$. 这说明了半空间 $\{x \mid \langle x, x^*\rangle \leqslant \alpha\}$ 与 C 相切于 y. 因此 C 是所有这类半空间的交. □

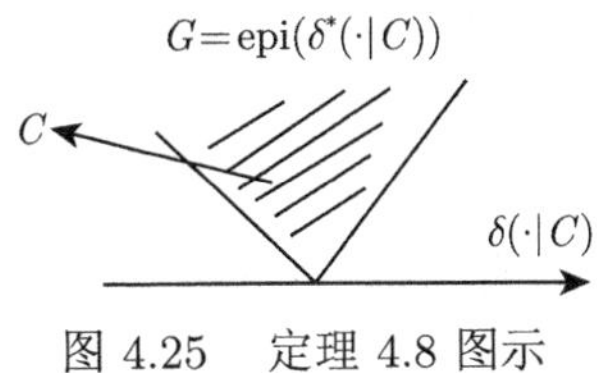

图 4.25 定理 4.8 图示

4.6 关于暴露向量的进一步讨论

定义 4.11 我们称一个集合中包含某个元素或子集的所有面的交为包含该元素或子集的最小面.

定义 4.12 一个集合 C 的面 F 为暴露面当且仅当存在一个暴露向量 $v \in C^*$ 满足 $F = C \cup v^{\perp}$, 其中 C^* 为 C 的对偶锥.

下面我们将以半正定锥与欧氏距离锥为例，计算这两个锥中面的暴露向量.

例子 4.22 计算在半正定锥 $\mathcal{S}_+^3$ 中包含矩阵 $X = \begin{bmatrix} 1 & 1 & 1 \\ 1 & 1 & 1 \\ 1 & 1 & 1 \end{bmatrix}$ 的最小面的暴露方向.

证明 记 $\mathcal{S}_+^3$ 中包含 X 的最小面为 $\mathrm{face}(X, \mathcal{S}_+^3)$. 对 X 进行谱分解有

$$X=\begin{bmatrix}\frac{1}{\sqrt{3}} & \frac{1}{\sqrt{2}} & 0\\ \frac{1}{\sqrt{3}} & 0 & \frac{1}{\sqrt{2}}\\ \frac{1}{\sqrt{3}} & -\frac{1}{\sqrt{2}} & -\frac{1}{\sqrt{2}}\end{bmatrix}\begin{bmatrix}3 & 0 & 0\\ 0 & 0 & 0\\ 0 & 0 & 0\end{bmatrix}\begin{bmatrix}\frac{1}{\sqrt{3}} & \frac{1}{\sqrt{2}} & 0\\ \frac{1}{\sqrt{3}} & 0 & \frac{1}{\sqrt{2}}\\ \frac{1}{\sqrt{3}} & -\frac{1}{\sqrt{2}} & -\frac{1}{\sqrt{2}}\end{bmatrix}^{\mathrm{T}}.$$

从而 $\mathrm{face}(X,\mathcal{S}_+^3)$ 的暴露向量为

$$H=\begin{bmatrix}\frac{1}{\sqrt{2}} & 0\\ 0 & \frac{1}{\sqrt{2}}\\ -\frac{1}{\sqrt{2}} & -\frac{1}{\sqrt{2}}\end{bmatrix}\begin{bmatrix}\frac{1}{\sqrt{2}} & 0\\ 0 & \frac{1}{\sqrt{2}}\\ -\frac{1}{\sqrt{2}} & -\frac{1}{\sqrt{2}}\end{bmatrix}^{\mathrm{T}}=\begin{bmatrix}\frac{1}{2} & 0 & -\frac{1}{2}\\ 0 & \frac{1}{2} & -\frac{1}{2}\\ -\frac{1}{2} & -\frac{1}{2} & 1\end{bmatrix}.$$

易知 $\langle X,H\rangle=0$, 且 $H\in\mathcal{S}_+^3$. 从而 $\mathrm{face}(X,\mathcal{S}_+^3)=\mathcal{S}_+^3\cap H^{\perp}$. □

定义 4.13 我们称矩阵 $D=(d_{ij})\in\mathbb{R}^{n\times n}$ 为一个欧氏距离阵, 若存在点 $p_1,\cdots,p_n\in\mathbb{R}^r$, 使得 $d_{ij}=\|p_i-p_j\|_2^2$, $i,j=1,\cdots,n$. 且所有 $n\times n$ 的欧氏距离矩阵构成一个欧氏阵锥, 记为 $\mathcal{E}^n$.

例子 4.23 计算在欧氏距离阵锥 $\mathcal{E}^4$ 中包含矩阵 $D=\begin{bmatrix}0 & 1 & 2 & 1\\ 1 & 0 & 1 & 2\\ 2 & 1 & 0 & 1\\ 1 & 2 & 1 & 0\end{bmatrix}$ 的最小面的暴露矩阵.

证明 记 $\mathcal{E}^4$ 中包含 D 的最小面为 $\mathrm{face}(D,\mathcal{E}^4)$. 由 [7, 定理 5.8] 可知, $\mathrm{face}(D,\mathcal{E}^4)$ 的暴露矩阵为

$$H=\begin{bmatrix}1 & -1 & 1 & -1\\ -1 & 1 & -1 & 1\\ 1 & -1 & 1 & -1\\ -1 & 1 & -1 & 1\end{bmatrix}.$$

此时 $\langle D,H\rangle=0$, $D\in(\mathcal{E}^4)^*$. 且有 $\mathrm{face}(D,\mathcal{E}^4)=\mathcal{E}^4\cap H^{\perp}$. □

4.7 练　　习

练习 4.1 对于半正定锥 $\mathcal{S}_+^n$, 其暴露面有哪些?

练习 4.2 $C=\mathcal{S}_+^n$. 证明: $\mathrm{ri}C=\mathcal{S}_{++}^n:=\{X\in\mathcal{S}^n\mid X\succ 0\}$.

练习 4.3 给定 $x\in\mathbb{R}^n$ 且 $\|x\|_2=1$. 证明: $F=\left\{\sigma xx^\top\mid\sigma\geqslant 0\right\}$ 是 $\mathcal{S}_+^n$ 的一个面.

本章思维导图

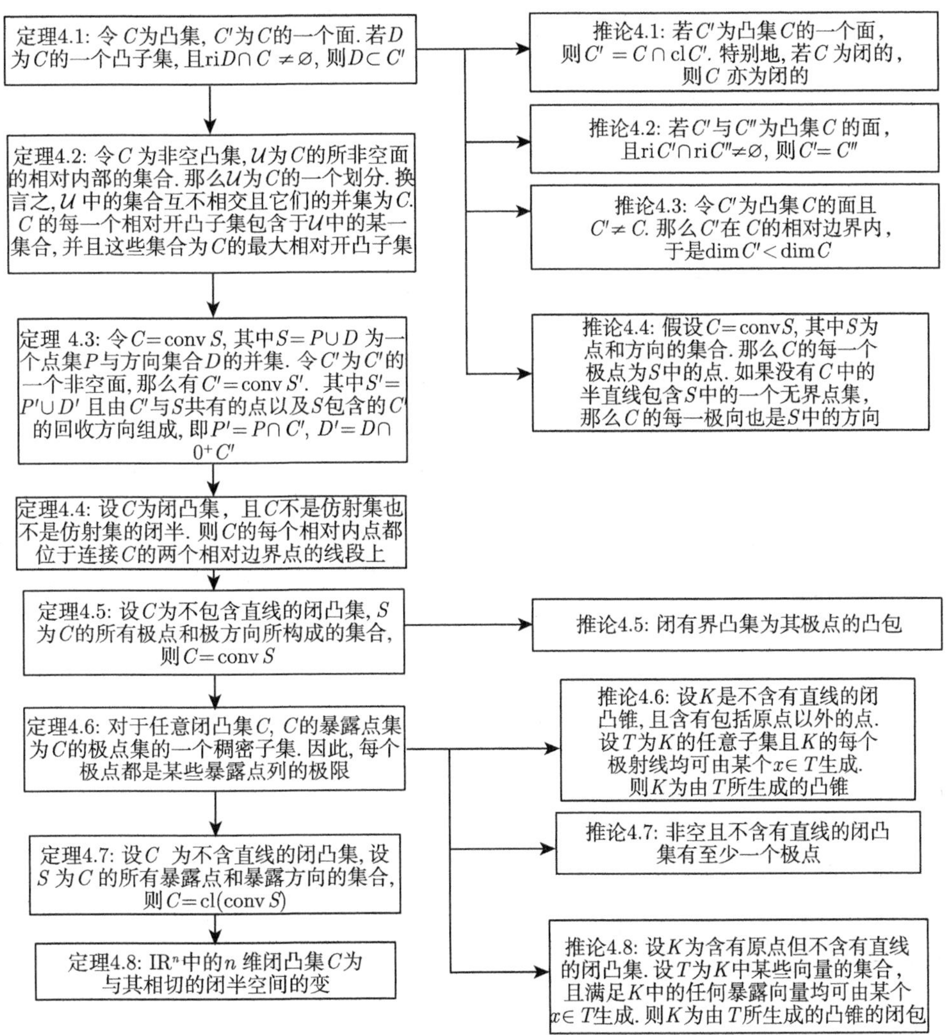

图 4.26 本章思维导图

第 5 章 多面体凸集和多面体凸函数

5.1 多面体凸集的定义

定义 5.1 $\mathbb{R}^n$ 中的多面体凸集是一个能够表示成有限个闭半空间的交的集合，即能够表示成为形如

$$\langle x, b_i\rangle \leqslant \beta_i, \quad i = 1, \cdots, m$$

的不等式系统的解的集合.

例子 5.1 考虑如下 l_1 损失的软间隔支持向量机模型[4–6]

$$\begin{array}{lll}\displaystyle\min_{w\in\mathbb{R}^n,\ b\in\mathbb{R},\ \xi\in\mathbb{R}^m} & \displaystyle\frac{1}{2}\|w\|_2^2 + C\sum_{i=1}^m \xi_i & \\ \text{s.t.} & y_i(w^{\mathrm{T}}x_i + b) + \geqslant 1 - \xi_i, & i = 1, \cdots, m, \\ & \xi_i \geqslant 0, & i = 1, \cdots, m.\end{array} \tag{5.1}$$

其中 $(x_i, y_i) \in \mathbb{R}^{n+1}$ $(i = 1, \cdots, m)$ 为给定的训练集, $y_i \in \{\pm 1\}$. 所求的超平面为 $w^{\mathrm{T}}x + b = 0$, $w \in \mathbb{R}^n$, $b \in \mathbb{R}$. 问题 (5.1) 的可行域即是一个多面体凸集.

例子 5.2 对称半正定矩阵的集合

$$S_+^n = \{A \in S^n \mid x^{\mathrm{T}}Ax \geqslant 0, \ \forall x \in \mathbb{R}^n\}$$

不是一个多面体凸集. 因为闭半空间 $x^{\mathrm{T}}Ax = \langle A, xx^{\mathrm{T}}\rangle \geqslant 0$ 的个数对任意 $x \in \mathbb{R}^n$ 来说是无数个.

例子 5.3 条件半正定矩阵

$$\{A \in S^n \mid x^{\mathrm{T}}Ax \geqslant 0, \ \forall x \in e^{\perp}\}$$

不是一个多面体凸集. 这里 $e^{\perp}$ 指 $\mathbb{R}^n$ 中 $e = (1, \cdots, 1) \in \mathbb{R}^n$ 的正交补空间. 理由同例子 5.2.

定义 5.2 设 A 为由 $\mathbb{R}^n$ 到 $\mathbb{R}^m$ 的线性变换, $a^* \in \mathbb{R}^m$ 给定, 则 $\langle Ax, a^*\rangle \leqslant \beta$ 是一个关于 x 的弱线性不等式.

例子 5.4 任意有限个线性方程和弱线性不等式组成的混合系统的解集为多面体凸集.

证明 由内积的性质, 得

$$\langle Ax, a^* \rangle \leqslant \beta \Leftrightarrow \langle x, A^{\mathrm{T}} a^* \rangle \leqslant \beta.$$

且每一个线性方程 $\langle x, b \rangle = \beta$ 都可以表示成两个不等式 $\langle x, b \rangle \leqslant \beta$ 和 $\langle x, -b \rangle \leqslant -\beta$ 的交. □

性质 5.1 多面体凸集为锥当且仅当它能够表示成为有限个边界超平面通过原点的闭半空间的交.

注 5.1 在性质 5.1 中, 闭半空间的边界超平面需通过原点, 而非闭半空间包括原点. 举例如下: 如图 5.1 所示, 闭半空间 $H_1 = \{(x_1,\ x_2) \in \mathbb{R}^2 \mid x_1 + x_2 \leqslant 1\}$. H_1 包含原点, 但 H_1 的边界超平面 $H_1' = \{(x_1,\ x_2) \in \mathbb{R}^2 \mid x_1 + x_2 = 1\}$ 不经过原点. 而闭半空间 $H_2 = \{(x_1,\ x_2) \in \mathbb{R}^2 \mid x_1 + x_2 \leqslant 0\}$ 的边界超平面 $H_2' = \{(x_1,\ x_2) \in \mathbb{R}^2 \mid x_1 + x_2 = 0\}$ 经过原点, 如图 5.2 所示. 故 H_1 不为锥, 但 H_2 为锥.

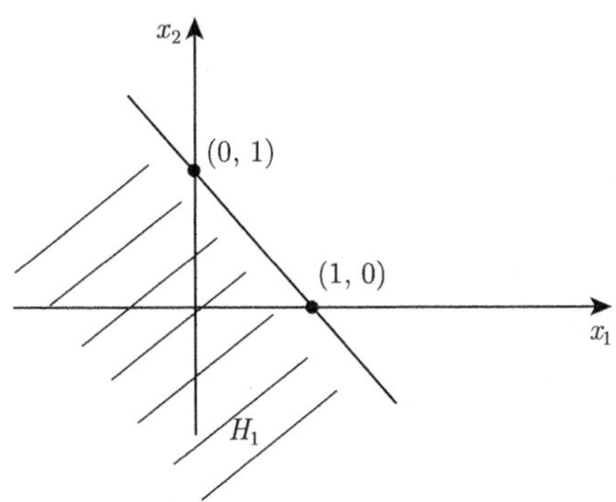

图 5.1 闭半空间 H_1

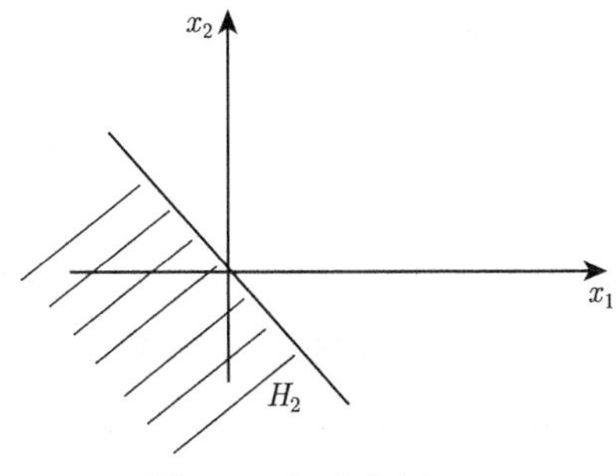

图 5.2 闭半空间 H_2

例子 5.5 每个仿射集 (包括空集和 $\mathbb{R}^n$) 都是多面体凸集.

证明 由 [2, 推论 1.1] 知, $\mathbb{R}^n$ 的每一个仿射子集是有限个超平面的交集, 而每一个超平面都是一个线性方程, 每个线性方程均可表示为两个线性不等式的交集, 即两个闭半空间的交集. 由定义 5.1可知, 仿射集也是多面体凸集. □

类似地, 由性质 5.1 得，多面体凸锥为某些齐次 ($\beta_i = 0$) 弱线性不等式系统的解集. 即多面体凸锥为如下系统的解集:

$$\langle x, b_i \rangle \leqslant 0, \quad i = 1, \cdots, m.$$

其中 $b_i \in \mathbb{R}^n$ ($i = 1, \cdots, m$) 给定. 所谓的 “多面体” 性质就是凸集 “外部” 表示的有限性条件. 相应地, 也有关于凸集 “ 内部” 表示的有限性条件.

定义 5.3 有限生成凸集是指由点和方向 (按第 3 章中的定义) 所构成的集合的凸包.

性质 5.2 C 为有限生成凸集当且仅当存在向量 $a_1, \cdots, a_m$, 使得对于固定的整数 k, $0 \leqslant k \leqslant m$, C 由所有形如

$$x = \lambda_1 a_1 + \cdots + \lambda_k a_k + \lambda_{k+1} a_{k+1} + \cdots + \lambda_m a_m \tag{5.2}$$

的向量所组成, 其中

$$\lambda_1 + \cdots + \lambda_k = 1, \quad \lambda_i \geqslant 0, \ i = 1, \cdots, m.$$

性质 5.3 有限生成凸集 C 为锥是指 C 能够表示成为如 (5.2) 的形式, 其中 $k = 0$. 即没有关于部分系数和为 1 的要求. 在这样的表示下, $\{a_1, \cdots, a_m\}$ 称为锥 C 的生成元. 因此, 有限生成凸锥为原点和有限多个方向的凸包.

定义 5.4 有界的有限生成凸集称为多面体 (polytope). 这包括了单纯形的情况. 无界的有限生成凸集, 如第 3 章中的广义单纯形, 可以看成为某些顶点为无穷的广义多面体.

证明 根据 [2, 定义 2.6], 多面体是有限点集的凸包. 因此, 有界的有限生成凸集是有限个点的凸包 (没有方向). 当这些点仿射无关时, 对应单纯形的情况. 无界的有限生成凸集, 是有限个点和方向的凸包. 当这些点和方向仿射无关时, 对应第 3 章中广义单纯形的情况. □

例子 5.6 图 5.3 为两个普通顶点与一个无穷顶点构成的二维广义单纯形, 而图 5.3 不是广义单纯形. 这是因为点 A 可以由普通顶点 B, C 以及无穷顶点 α 线性表出, 所以它们不是仿射无关的. 故由三个普通顶点 A, B, C 和一个无穷顶点 α 不能构成广义单纯形, 见图 5.4.

我们将有限生成凸集的分类用图 5.5 来表示. 事实上, 多面体凸集也是有限生成的. 这从几何上来理解很直观, 但是从代数上却有重要的内涵, 而且不容易证明. 下一节我们从面的角度进行阐述.

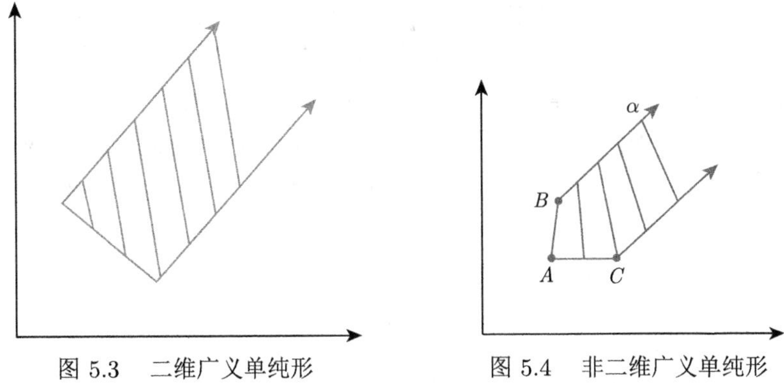

图 5.3 二维广义单纯形

图 5.4 非二维广义单纯形

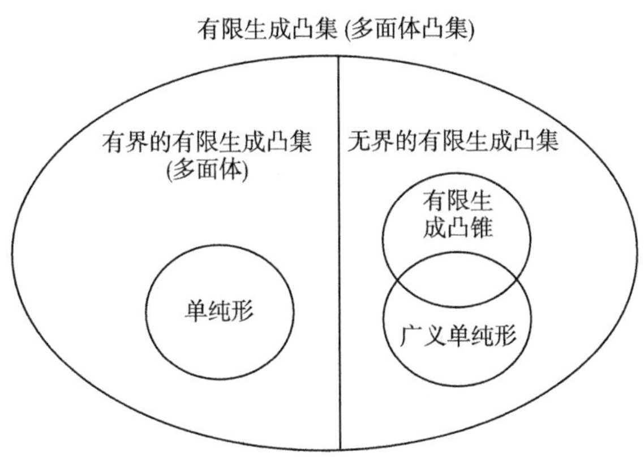

图 5.5 有限生成凸集的分类

5.2 多面体凸集的等价刻画

定理 5.1 凸集 C 的下列性质等价:

(i) C 为多面体的①;

(ii) C 为闭的且具有有限多个面;

(iii) C 为有限生成的.

证明 整个证明过程思路如下: (i)$\Rightarrow$(ii); (ii)$\Rightarrow$(iii); (iii)$\Rightarrow$(ii); (ii)$\Rightarrow$(i).

(i) $\Rightarrow$ (ii): 根据多面体的定义, 设 $H_1, \cdots, H_m$ 这有限个闭半空间的交集为 C, 即 $C=\bigcap\limits_{i=1}^{m} H_i$, 则 C 为闭的. 设 C' 为 C 的非空面. 对于每个 i, $\mathrm{ri}\, C'$ 一定包含

① 这是凸集 C 的外部特点, 是其为有限生成的等价条件. 而 C 是多面体指定义 5.4 中的有界的有限生成凸集.

于 $\mathrm{int}H_i$ 或包含于 H_i 的边界超平面 M_i (当 C' 为 C 本身时, $\mathrm{ri}\,C'$ 包含于 $\mathrm{int}H_i$; 当 C' 不是 C 本身时, $\mathrm{ri}\,C'$ 包含于 H_i 的边界超平面 M_i). 设 D 为有限个相对开凸集 $\mathrm{int}H_i(i \in I_1)$ 或 $M_i(i \in I_2)$ 的交集, 且这些 $\mathrm{int}H_i$ 或 M_i 均包含 $\mathrm{ri}\,C'$. 则 D 为 C 的凸子集, 且为相对开的. 这是因为 $\mathrm{int}H_i$ 和边界超平面 M_i 是相对开凸集, 根据相对开凸集的定义, 有 $\mathrm{ri}\,M_i = M_i$, 且 $\mathrm{int}H_i = \mathrm{ri}\,(\mathrm{int}H_i)$. 所以有

$$
\begin{aligned}
D &= \left(\bigcap_{i\in I_1} M_i\right) \cap \left(\bigcap_{j\in I_2} \mathrm{int}H_j\right) \\
&= \left(\bigcap_{i\in I_1} \mathrm{ri}\,M_i\right) \cap \left(\bigcap_{j\in I_2} \mathrm{ri}\,(\mathrm{int}H_j)\right) \\
&= \mathrm{ri}\left(\bigcap_{i\in I_1} M_i\right) \cap \mathrm{ri}\left(\bigcap_{j\in I_2} \mathrm{int}H_j\right) \quad ([2, \text{定理 } 6.5]) \\
&= \mathrm{ri}\left(\left(\bigcap_{i\in I_1} M_i\right) \cap \left(\bigcap_{j\in I_2} \mathrm{int}H_j\right)\right) \quad ([2, \text{定理 } 6.5]) \\
&= \mathrm{ri}\,D.
\end{aligned}
\tag{5.3}
$$

所以 $D = \mathrm{ri}\,D$, 所以 D 是相对开的.

下面说明 $D \subseteq C$. 注意到 $M_i \subseteq H_i,\ i \in I_1,\ \mathrm{int}H_j \subseteq H_j,\ j \in I_2$. 故有

$$
\begin{aligned}
D &= \left(\bigcap_{i\in I_1} M_i\right) \cap \left(\bigcap_{j\in I_2} \mathrm{int}H_j\right) \\
&\subseteq \left(\bigcap_{i\in I_1} H_i\right) \cap \left(\bigcap_{j\in I_2} H_j\right) \\
&= \bigcap_{i=1}^{m} H_i \quad (\text{注意到} I_1 \cup I_2 = \{1, \cdots, m\}) \\
&= C.
\end{aligned}
\tag{5.4}
$$

故 D 为 C 的子集.

注意到 C' 是 C 的非空面, $\mathrm{ri}\,C'$ 为 C' 的相对内部. 由定理 4.2 知, 每个 C 的面的相对内部都是 C 的最大相对开子集. 因此, $\mathrm{ri}\,C'$ 是 C 的最大相对开凸子集. 而注意到 D 也是 C 的相对开凸子集, 而且 $D \supset \mathrm{ri}\,C'$. 因此必然有 $D = \mathrm{ri}\,C'$.

而由 (5.4) 可知, D 是某些开集 (记为 D_i) 的交, 且 D_i 个数有限 (形式或为 M_i, 或为 $\mathrm{int}H_j$). 设 M_i 有 m_1 个, $\mathrm{int}H_j$ 有 m_2 个, 则集合 D 也是有限个. 又

因为 $D=\operatorname{ri}C'$, 所以 $\operatorname{ri}C'$ 有有限多个. 因为 C 的不同面具有不相交的相对内部 (推论 4.2) , $\operatorname{ri}C'$ 与面 C' 之间一一对应, 所以 C 有有限多个面. (i) $\Rightarrow$ (ii) 的证明思路总结在图 5.6 中.

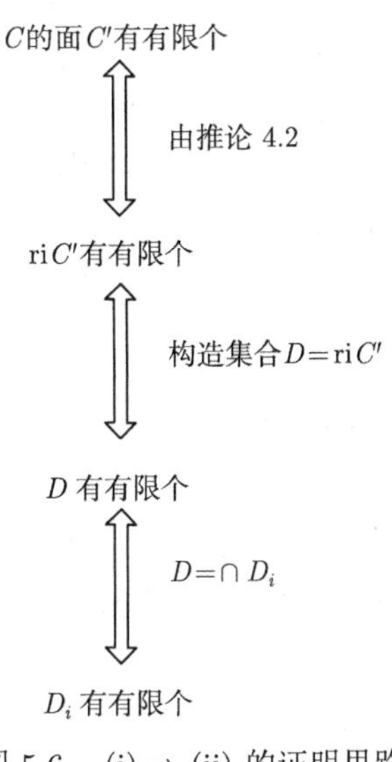

图 5.6 (i) $\Rightarrow$ (ii) 的证明思路

(ii) $\Rightarrow$ (iii): 先考虑 C 不含有直线的情形. 按照定理 4.5, C 为其极点和极方向的凸包. 因为 C 仅有有限多个面, 所以它仅有有限多个极点和极方向. 根据定义 5.3, C 为有限生成的.

现设 C 含有直线, 由性质 4.4, 则有 $C=C_0+L$, 其中 L 为 C 的线性空间且 C_0 为不含有直线的闭凸集, 其中, $C_0=C\cap L^{\perp}$. 根据性质 4.4, C_0 的面 C_0' 与 C 的面 C' 有一一对应关系, 且 $C_0'=C'\cap L^{\perp}$. 又因为 C 仅有有限多个面, 所以 C_0 仅有有限多个面. 根据前面对于 C 不含有直线的情形讨论知, 知 C_0 是有限生成的. 设 $b_1, \cdots, b_m$ 为 L 的一组基. 则任何 $x\in C$ 都可以表示成

$$x=x_0+\mu_1b_1+\cdots+\mu_mb_m+\mu_1'(-b_1)+\cdots+\mu_m'(-b_m),$$

其中 $x_0\in C_0$, 且对于 $i=1, \cdots, m$, 有 $\mu_i\geqslant 0$, $\mu_i'\geqslant 0$. 因为 $x_0\in C_0$, 而 C_0 是有限生成的, 同时 $b_1, \cdots, b_m$ 有有限个, 所以 C 也是有限生成的.

(iii) $\Rightarrow$ (ii) : 假设 $C=\operatorname{conv}S$, 其中 S 为点和方向的有限集. 由 Carathéodory 定理 (定理 3.1) 知, C 可以表示成为有限个广义单纯形的并集. 同时, 每一个广义单纯形都是闭集. 而闭集的并是闭集, 所以 C 也是闭集. 由定理 4.3 知, C 的面 $C'=\operatorname{conv}S'$. 其中 S' 由 C' 与 S 共有的点以及 S 中包含的 C' 的回收方向组成.

S' 为 S 的一个子集, 所以 C 的面 C' 与 S 的特定子集 S' 存在一一对应. 又因为 S 为点和方向的有限集, 有限集的子集有有限个, 所以 C 仅有有限多个面.

(ii) $\Rightarrow$ (i) : 只需考虑 $C \subseteq \mathbb{R}^n$ 且 $\dim C = n$ 的情况. 此时, 根据定理 4.8 知, C 为其切闭半空间的交. 设 H 为某个切闭半空间的边界超平面. 根据切闭半空间的定义, 存在 $x \in C$, 使得 H 为过 x 的关于 C 的唯一支撑超平面, 即 H 为一个切超平面. 因此, H 为经过暴露面 $C \cap H$ 的关于 C 的唯一支撑超平面. 因为 C 仅有有限多个面, 则有有限多个暴露面. 与之对应, C 仅有有限多个形如 H 的切超平面. 而 H 为切闭半空间的边界, 所以对应的有有限多个切闭半空间. 因此, C 为有限个切闭半空间的交. 由多面体凸集定义 5.1 知, C 为多面体的. □

性质 5.4 多面体凸集的每个面为多面体的.

证明 根据定理 5.1 的等价条件, 凸集 C 是多面体的当且仅当 C 是闭的, 且有有限多个面. 设 C' 为 C 的面. 因为 C 为闭的, 根据推论 4.1 知, C' 为闭的. 令 C'' 为 C' 的面, 因为 C'' 为 C 的面, 而 C 的面有有限多个, 所以 C'' 有有限多个. 综上得到 C' 是闭的, 且它的面 C'' 有有限多个. 根据定理 5.1 得, C' 为多面体的. □

推论 5.1 多面体凸集至多有有限多个极点和极方向.

证明 由于多面体凸集有有限多个面, 而极点是 0 维的面, 极方向是半直线面的方向, 所以多面体凸集至多有有限多个极点和极方向. □

5.3 多面体凸函数

定义 5.5 多面体凸函数是指上图为多面体凸集的凸函数.

仿射 (部分仿射) 函数以及多面体凸集 (比如, $\mathbb{R}^n$ 中的非负象限) 的指示函数均为多面体凸函数 (部分仿射函数的定义在 [3, 定义 1.6] 的后面). 举例如下.

例子 5.7 部分仿射函数

$$f(x_1,\ x_2) = \begin{cases} x_1 + 1, & x_2 = 0; \\ +\infty, & \text{其他}. \end{cases}$$

如图 5.7 所示.

例子 5.8 多面体凸集 $C = \{(x_1,\ x_2) \mid x_1 \geqslant 0,\ x_2 \geqslant 0\} \subseteq \mathbb{R}^2$ 的指示函数 $\delta(x \mid C)$, 如图 5.8 所示.

例子 5.9 多面体凸集 $C = \{(x_1, x_2) \mid x_1 \geqslant 0,\ x_2 \geqslant 0,\ x_1 + x_2 \leqslant 1\} \subseteq \mathbb{R}^2$, 其指示函数的上图为集合 $\mathrm{epi}(\delta(x \mid C))$, 如图 5.9 所示.

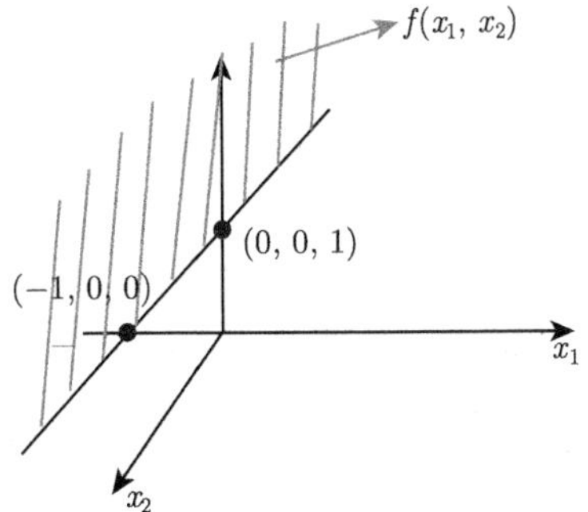

图 5.7 例子 5.7 图示

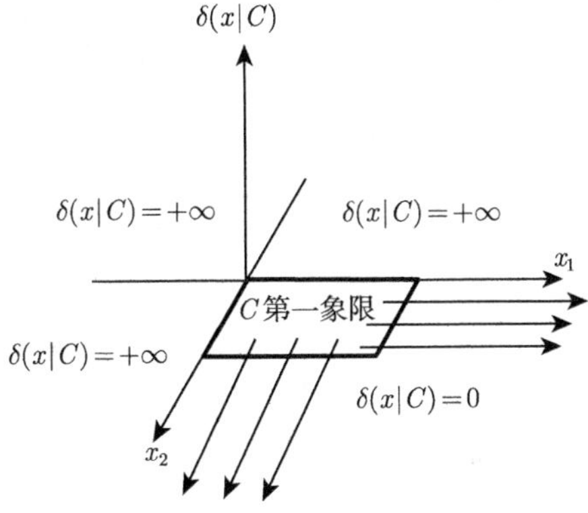

图 5.8 例子 5.8 图示

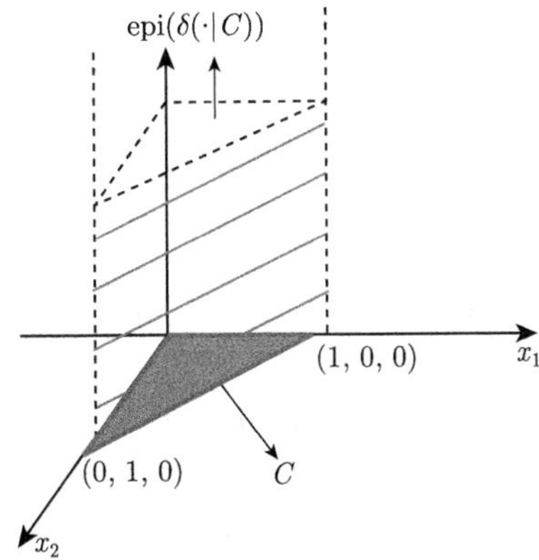

图 5.9 例子 5.9 图示

一般地, 对于定义在 $\mathbb{R}^n$ 上的多面体凸函数, $\mathrm{epi}f$ 一定为 $\mathbb{R}^{n+1}$ 中有限个闭半空间的交, 这些闭半空间或 "垂直" 或为 $\mathbb{R}^{n+1}$ 空间中仿射函数的上图. 换一种说法可以得到下面的命题.

性质 5.5　f 为多面体凸函数当且仅当 f 能表示成为如下形式

$$f(x)=h(x)+\delta(x\mid C), \tag{5.5}$$

其中

$$h(x)=\max\{\langle x,b_1\rangle-\beta_1,\ \cdots,\ \langle x,b_k\rangle-\beta_k\}, \tag{5.6}$$

$$C=\{x\mid \langle x,b_{k+1}\rangle\leqslant\beta_{k+1},\ \cdots,\ \langle x,b_m\rangle\leqslant\beta_m\}. \tag{5.7}$$

证明　只需要证明 epi$f$ 是多面体凸集即可. 由上图的定义, 有

$$\begin{aligned}
\mathrm{epi}f&=\{(x,\mu)\mid\mu\geqslant f(x)\}\\
&=\{(x,\mu)\mid\mu\geqslant h(x),\ x\in C\}\quad(f(x)\text{的定义}(5.5))\\
&=\{(x,\mu)\mid\mu\geqslant h_i(x),\ i=1,\ \cdots,\ k,\ x\in C\}\quad(h(x)\text{的定义}(5.6))\\
&=\{(x,\mu)\mid(x,\mu)\in\mathrm{epi}h_i,\ i=1,\ \cdots,\ k,\ x\in C\}\quad(\text{上图的定义})\\
&=\mathrm{epi}h_1\cap\cdots\cap\mathrm{epi}h_k\cap\{(x,\mu)\mid\langle x,b_{k+1}\rangle\leqslant\beta_{k+1}\}\cap\cdots\\
&\quad\cap\{(x,\mu)\mid\langle x,b_m\rangle\leqslant\beta_m\}\quad(C\text{的定义}(5.7))\\
&=\{(x,\mu)\mid\mu\geqslant\langle x,b_1\rangle-\beta_1\}\cap\cdots\cap\{(x,\mu)\mid\mu\geqslant\langle x,b_k\rangle-\beta_k\}\\
&\quad\cap\{(x,\mu)\mid\langle x,b_{k+1}\rangle\leqslant\beta_{k+1}\}\cap\cdots\cap\{(x,\mu)\mid\langle x,b_m\rangle\leqslant\beta_m\}.
\end{aligned}$$

所以, epi$f$ 可以表示成有限个闭半空间的交. 即 epi$f$ 是多面体凸集.　□

定义 5.6　凸函数 f 是有限生成的, 如果存在向量 $a_1,\ \cdots,\ a_k,\ a_{k+1},\ \cdots,\ a_m$ 以及对应的标量 $\alpha_i\in\mathbb{R},\ i=1,\ \cdots,\ m$, 使得

$$f(x)=\inf\{\lambda_1\alpha_1+\cdots+\lambda_k\alpha_k+\lambda_{k+1}\alpha_{k+1}+\cdots+\lambda_m\alpha_m\}. \tag{5.8}$$

其中下确界是取遍所有满足下面的条件的 λ_i 的组合:

$$\lambda_1a_1+\cdots+\lambda_ka_k+\lambda_{k+1}a_{k+1}+\cdots+\lambda_ma_m=x, \tag{5.9}$$

$$\lambda_1+\cdots+\lambda_k=1,\ \lambda_i\geqslant 0,\ i=1,\ \cdots,\ m. \tag{5.10}$$

注 5.2　关于函数 f 的条件说明

$$f(x)=\inf\{\mu\mid(x,\mu)\in F\}, \tag{5.11}$$

其中 F 为 $\mathbb{R}^{n+1}$ 中某个包含有限点和方向的集合的凸包. 这些点和方向即为点 $(a_i,\alpha_i),\ i=1,\ \cdots,\ k$, 方向 $(a_i,\alpha_i),\ i=k+1,\ \cdots,\ m$ 和方向 $(0,1)$ (“向上” 的

方向). 这说明了对于 $f(x)$ 取有限值的点 x, 点 $(x, f(x)) \in F$. 即: F 中对应于点 x 的下确界可取到有限值. 这也正好确定了函数 $f(x)$.

例子 5.10 图 5.10 中所示的多面体凸集 F 的生成点为 $(0,0)$ 和 $(2,1)$, 方向为 $(0,1)$. 则对任意 $(x,\ \mu) \in F$, 有

$$(x, \mu) = \lambda_1(0,0) + \lambda_2(2,1) + \lambda_3(0,1), \tag{5.12}$$

其中 $\lambda_1 + \lambda_2 = 1$, λ_1, λ_2, $\lambda_3 \geqslant 0$. 由 (5.12) 可得, $x = 2\lambda_2$, $\mu = \lambda_2 + \lambda_3$. 取 $x = 1$, 则 $\lambda_2 = \dfrac{1}{2}$, $\lambda_1 = 1 - \dfrac{1}{2} = \dfrac{1}{2}$. 则 $\mu = \dfrac{1}{2} + \lambda_3$. 此时,

$$f(1) = \inf_{\lambda_3 \geqslant 0} \{\mu \mid (1, \mu) \in F\} = \frac{1}{2}.$$

如图 5.10 所示.

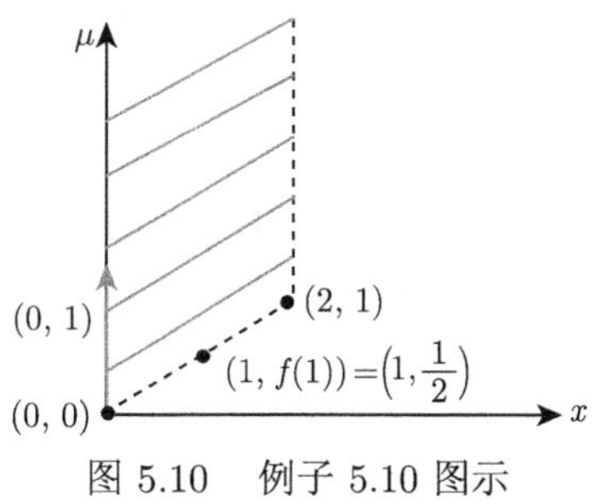

图 5.10 例子 5.10 图示

性质 5.6 (i) f 为有限生成的凸函数 $\Leftrightarrow$ 存在 F, 使得 $f(x) = \inf\{\mu \mid (x, \mu) \in F\}$, 其中 F 为由有限个点和方向集合生成的凸包, 即

$$F = \operatorname{conv}(S), \quad S = S_0 \cup S_1, \tag{5.13}$$

其中 $S_0 = \{(a_i, \alpha_i),\ i = 1,\ \cdots,\ k\}$, S_1 为方向的集合, 即 $S_1 = \{(a_i, \alpha_i),\ i = k+1,\ \cdots,\ m\}$.

(ii) 由 (5.13) 定义的 F 是闭的, 且 $F = \operatorname{epi} f$.

推论 5.2 (i) 凸函数为多面体的当且仅当其为有限生成的;

(ii) 多面体凸函数如果是正常的, 一定是闭的;

(iii) 对于给定的 x, 有限生成凸函数定义中的下确界如果是有限的, 则可以通过选择系数 λ_i 取到.

证明 (iii) 是显然的, 下面证明 (i) 和 (ii).

(i) ($\Rightarrow$) 若 f 为多面体的凸函数, 由定义知, $\operatorname{epi} f$ 为多面体凸集. 根据定理 5.1, $\operatorname{epi} f$ 是闭的, $\operatorname{epi} f$ 是有限生成的凸集. 显然, f 可看作是由 $F = \operatorname{epi} f$ 这个有

限生成凸集所对应的下界函数, 即: $f=\inf\{\mu \mid (x,\mu)\in F\}$. 根据性质 5.6(i) 可知, f 就是有限生成的凸函数.

($\Leftarrow$) 若 f 为有限生成的凸函数, 则根据性质 5.6(i), 存在多面体凸集 F, 使得 $f=\inf\{\mu \mid (x,\mu)\in F\}$, 其中 F 为 $\mathbb{R}^{n+1}$ 中某个有限点和方向的集合的凸包 (即 F 是有限生成的凸集). 再根据性质 5.6(ii), 可知 F 是闭的, $\mathrm{epi}f=F$. 所以 $\mathrm{epi}f$ 是有限生成的凸集. 根据定理 5.1, $\mathrm{epi}f$ 为多面体凸集, 所以 f 为多面体凸函数.

(ii) 对于定义在 $\mathbb{R}^n$ 上的多面体凸函数, 它的上图为 $\mathbb{R}^{n+1}$ 中的多面体凸集 C. 根据定理 5.1, C 为闭的. 则根据 [2, 定理 7.1], f 在 $\mathbb{R}^n$ 上是下半连续的. 根据正常凸函数的性质得, 对于正常凸函数 f, f 是闭的等价于 f 是下半连续的 ([2, 注 7.3]). 所以 f 在 $\mathbb{R}^n$ 上是闭的. □

例子 5.11 绝对值函数为定义在 $\mathbb{R}$ 上的多面体凸函数. 更一般地, 如下定义的函数

$$f(x)=|\xi_1|+\cdots+|\xi_n|,\quad x=(\xi_1,\ \cdots,\ \xi_n)$$

在 $\mathbb{R}^n$ 上为多面体凸的. 这里, $f(x)$ 其实是 l_1 范数.

证明 因为 $f(x)$ 是 2^n 个形如 $\varepsilon_1\xi_1+\cdots+\varepsilon_n\xi_n,\ \varepsilon_j\in\{\pm1\},\ j=1,\ \cdots,\ n$ 的线性函数的逐点上确界. 此时, 根据多面体凸函数的等价条件, $f(x)=h(x)+\delta(x|C)$, 其中

$$h(x)=\max\{\langle x,\ b\rangle \mid b=(\varepsilon_1,\ \cdots,\ \varepsilon_n),\ \varepsilon_j\in\{-1,\ +1\},\ j=1,\ \cdots,\ n\},\quad C=\mathbb{R}^n,$$

故 $f(x)$ 是多面体凸函数. □

例子 5.12 Tchebycheff 函数

$$f(x)=\max\{|\xi_1|,\ \cdots,\ |\xi_n|\},\quad x=(\xi_1,\ \cdots,\ \xi_n)$$

是多面体凸函数.

证明 $f(x)$ 是 $2n$ 个形如 $\varepsilon_j\xi_j,\ \varepsilon_j=\pm1,\ j=1,\ \cdots,\ n$ 的线性函数的逐点上确界. 此时, 根据多面体凸函数的等价条件 $f(x)=h(x)+\delta(x\mid C)$, 可取 $h(x)=\max\{\langle x,\ \eta_j\rangle \mid \eta_j=\pm e_j,\ e_j$ 是 $n\times n$ 的单位矩阵的第 j 列, $j=1,\ \cdots,\ n\}$, $C=\mathbb{R}^n$. □

5.4 不同运算下的“多面体”性质

我们现在证明“多面体”性质在许多重要的运算下是保持的. 首先从对偶运算开始.

定理 5.2 多面体凸函数的共轭为多面体凸函数.

证明 如果凸函数 f 为多面体的, 根据推论 5.2, f 是有限生成的, 因而有 (5.11) 的表示. 即能够用向量 $a_1, \cdots, a_k, a_{k+1}, \cdots, a_m$ 及相应的标量 α_i 表示.

记

$$K_x = \left\{ \lambda \in \mathbb{R}^m \;\middle|\; \lambda \geqslant 0,\ \sum_{i=1}^{k} \lambda_i = 1,\ \sum_{i=1}^{m} \lambda_i a_i = x \right\}.$$

则由 (5.8) 知

$$f(x) = \inf_{\lambda \in K_x} \left\{ \sum_{i=1}^{m} \lambda_i \alpha_i \right\} := \sum_{i=1}^{m} \overline{\lambda}_i^x \alpha_i. \tag{5.14}$$

代入 $f^*(x^*)$ 的定义中, 有

$$\begin{aligned}
f^*(x^*) &= \sup_x \{\langle x,\ x^* \rangle - f(x)\} \\
&= \sup_{x \in \mathrm{dom} f} \{\langle x,\ x^* \rangle - f(x)\} \quad (\text{当} x \notin \mathrm{dom} f \text{时}, \sup_x \{\langle x,\ x^* \rangle - f(x)\} = -\infty) \\
&= \sup_{x \in \mathrm{dom} f} \left\{ \langle x,\ x^* \rangle - \inf_{\lambda \in K_x} \left\{ \sum_{i=1}^{m} \lambda_i \alpha_i \right\} \right\} \\
&= \sup_{x \in \mathrm{dom} f} \left\{ \langle x,\ x^* \rangle - \sum_{i=1}^{m} \overline{\lambda}_i^x \alpha_i \right\} \quad (\text{由}(5.14)) \\
&= \sup_{x \in \mathrm{dom} f} \left\{ \left\langle \sum_{i=1}^{m} \overline{\lambda}_i^x a_i,\ x^* \right\rangle - \sum_{i=1}^{m} \overline{\lambda}_i^x \alpha_i,\ \overline{\lambda}^x \in K_x \right\} \\
&= \sup_{x \in \mathrm{dom} f} \left\{ \sum_{i=1}^{m} \overline{\lambda}_i^x \left(\langle a_i,\ x^* \rangle - \alpha_i \right),\ \overline{\lambda}^x \in K_x \right\}.
\end{aligned}$$

注意到 $\overline{\lambda}^x \in K_x$, 故 $\overline{\lambda}_{k+1}^x, \cdots, \overline{\lambda}_m^x \geqslant 0$. 因此, 只有当对所有 $i = k+1, \cdots, m$, $\langle a_i, x^* \rangle - \alpha_i \leqslant 0$ 时, $f^*(x^*)$ 可取到最大值, 为 $\max\limits_{i=1, \cdots, k} \{\langle a_i,\ x^* \rangle - \alpha_i\}$. 否则, $f^*(x^*) = +\infty$.

$$f^*(x^*) = \begin{cases} \max\limits_{i=1, \cdots, k} \{\langle a_i,\ x^* \rangle - \alpha_i\}, & \langle a_i,\ x^* \rangle - \alpha_i \leqslant 0,\ i = k+1, \cdots, m \text{ 时}, \\ +\infty, & \text{其他}. \end{cases}$$

根据 f 为多面体凸函数的等价条件, $f^*(x^*) = h(x^*) + \delta(x^* | C)$, 其中

$$h(x^*) = \max\{\langle a_i,\ x^* \rangle - \alpha_i\}, \quad i = 1, \cdots, k,$$

$$C = \{x^* \mid \langle a_i,\ x^* \rangle - \alpha_i \leqslant 0,\ i = k+1,\ \cdots,\ m\}.$$

因此 $f^*(x^*)$ 为多面体凸函数. □

推论 5.3　闭凸集 C 为多面体的当且仅当其支撑函数 $\delta^*(\cdot \mid C)$ 为多面体凸函数.

证明　由 [3, 定理 6.2] 知, 闭凸集的指示函数与支撑函数互为共轭函数. 而多面体凸集 C 的指示函数是多面体凸函数, 因而它的共轭函数 (支撑函数) 也是多面体的. □

例子 5.13　考虑在集合 C 上的线性泛函 $\langle a, \cdot \rangle$ 的最大值, 即: $h(a) = \sup\{\langle a, x\rangle \mid x \in C\}$, 其中 C 由某弱线性不等式系统的解组成. $h(a)$ 是多面体的. 说明如下. 由 $h(a)$ 的定义知, $h(a) = \delta^*(a \mid C)$. 因为 C 为多面体凸集, 由定理 5.1 得, 它是多面体闭凸集. 再根据推论 5.3, 其支撑函数 $\delta^*(a \mid C)$ 为多面体的, 即 $h(a) = \sup\limits_{x \in C}\{\langle a,\ x\rangle\}$ 为多面体凸函数.

性质 5.7　如果 f 为任意多面体凸函数, 则水平集 $\{x \mid f(x) \leqslant \alpha\}$ 显然为多面体凸集.

证明　注意到

$$\{(x,\ \alpha) \mid f(x) \leqslant \alpha\} = \mathrm{epi} f \cap \{(x,\ \mu) \mid \mu = \alpha,\ x \in \mathbb{R}^n\}.$$

而 $\{(x,\ \alpha) \mid f(x) \leqslant \alpha\}$ 为多面体凸集, 则 $\{x \mid f(x) \leqslant \alpha\}$ 为多面体凸集. □

推论 5.4　多面体凸集的极为多面体的凸集.

证明　根据凸集的极的定义知

$$C^\circ = \{x^* \mid \forall\ x \in C,\ \langle x,\ x^* \rangle \leqslant 1\}.$$

又因为 C 为多面体凸集, 根据推论 5.3, 其支撑函数 $\delta^*(\cdot \mid C)$ 为多面体的凸函数. 根据性质 5.7 知, C° 为多面体的凸集 (由凸集的极的定义得到 C° 一定是凸集). □

性质 5.8　(i) 有限多个多面体凸集的交是多面体的凸集;

(ii) 有限多个多面体凸函数的逐点上确界为多面体凸函数.

证明　(i) 是显然的. 下面证明 (ii). 设 $f_i(x)$ 是多面体凸函数, $i \in I$, I 中的指标为有限个. 则逐点上确界为 $f(x) = \sup\{f_i(x) \mid i \in I\}$. f 的上图是这些函数

f_i 的上图的交集, 即

$$\begin{aligned}\text{epi}f &= \{(x,\mu) \mid \mu \geqslant f(x)\} \\ &= \{(x,\mu) \mid \mu \geqslant f_i(x),\ i \in I\} \\ &= \{(x,\mu) \mid (x,\mu) \in \text{epi}f,\ i \in I\} \\ &= \bigcap_{i\in I} \text{epi}f_i.\end{aligned}$$

而 $\text{epi}f_i$ 为多面体凸集, 根据 (i), 有 (ii) 成立. □

定理 5.3 令 A 是从 $\mathbb{R}^n$ 到 $\mathbb{R}^m$ 的线性映射. 那么对于任意 $\mathbb{R}^n$ 的多面体凸集 C, AC 是 $\mathbb{R}^m$ 的多面体凸集. 且对于 $\mathbb{R}^m$ 中的任意一个多面体凸集 D, $A^{-1}D$ 是 $\mathbb{R}^n$ 中的多面体凸集.

证明 令 $C \subset \mathbb{R}^n$ 的多面体凸集, 则由定理 5.1 知, C 是有限生成的, 即存在向量 $a_1, \cdots, a_k, a_{k+1}, \cdots, a_r$, 使得

$$C = \left\{ \sum_{i=1}^{r} \lambda_i a_i \mid \lambda \geqslant 0,\ \lambda_1 + \cdots + \lambda_k = 1 \right\}.$$

设 $b_i = Aa_i$, 则

$$AC = \left\{ \sum_{i=1}^{r} \lambda_i b_i \mid \lambda \geqslant 0\ \ \lambda_1 + \cdots + \lambda_k = 1 \right\}.$$

即 AC 是有限生成的. 令 D 是 $\mathbb{R}^m$ 中的多面体凸集, D 可表示为关于某个系统 $\langle y, a_i^* \rangle \leqslant \alpha_i$ $(i = 1, \cdots, s)$ 的解 y 的集合. 则 $A^{-1}D$ 是系统 $\langle Ax, a_i^* \rangle \leqslant \alpha_i$ $(i = 1, \cdots, s)$ 的解 x 的集合. 即 $A^{-1}D$ 是多面体的. □

推论 5.5 令 A 是从 $\mathbb{R}^n$ 到 $\mathbb{R}^m$ 的线性映射. 对任意的 $\mathbb{R}^n$ 上的多面体函数 f, 凸函数 Af 是 $\mathbb{R}^m$ 上的多面体凸函数. 并且如果下确界存在, 则其可以取到. 对任意的 $\mathbb{R}^m$ 上的多面体函数 g, gA 是 $\mathbb{R}^n$ 上的多面体凸函数.

证明 (i) 我们考虑线性变换 $\widetilde{A} = \begin{bmatrix} A & 0 \\ 0 & 1 \end{bmatrix} \in \mathbb{R}^{(m+1)\times(n+1)}$. 对于多面体凸函数 f, 由于

$$\text{epi}f = \{(x,\mu) \mid \mu \geqslant f(x)\}$$

是个多面体凸集, 则其经过 $\widetilde{A}$ 线性变换后得到的集合

$$\widetilde{A}(\text{epi}f) = \{(Ax,\mu) \mid \mu \geqslant f(x)\} \tag{5.15}$$

也是多面体凸集. 下面我们只需要说明 $\widetilde{A}(\text{epi}f) = \text{epi}(Af)$, 即可说明 Af 是多面体凸函数. 这里 $(Af)(s) = \inf\{f(x) \mid Ax = s\}$. 由 $\widetilde{A}(\text{epi}f)$ 的定义 5.15 知, $(s,t) \in \widetilde{A}(\text{epi}f)$ 等价于

$$\text{存在 } x, \text{ 使得 } s = Ax \ \text{ 且 } t \geqslant f(x),$$

则其等价于 $t \geqslant \inf\{f(x) \mid Ax = s\}$, 也就是 $(s,t) \in \text{epi}(Af)$. 这里取下确界的原因是, 当我们使用 s 替换原本的 Ax 时, 实际这并不是一一替换的过程, 对于给定的 s, 其可能存在多个 x. 对于这多个 x, 在替换前的其对应的 (Ax, μ) 只要满足 $\mu \geqslant f(x)$ 都是 $\widetilde{A}(\text{epi}f)$ 元素. 所以对于替换后, 取下确界已保证 $Ax = s$ 所对应的多个 x 都被考虑到.

(ii) 对于 gA, 我们考虑 $\widetilde{A}$ 的逆变换. 即

$$\widetilde{A}^{-1}(\text{epi}g) = \{(s,\mu) \mid As = x,\ \mu \geqslant g(x)\} = \{(s,\mu) \mid \mu \geqslant g(As)\} = \text{epi}(gA),$$

故由于 $\widetilde{A}^{-1}$ 是线性变换, 则 $\widetilde{A}^{-1}(\text{epi}g)$ 是多面图凸集, 因此 $\text{epi}(gA)$ 也是. gA 是多面体凸函数. □

推论 5.6 如果 C_1 和 C_2 是 $\mathbb{R}^n$ 上的多面体凸集, 则 $C_1 + C_2$ 也是多面体的.

证明 设 $C = \{(x_1, x_2) \mid x_1 \in C_1,\ x_2 \in C_2\}$. 设 C_1 是有限个闭半空间 $H_1, \cdots, H_m$ 的交, C_2 是有限个闭半空间 $D_1, \cdots, D_n$ 的交. 则 C 可表示为有限个闭半空间的交. 故 C 是多面体凸的. 对线性变换 $A : (x,y) \to x + y$, 则 $AC = C_1 + C_2$ 也是多面体凸的. □

推论 5.7 如果 C_1 和 C_2 是 $\mathbb{R}^n$ 上非空不相交的多面体凸集, 则存在一个超平面能强分离 C_1 和 C_2.

证明 由于 C_1 和 C_2 是 $\mathbb{R}^n$ 上非空不交的多面体凸集, 故有 $0 \notin C_1 - C_2$. 由推论 5.6 知, $C_1 - C_2$ 是多面体凸集, 且为闭的. 则由 [3, 定理 4.4] 知, 存在一个超平面能强分离 C_1 和 C_2. □

推论 5.8 如果 f_1 和 f_2 是 $\mathbb{R}^n$ 上的正常多面体凸函数, 则 $f_1 \Box f_2$ 也是多面体凸函数. 进一步, 如果 $f_1 \Box f_2$ 是正常的, 则对任意 x 的, $(f_1 \Box f_2)(x)$ 定义中的下确界可以取到.

证明 因 f_1 和 f_2 是 $\mathbb{R}^n$ 上的正常多面体凸函数, 则 $\text{epi}f_1$ 和 $\text{epi}f_2$ 是多面体凸集, 故有 $\text{epi}f_1 + \text{epi}f_2$ 也是多面体凸集. 由

$$(f_1 \Box f_2)(x) = \inf_y \{f_1(x-y) + f_2(y)\}$$

知 $\text{epi}f_1 + \text{epi}f_2$ 即为 $\text{epi}(f_1 \Box f_2)$. 那么 $f_1 \Box f_2$ 是多面体凸函数. □

推论 5.9 令 A 是从 $\mathbb{R}^n$ 到 $\mathbb{R}^m$ 的正交投影. 对于任意 $\mathbb{R}^n$ 上的多面体凸集 C, AC 是 $\mathbb{R}^m$ 的多面体凸集, 且对于 $\mathbb{R}^m$ 中的任意一个多面体凸集 D, $A^{-1}D$ 是 $\mathbb{R}^n$ 中的多面体凸集.

证明 注意到正交投影也是线性变换, 故结论成立. □

例子 5.14 令 A 是从 $\mathbb{R}^n$ 到 $\mathbb{R}^m$ 的线性映射, $\{b_1,\cdots,b_r\}$ 是 $\mathbb{R}^m$ 上固定向量组成的集合, $D=\operatorname{conv}\{b_1,\cdots,b_r\}$. 记集合 $C=\{z\in\mathbb{R}^n\mid \exists\, x\geqslant z,\ \text{s.t. } Ax\in D\}$, 则 C 可以写成 $A^{-1}D-K$. 这里 K 是 $\mathbb{R}^n$ 上一个非负象限, $x\geqslant z$ 是指 $x_i\geqslant z_i$, $i=1,\cdots,n$.

证明 由 C 的定义知

$$
\begin{aligned}
C&=\{z\in\mathbb{R}^n\mid \exists\, x\geqslant z,\ Ax\in D\}\\
&=\{z\in\mathbb{R}^n\mid x-z\in K,\ x\in A^{-1}D\}\\
&=\{z\in\mathbb{R}^n\mid z\in -K+x,\ x\in A^{-1}D\}\\
&=A^{-1}D-K,
\end{aligned}
$$

则 C 为多面体的. □

例子 5.15 令 $x=(\xi_1,\cdots,\xi_n)\in\mathbb{R}^n$. 定义

$$
f_1(x)=\max\{|\xi|\mid j-1,\cdots,n\}=\|x\|_\infty,\quad f_2(x)=\delta(x\mid C),
$$

其中 $C=\{x\mid \langle a_i,x\rangle\leqslant\alpha_i, i=1,\cdots,m\}$. 则

$$
(f_1\square f_2)(y)=\inf_x\{f_1(y-x)+f_2(x)\}=\inf\{\|y-x\|_\infty\mid x\in C\},
$$

即点到多面体凸集的距离函数也为多面体凸的.

定理 5.4 如果 f_1 和 f_2 是正常多面体凸函数, 则 f_1+f_2 也是多面体的.

证明 由于 $f_i(x)$ 是多面体凸的, 则其可写成

$$
f_i(x)=h_i(x)+\delta(x\mid C_i),\quad i=1,2,
$$

其中 C_i 为多面体凸集, 且

$$
\begin{aligned}
h_1(x)&=\max\{\langle x,a_i\rangle-\alpha_i\mid i=1,\cdots,k\},\\
h_2(x)&=\max\{\langle x,b_i\rangle-\beta_i\mid i=1,\cdots,r\}.
\end{aligned}
$$

令 $C=C_1\cap C_2$, $d_{ij}=a_i+b_j$, $\mu_{ij}=\alpha_i+\beta_j$, 则

$$
(f_1+f_2)(x)=h_1(x)+h_2(x)+\delta(x\mid C_1)+\delta(x\mid C_2)=h(x)+\delta(x\mid C),
$$

其中 $h(x)=\max\{\langle x,d_{ij}\rangle-\mu_{ij}\mid i=1,\cdots,k,\ j=1,\cdots,r\}$. 则 f_1+f_2 为多面体的. □

5.5　回收锥与回收函数的相关性质

定理 5.5　令 C 为非空多面体凸集. 则对任意的 λ, λC 是多面体凸集. 回收锥 0^+C 也是多面体凸集. 实际上, 如果将 C 表示成有限的点和方向 S 的凸包, 即 $\operatorname{conv}S$, 则 $0^+C=\operatorname{conv}S_0$. 这里 S_0 包含原点及 S 的方向.

证明　把 C 看作有限不等式系统的解, $C=\{x\mid\langle x,b_i\rangle\leqslant\beta_i,\ i=1,\cdots,m\}$. 则

$$\lambda C=\{x\mid\langle x,b_i\rangle\leqslant\lambda\beta_i,\ i=1,\cdots,m\},\quad \lambda>0.$$

进一步, 由于 $0^+C=\bigcap\limits_{\lambda>0}\lambda C$, 则

$$0^+C=\{x\mid\langle x,b_i\rangle\leqslant 0,\ i=1,\cdots,m\}.$$

所以 λC 与 0^+C 也是多面体凸集. 平凡地, $0C=\{0\}$ 也是多面体凸集. 由 C 的线性变换可知 $-C$ 也是多面体凸集, 则对 $\lambda<0$, λC 是多面体凸集. 令 $C=\operatorname{conv}S$, 这里 S 包含点 $a_1,\cdots,a_k$ 和方向 $a_{k+1},\cdots,a_m$.

设 K 为由 $(1,a_1),\cdots,(1,a_k),(1,a_{k+1}),\cdots,(1,a_m)$ 生成的 $\mathbb{R}^{n+1}$ 上的多面体凸锥, 则 K 与超平面 $\{(1,x)\in\mathbb{R}^{n+1}\mid x\in\mathbb{R}^n\}$ 的交为 C, 与超平面 $\{(0,x)\in\mathbb{R}^{n+1}\mid x\in\mathbb{R}^n\}$ 的交为 0^+C. 因此 0^+C 是由 $a_{k+1},\cdots,a_m$ 生成, 也就是 $0^+C=\operatorname{conv}S_0$. □

推论 5.10　如果 f 是正常的多面体凸函数, 那么对 $\lambda\geqslant 0$ 和 $\lambda=0^+$, $f\lambda$ 是多面体的.

证明　令 $C=\operatorname{epi}f=\{(x,\mu)\mid\mu\geqslant f(x)\}$, 则

$$\operatorname{epi}(f\lambda)=\{(x,\mu)\mid\mu\geqslant\lambda f(\lambda^{-1}x)\}=\{(\lambda t,\lambda s)\mid s\geqslant f(t)\}=\lambda C.$$

因此 $f\lambda$ 也是多面体凸函数. □

多面体凸集的并不一定是多面体凸集, 我们有如下结论.

引理 5.1　令 C_1 和 C_2 是非空的多面体凸集. C_1 和 C_2 可表示为有限的点和方向的凸包, 即 $C_1=\operatorname{conv}S_1$ 和 $C_2=\operatorname{conv}S_2$. 那么 $\operatorname{conv}(C_1\cup C_2)$ 不一定是多面体凸集. 实际上, 有如下结论,

$$\operatorname{conv}(S_1\cup S_2)=\operatorname{cl}(\operatorname{conv}(C_1\cup C_2)).\tag{5.16}$$

进一步有

$$\mathrm{cl}(\mathrm{conv}\,(C_1\cup C_2))=(C_1+0^+C_2)\cup(C_2+0^+C_1)\cup\mathrm{conv}\,(C_1\cup C_2). \tag{5.17}$$

证明 为证明 (5.16), 我们分成如下几个步骤.

(i) 我们首先证明 $\mathrm{conv}\,(C_1\cup C_2)\subset\mathrm{conv}\,(S_1\cup S_2)$. 对 $i=1,2$, 显然有 $C_i=\mathrm{conv}\,S_i\subset\mathrm{conv}\,(S_1\cup S_2)$. 因此 $\mathrm{conv}\,(C_1\cup C_2)\subset\mathrm{conv}\,(S_1\cup S_2)$.

(ii) 其次证明

$$\mathrm{conv}\,(S_1\cup S_2)=(C_1+0^+C_2)\cup(C_2+0^+C_1)\cup\mathrm{conv}\,(C_1\cup C_2). \tag{5.18}$$

容易看到右边属于左边是显然的. 接下来说明左边属于右边也成立. 设 $x\in\mathrm{conv}\,(S_1\cup S_2)$, 则

$$x=\sum_{i=1}^{n}\lambda_i a_i+\sum_{i=1}^{m}\mu_i b_i,\quad i=1,\cdots,s,j=1,\cdots,t.$$

$$\sum_{i=1}^{s}\lambda_i+\sum_{j=1}^{t}\mu_j=1,$$

其中 $\lambda_i,\mu_j\geqslant 0$. 设 $p=\sum\limits_{i=1}^{s}\lambda_i$ 和 $q=\sum\limits_{j=1}^{t}\mu_j$, 则有 $p+q=1$. 如果 $q=0$, 则 $p=1$. 因此 $C_2=0$, $x\in C_1+0^+C_2$. 同理如果 $p=0$, 则 $q=1$. 因此 $C_1=0$, $x\in C_2+0^+C_1$. 当 p 与 q 都不为 0 时, 有

$$x=p\left(\sum_{i=1}^{n}\frac{\lambda_i}{p}a_i\right)+q\left(\sum_{i=1}^{m}\frac{\mu_i}{q}b_i\right),$$

其中

$$\left(\sum_{i=1}^{s}\frac{\lambda_i}{p}\right)+\left(\sum_{i=1}^{t}\frac{\mu_i}{q}\right)=1.$$

因此

$$\sum_{i=1}^{n}\frac{\lambda_i}{p}a_i\in C_1,\quad \sum_{i=1}^{m}\frac{\mu_i}{q}b_i\in C_2.$$

则 $x\in\mathrm{conv}\,(C_1\cup C_2)$. 综合以上三种情况可知

$$x\in(C_1+0^+C_2)\cup(C_2+0^+C_1)\cup\mathrm{conv}\,(C_1\cup C_2).$$

因此左边属于右边. 故左右两个集合相等. (5.18) 成立.

(iii) 下面证明 (5.16) 成立. 由于 $C_1 \in \mathrm{cl}(\mathrm{conv}\,(C_1 \cup C_2))$, 则对任意的 $x \in C_1$,

$$x + 0^+C_1 \in \mathrm{cl}(\mathrm{conv}\,(C_1 \cup C_2)).$$

由 [3, 定理 1.3], 有

$$C_2 + 0^+C_1 \subset \mathrm{cl}(\mathrm{conv}\,(C_1 \cup C_2)).$$

同理

$$C_1 + 0^+C_2 \subset \mathrm{cl}(\mathrm{conv}\,(C_1 \cup C_2)).$$

结合 (5.18) 知, (5.16) 成立.

(iv) 由以上可得 (5.17) 成立. 注意到这里可以写成

$$\mathrm{cl}(\mathrm{conv}\,(C_1 \cup C_2)) = \cup\{\lambda_1 C_1 + \lambda_2 C_2\}.$$

这里的并集是对于所有满足 $\lambda_1 \geqslant 0$, $\lambda_2 \geqslant 0$, $\lambda_1 + \lambda_2 = 1$ 的 λ 取的, 且 $0C = 0^+C$. □

我们可以把以上定理扩充到多个多面体凸集.

推论 5.11 设 $C_1, \cdots, C_m$ 是 $\mathbb{R}^n$ 中非空多面体凸集. 令 $C = \mathrm{cl}(\mathrm{conv}\,(C_1 \cup \cdots \cup C_m))$. 则 C 是多面体凸集且 $C = \cup\{\lambda_1 C_1 + \cdots + \lambda_m C_m\}$, 其中集合的并是在所有满足 $\lambda_i \geqslant 0$, $\sum\limits_{i=1}^{m} \lambda_i = 0$ 的 λ 上取.

定理 5.6 令 C 是非空的多面体凸集, K 是由 C 生成的闭凸锥. 那么 K 是多面体凸集, 且 $K = \cup\{\lambda C \mid \lambda > 0 \text{ 或 } \lambda = 0^+\}$.

证明 记 $K' = \cup\{\lambda C \mid \lambda > 0 \text{ 或 } \lambda = 0^+\}$, 则由 C 生成的凸锥是 K' 的子集. 因而由 C 生成的凸锥的闭包 K 也是 K' 的子集, 即 $K \subset K'$. 由 [3, 定理 1.3], K 是包含 C 与 0 的闭凸锥, 因而得到 $0^+C \subset K$. 因此我们得到 $\mathrm{cl}K' = K$. 下面只需要证明 K' 是多面体的.

令 $C = \mathrm{conv}S$, 其中 S 是由 $a_1, \cdots, a_k, a_{k+1}, \cdots, a_m$ 构成的集合, 其中 $a_1, \cdots, a_k$ 是点, $a_{k+1}, \cdots, a_m$ 是方向. 则 λC 是由 $\lambda a_1, \cdots, \lambda a_k, \lambda a_{k+1}, \cdots, \lambda a_m$ 组成的凸包. 由定理 5.5, 0^+C 是原点与 $a_{k+1}, \cdots, a_m$ 组成的凸包. 由 K' 的定义, K' 为 $a_1, \cdots, a_k, a_{k+1}, \cdots, a_m$ 的非负线性组合. 因此 K' 为有限生成的, 且为闭的. 即 $K' = \mathrm{cl}K'$. 综上有 $K = K'$. □

推论 5.12 如果 C 是包含原点的多面体凸集, 则由 C 生成的凸锥也是多面体的.

证明　由定理 5.6, $\mathrm{cl}(\mathrm{conv}\,C)$ 是多面体凸集, 且 $\mathrm{cl}(\mathrm{conv}\,C) = \cup\{\lambda C \mid \lambda > 0 \text{ 或 } \lambda = 0^+\}$. 由 $0 \in C$ 和 [3, 推论 1.3] 得到 $0^+C \subset \bigcup\limits_{\lambda>0} \lambda C$, 故 $\mathrm{cl}(\mathrm{conv}\,C) = \bigcup\limits_{\lambda>0} \lambda C$. 因此由 C 生成的凸锥也是多面体的. □

推论 5.13　如果 C 是 $\mathbb{R}^n$ 中的凸多面体, S 是 C 任意的非空子集, 则 $D = \{y \mid S + y \subset C\}$ 是凸多面体.

证明　显然 D 是凸集. 由于 C 为有限生成的, 记 $C = \{x \mid \langle x, a_i\rangle \geqslant b_i, i = 1, \cdots, n\}$, 则有

$$\begin{aligned}
D &= \{y \mid S + y \subset C\} \\
&= \{y \mid \forall s \in S,\ s + y \in C\} \\
&= \bigcap_{s\in S}\{\ C - s\} \\
&= \bigcap_{s\in S}\{\ x - s \mid x \in C\} \\
&= \bigcap_{s\in S}\{\ y \mid y + s \in C\} \\
&= \bigcap_{s\in S}\{\ y \mid \langle y, a_i\rangle \geqslant b_i - \langle s, a_i\rangle, i = 1, \cdots, n\} \\
&= \left\{\ y \mid \langle y, a_i\rangle \geqslant \sup_{s\in S}\{b_i - \langle s, a_i\rangle\}, i = 1, \cdots, n\right\} \\
&= \left\{\ y \mid \langle y, a_i\rangle \geqslant b_i - \inf_{s\in S}\{\langle s, a_i\rangle\}, i = 1, \cdots, n\right\}.
\end{aligned}$$

注意到由于 C 是多面体, 则 $S \subset C$ 是有界的. 则 $\inf\limits_{s\in S}\{\langle s, a_i\rangle\}$ 存在, 是有限值. 因此 D 是有限生成的, 也是多面体的. 比较 C 与 D 的不等式形式知, D 的线性不等式为 C 的相应线性不等式的平移. 由 C 有界可得到 D 有界. 则 D 是凸多面体. □

5.6 练　习

练习 5.1　$f(x) = \sum\limits_{i<j} |x_i - x_j|$, $x \in \mathbb{R}^n$. 说明 $f(x)$ 是多面体凸函数并计算其共轭函数 $f^*(x)$.

练习 5.2　利用本章的相关定理等证明 $f(Ax-b)$ 是多面体凸函数, 其中 $A \in \mathbb{R}^{n\times p}$, $b \in \mathbb{R}^n$ 给定, $x \in \mathbb{R}^p$, $f(\cdot)$ 如练习 5.1 中定义.

本章思维导图

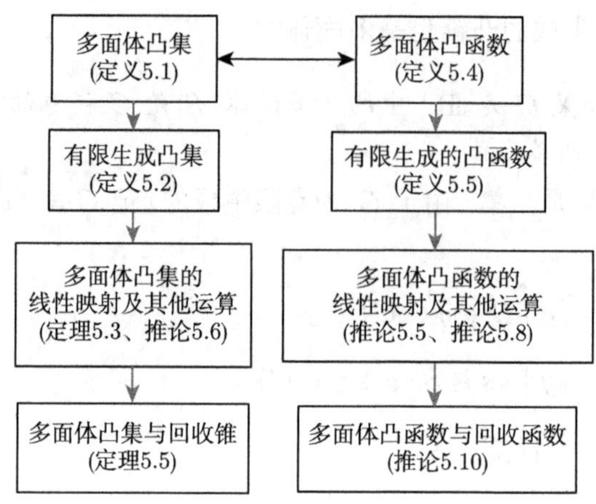

图 5.11 本章思维导图

第 6 章　多面体凸性的一些应用

在之前的对偶运算一章中, 我们介绍了一般凸集和凸函数的分离定理、闭性条件. 那么这些定理和条件用于多面体凸集时是什么样的呢? 对此, 首先给出一个简单的命题.

6.1　函数卷积的情形

性质6.1　设 $f_1,\cdots,f_m$ 是正常的多面体凸函数, 且 $\mathrm{dom}f_1\cap\cdots\cap\mathrm{dom}f_m\neq\varnothing$, 则下列结果成立:

(i) $f_1^*\,\square\cdots\square\,f_m^*$ 是正常的、闭的、多面体凸的, 且有 $f_1^*\,\square\cdots\square\,f_m^*=(f_1+\cdots+f_m)^*$;

(ii) $(f_1^*\,\square\cdots\square\,f_m^*)(x^*)=\inf\{f_1^*(x_1^*)+\cdots+f_m^*(x_m^*)\mid x_1^*+\cdots+x_m^*=x^*\}$, 且对于每个 x^*, 下确界可以取到.

证明　(i) 当 f_i 是多面体凸函数时, 定理 2.3 中的 $\mathrm{ri}(\mathrm{dom}f_i)$ 有公共点可以减弱为 $\mathrm{dom}f_i$ 有公共点. 第一个结论的证明思路可以见图 6.1.

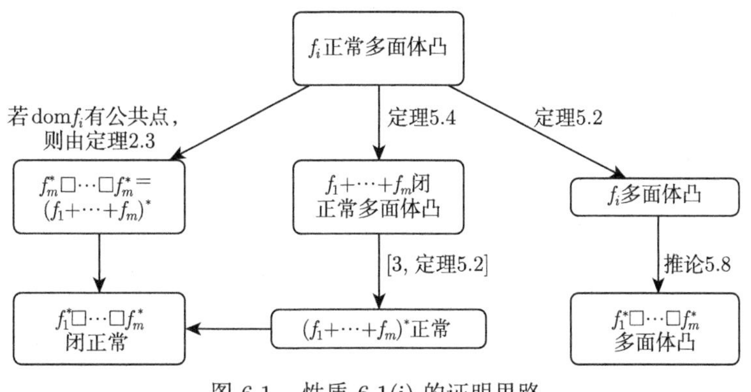

图 6.1　性质 6.1(i) 的证明思路

首先, 如果一个多面体凸函数是正常的, 那么它一定是闭的, 因此 $\mathrm{cl}f_i=f_i$. 由定理 5.4, $f_1+\cdots+f_m$ 是闭正常多面体凸函数. 又由 [3, 定理 5.2], $(f_1+\cdots+f_m)^*$ 是正常的. 另外, 若 $\mathrm{dom}f_i$ 有公共点, 由定理 2.3, $f_1^*\square\cdots\square f_m^*=(f_1+\cdots+f_m)^*$, 即 $f_1^*\square\cdots\square f_m^*$ 是闭的、正常的.

其次, 由定理 5.2, f_i^* 是多面体凸函数. 再由推论 5.8, $f_1^*\Box\cdots\Box f_m^*$ 是多面体凸函数.

因此, $f_1^*\Box\cdots\Box f_m^*$ 是正常的、闭的、多面体凸函数.

(ii) 由 (i) 知, $f_1^*\Box\cdots\Box f_m^*$ 是正常的, 则由推论 5.8 知

$$(f_1^*\Box\cdots\Box f_m^*)(x^*)=\inf\{f_1^*(x_1^*)+\cdots+f_m^*(x_m^*)\mid x_1^*+\cdots+x_m^*=x^*\},$$

且对于每个 x^*, 下确界可以取到. □

接下来我们将证明, 在部分函数 f_i 是多面体、另一些不是多面体的一般混合情形下, 如果对于那些使得 f_i 为多面体的每个 i, 用 $\mathrm{dom} f_i$ 代替 $\mathrm{ri}(\mathrm{dom} f_i)$, 定理 2.3 中的结论仍然成立.

定理 6.1　令 $f_1,\cdots,f_m$ 为 $\mathbb{R}^n$ 上的正常凸函数, 其中 $f_1,\cdots,f_k$ 是多面体的. 假设交集

$$\mathrm{dom} f_1\cap\cdots\cap\mathrm{dom} f_k\cap\mathrm{ri}(\mathrm{dom} f_{k+1})\cap\cdots\cap\mathrm{ri}(\mathrm{dom} f_m)$$

非空, 则有

$$(f_1^*\Box\cdots\Box f_m^*)(x^*)=\inf\{f_1^*(x_1^*)+\cdots+f_m^*(x_m^*)\mid x_1^*+\cdots+x_m^*=x^*\},\quad(6.1)$$

其中对于每个 x^*, (6.1) 中的下确界可以取到.

证明　若 $k=0$, 即所有的函数都不是多面体凸函数, 则结论显然成立. 若 $k=m$, 则由性质 6.1, 结论成立. 假设 $1\leqslant k<m$, 令

$$g_1=f_1+\cdots+f_k,\quad g_2=f_{k+1}+\cdots+f_m.$$

则由性质 6.1 可得

$$\begin{aligned}g_1^*(y_1^*)&=(f_1^*\Box\cdots\Box f_k^*)(y_1^*)\\&=\inf\{f_1^*(x_1^*)+\cdots+f_k^*(x_k^*)\mid x_1^*+\cdots+x_k^*=y_1^*\}.\end{aligned}$$

由定理 2.3 可得

$$\begin{aligned}g_2^*(y_2^*)&=(f_{k+1}^*\Box\cdots\Box f_m^*)(y_1^*)\\&=\inf\{f_{k+1}^*(x_{k+1}^*)+\cdots+f_m^*(x_m^*)\mid x_{k+1}^*+\cdots+x_m^*=y_2^*\},\end{aligned}$$

其中对于每个 y_1^*, y_2^*, 下确界可以取到. 因此接下来只需证明

$$(g_1+g_2)^*(x^*)=\inf\{g_1^*(y_1^*)+g_2^*(y_2^*)\mid y_1^*+y_2^*=x^*\},$$

且对于每个 x^*, 下确界可以取到.

由性质 6.1, g_1 是正常的多面体凸函数, g_2 是正常的凸函数①. 又因为

$$\mathrm{dom}g_1 = \mathrm{dom}f_1 \cap \cdots \cap \mathrm{dom}f_k, \quad \mathrm{dom}g_2 = \mathrm{dom}f_{k+1} \cap \cdots \cap \mathrm{dom}f_m.$$

由 [2, 推论 6.5], 有

$$\mathrm{ri}(\mathrm{dom}g_2) = \mathrm{ri}(\mathrm{dom}f_{k+1}) \cap \cdots \cap \mathrm{ri}(\mathrm{dom}f_m).$$

因此,

$$\mathrm{dom}g_1 \cap \mathrm{ri}(\mathrm{dom}g_2) \neq \varnothing.$$

对于 $\mathrm{dom}g_2$ 的仿射包 $M = \mathrm{aff}(\mathrm{dom}g_2)$, 有 $\mathrm{ri}(M \cap \mathrm{dom}g_1 \cap \mathrm{ri}(\mathrm{dom}g_2)) \neq \varnothing$②. 因此由 [2, 推论 6.5], 有

$$\mathrm{ri}(M \cap \mathrm{dom}g_1) \cap \mathrm{ri}(\mathrm{dom}g_2) \neq \varnothing.$$

令 $h = \delta(\,\cdot \mid M) + g_1$, 则 $M + \mathrm{dom}g_1$ 是凸函数 h 的有效域, 故

$$\mathrm{ri}(\mathrm{dom}h) \cap \mathrm{ri}(\mathrm{dom}g_2) \neq \varnothing.$$

而由于 h, g_2 是正常凸函数, 由定理 2.3, 有

$$(h + g_2)^* = h^* \,\square\, g_2^*.$$

进一步地, 有 $h + g_2 = g_1 + g_2$. 从而有

$$\begin{aligned}(g_1 + g_2)^*(x^*) &= (h + g_2)^*(x^*) \\ &= (h^* \square g_2^*)(x^*) \\ &= \inf\left\{h^*(z^*) + g_2^*(y^*) \mid z^* + y^* = x^*\right\}, \end{aligned} \tag{6.2}$$

① 由函数正常的定义可知, 对每个 $i \in \{k+1, \cdots, m\}$, 存在 x_i, 使得 $f_i(x_i) < +\infty$. 且对于所有的 x, 均有 $f_i(x) > -\infty$, $i = k+1, \cdots, m$. 因此, 对每个 x, 均有 $g_2(x) = f_{k+1}(x) + \cdots + f_m(x) > -\infty$. 又由假设知, $\mathrm{ri}(\mathrm{dom}f_{k+1}) \cap \cdots \cap \mathrm{ri}(\mathrm{dom}f_m) \neq \varnothing$. 因此, 存在 $x \in \mathrm{ri}(\mathrm{dom}f_{k+1}) \cap \cdots \cap \mathrm{ri}(\mathrm{dom}f_m)$, 使得 $g_2(x) < +\infty$, 即 g_2 是正常凸函数.

② 设 $A = \mathrm{dom}g_1 \cap \mathrm{ri}(\mathrm{dom}g_2)$, 则 $A \subseteq \mathrm{ri}(\mathrm{dom}g_2) \subseteq \mathrm{dom}g_2 \subseteq M$, 即 $A \cap M = A$. 下证 A 是相对开集. 设 $x \in A$. 由于 A 是开集, 故存在 $\varepsilon > 0$, 使得 $x + \varepsilon B \subseteq A \subseteq M$. 因此 $(x + \varepsilon B) \cap M = x + \varepsilon B \subseteq A$, 故 $x \in \mathrm{ri}A$, 即 $A \subseteq \mathrm{ri}A$. 因此 $A = \mathrm{ri}A$ 是相对开集, 故 $\mathrm{ri}(M \cap A) = \mathrm{ri}(A) = A \neq \varnothing$.

其中对于每个 x^*, 下确界可以取到. 另外, 对于函数 h^*, 我们有

$$\begin{aligned}h^*(z^*) &= (\delta(\,\cdot\mid M)+g_1)^*\,(z^*)\\&= (\delta^*(\,\cdot\mid M)\square g_1^*)\,(z^*)\\&= \inf\{\delta^*(u^*\mid M)+g_1^*(y_1^*)\mid u^*+y_1^*=z^*\},\end{aligned}\tag{6.3}$$

其中对于每个 z^*, 下确界可以取到. 因此结合 (6.2) 和 (6.3), 有

$$\begin{aligned}(g_1+g_2)^*(x^*) &= \inf\{h^*(z^*)+g_2^*(y^*)\mid z^*+y^*=x^*\}\\&= \inf\{\delta^*(u^*\mid M)+g_1^*(y_1^*)+g_2^*(y^*)\mid u^*+y_1^*+y^*=x^*\},\end{aligned}\tag{6.4}$$

其中对于每个 x^*, 下确界可以取到. 因为 M 是 $\mathrm{dom}g_2$ 的仿射包, 所以 $\delta(\,\cdot\mid M)$ 与 g_2 的有效域的相对内部有公共点. 因此由定理 2.3 有

$$(\delta^*(\,\cdot\mid M)\;\square\;g_2^*)\,(y_2^*)=(\delta(\,\cdot\mid M)+g_2)^*\,(y_2^*)=g_2^*(y_2^*),\tag{6.5}$$

其中下确界可以取到. 由 (6.4) 和 (6.5) 有

$$(g_1+g_2)^*=h^*\;\square\;g_2^*=\delta^*(\,\cdot\mid M)\;\square\;g_2^*\;\square\;g_1^*=g_2^*\;\square\;g_1^*.$$

即有

$$(g_1+g_2)^*(x^*)=\inf\{g_1^*(y_1^*)+g_2^*(y_2^*)\mid y_1^*+y_2^*=x^*\},$$

其中对于每个 x^*, 下确界可以取到. 定理证明完毕. □

推论 6.1 令 $f_1,\cdots,f_m$ 为 $\mathbb{R}^n$ 上的正常凸函数, 其中 $f_1,\cdots,f_k$ 是多面体的. 假设交集

$$\mathrm{dom}f_1^*\cap\cdots\cap\mathrm{dom}f_k^*\cap\mathrm{ri}(\mathrm{dom}f_{k+1}^*)\cap\cdots\cap\mathrm{ri}(\mathrm{dom}f_m^*)$$

非空, 则 $f_1\;\square\;\cdots\;\square\;f_m=\inf\{f_1(x_1)+\cdots+f_m(x_m)\mid x_1+\cdots+x_m=x\}$ 是闭正常凸函数, 且对于每个 x, 下确界可以取到.

证明 应用定理 6.1于共轭函数 f_i^* 即可得到. □

6.2 凸集的分离

引理 6.1 若非空凸集 C 位于超平面 H 的闭半空间 $H^+\cup H$ 中, 且 H 不包含 C, 则 $\mathrm{ri}C\cap H=\varnothing$.

证明 设 $H = \{x \mid \langle x, b\rangle = \beta\}$. 若 $C \cap H = \varnothing$, 则结论显然成立. 若 $C \cap H \neq \varnothing$, 假设存在 $y \in \mathrm{ri}(C) \cap H \subset C \cap H$. 因为 H 不包含 C, 那么存在 $x \in C$, 使得 $x \in H^+$. 记 $d = y - x$. 如图 6.2 所示.

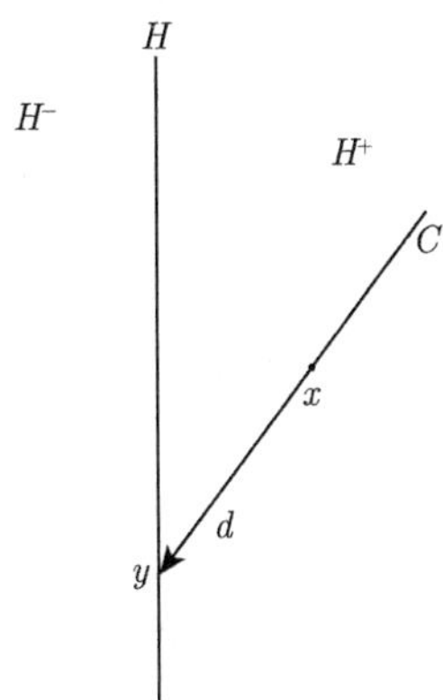

图 6.2 x, y, H 和 C 的图示

一方面, 由于 x, y 在 C 中, 则连接 x 与 y 的直线必在 C 的仿射包中. 换句话说, 有

$$y - \lambda d \in \mathrm{aff} C, \tag{6.6}$$

其中 $\lambda \in \mathbb{R}$. 根据 $x \in H^+$, $y \in H$, 有 $\langle x, b\rangle > \beta$ 及 $\langle y, b\rangle = \beta$. 又注意到 $x = y - d$, 因此

$$\langle x, b\rangle > \beta \Rightarrow \langle y - d, b\rangle > \beta \Rightarrow \langle d, b\rangle < 0. \tag{6.7}$$

另一方面, 由 $\mathrm{ri} C$ 的定义及 $y \in \mathrm{ri} C$, 存在 $\varepsilon > 0$, 使得

$$(y + \varepsilon B) \cap \mathrm{aff} C \subseteq C,$$

其中 B 是单位球. 由(7.1) 知

$$y + \varepsilon \frac{d}{\|d\|_2} \in \mathrm{aff} C.$$

又由于

$$y + \varepsilon \frac{d}{\|d\|_2} \in y + \varepsilon B,$$

故

$$y + \varepsilon \frac{d}{\|d\|_2} \in (y + \varepsilon B) \cap \mathrm{aff} C.$$

因此, $y+\varepsilon\dfrac{d}{\|d\|_2}\in C$. 但是

$$\langle y+\varepsilon\frac{d}{\|d\|_2},b\rangle=\langle y,b\rangle+\varepsilon\frac{\langle d,b\rangle}{\|d\|_2}=\beta+\varepsilon\frac{\langle d,b\rangle}{\|d\|_2}\overset{(6.7)}{<}\beta.$$

所以

$$y+\varepsilon\frac{b}{\|b\|_2}\notin H^+\cup H.$$

这与

$$y+\varepsilon\frac{d}{\|d\|_2}\in C\subseteq H^+\cup H$$

矛盾. 故 $\mathrm{ri}C\cap H=\varnothing$. □

定理 6.2　令 C_1, C_2 是 $\mathbb{R}^n$ 中的非空凸集, C_1 是多面体凸集. 为了存在一个超平面正常分离 C_1 和 C_2 并且这个超平面不包含 C_2, 当且仅当 $C_1\cap\mathrm{ri}C_2=\varnothing$.

证明　($\Rightarrow$) 若超平面 H 正常分离 C_1 和 C_2, 且不包含 C_2, 则由引理 6.1, $\mathrm{ri}C_2$ 全部位于 H 的某个开半空间中, 并且不会与 C_1 相交. 这就完成了必要性的证明.

($\Leftarrow$) 若 $C_1\cap\mathrm{ri}C_2=\varnothing$, 令 $D=C_1\cap\mathrm{aff}C_2$. 下面讨论两种情形.

情形 1　若 $D=\varnothing$, 则由推论 5.7, 因 C_1 与 $\mathrm{aff}\ C_2$ 均为多面体凸集, 则存在超平面 H 强分离 C_1 和 $\mathrm{aff}C_2$. 又因为 $\mathrm{ri}C_2\subseteq\mathrm{aff}C_2$, 故超平面 H 强分离 C_1 和 $\mathrm{ri}C_2$. 从而 H 正常分离 C_1 和 C_2. 如图 6.3 所示.

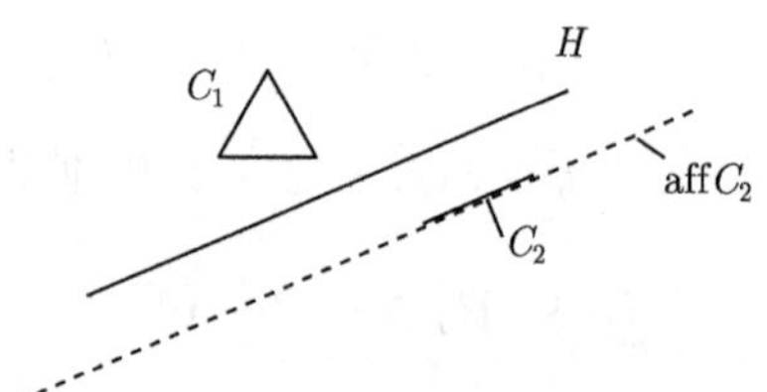

图 6.3　定理 6.2 中情形 1 的简单例子

情形 2　若 $D\neq\varnothing$, 则有

$$\begin{aligned}\mathrm{ri}D\cap\mathrm{ri}C_2&=\mathrm{ri}(C_1\cap\mathrm{aff}C_2)\cap\mathrm{ri}C_2\\&=\mathrm{ri}C_1\cap\mathrm{aff}C_2\cap\mathrm{ri}C_2\quad(\text{由 [2, 推论 6.5]})\\&=\mathrm{ri}C_1\cap\mathrm{ri}C_2\\&\subseteq C_1\cap\mathrm{ri}C_2\\&=\varnothing.\end{aligned}$$

又由 [3, 定理 4.3], 存在超平面 H 正常分离 D 和 C_2 且 H 不包含 C_2 (否则 $H \supseteq \mathrm{aff}C_2 \supseteq C_2 \cup D$, 即 C_2 与 D 全在 H 中, 与正常分离矛盾). 我们令 H^+, H^- 分别表示以超平面 H 为边界的两个开半空间. 令 $C_2' = \mathrm{aff}C_2 \cap (H^+ \cup H)$ (C_2 的仿射包与闭半空间 $H^+ \cup H$ 的交集), 则 C_2' 是多面体 (闭半空间与仿射集的交集). C_2' 是 $\mathrm{aff}C_2$ 的一个闭半, 且满足 $C_2' \supseteq C_2$, $\mathrm{ri}C_2' \supseteq \mathrm{ri}C_2$. 从而

$$\begin{aligned} C_1 \cap \mathrm{ri}C_2' &= C_1 \cap \mathrm{aff}C_2 \cap \mathrm{ri}C_2' \\ &= D \cap \mathrm{ri}C_2' \\ &= \varnothing. \end{aligned}$$

情形 2-1 若 $C_1 \cap C_2' = \varnothing$, 则由推论 5.7, 存在超平面强分离 C_1 和 C_2'. 而 $C_2' \supseteq C_2$, 因此这个强分离的超平面可以正常分离 C_1 和 C_2. 如图 6.4 所示.

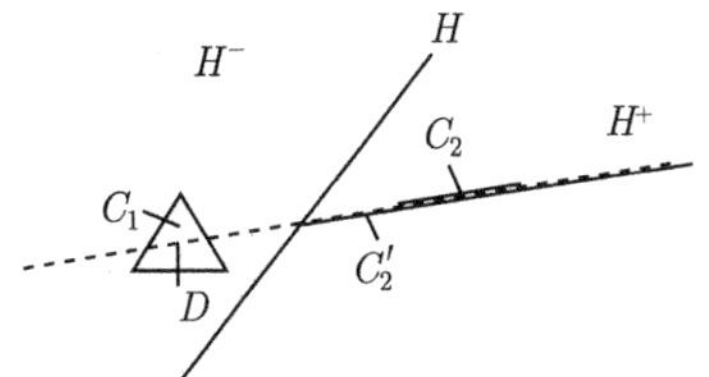

图 6.4 定理 6.2 中情形 2-1 的简单例子

情形 2-2 若 $C_1 \cap C_2' \neq \varnothing$, 由于 $C_1 \cap \mathrm{ri}C_2' = \varnothing$, 因此 C_1 与 C_2' 的相对边界 M 相交. C_2' 的相对边界是 $M = H \cap \mathrm{aff}C_2$. 假设原点属于 $C_1 \cap M$ (若不在, 则平移所有集合). 由于 0 在 C_2' 的相对边界, M 是子空间, 则 C_2' 是锥. 令 K 为 C_1 生成的凸锥, 则由推论 5.6, K 为多面体凸集, 且 $K \cap C_2' = \varnothing$. 记 $C_1' = K + M$. 则 C_1' 是多面体凸锥, 且 $C_1' \supseteq C_1$, $C_1' \cap C_2' = M$. 由于 C_1' 是多面体凸锥, 则 C_1' 可以表示成有限个闭半空间 $H_1, \cdots, H_p$ 的交集. 其中每个 H_i 的边界都包含原点且都包含 M. 而 $C_2' = \mathrm{aff}C_2 \cap (H^+ \cup H)$ 是 $\mathrm{aff}C_2$ 的闭半, 所以若 H_i 包含 $\mathrm{ri}C_2$ 的一个点, 则 H_i 包含整个 C_2'. 如图 6.5 所示.

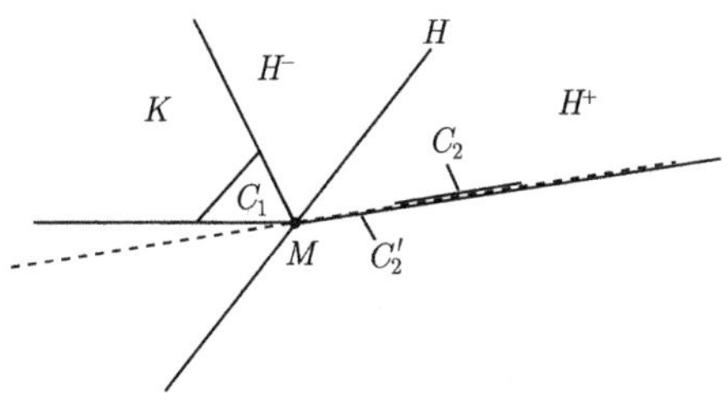

图 6.5 定理 6.2 中情形 2-2 的简单例子

由于 $\mathrm{ri}C_2$ 不含于 $C_1' = H_1 \cap \cdots \cap H_p$ (若不然, 则 $\mathrm{ri}C_2' \subseteq C_1'$, $\mathrm{ri}C_2' \subseteq C_2'$, 可得 $\mathrm{ri}C_2' \subseteq C_1' \cap C_2' = M$, 矛盾). 则存在某个闭半空间 H_j 不包含 $\mathrm{ri}C_2'$ 中的任何点 (若不然, 即对任意 H_j, H_j 包含 $\mathrm{ri}C_2'$ 的一个点. 则 $H_j \supseteq C_2'$, 因而有 $C_2' \subseteq C_1' = H_1 \cap \cdots \cap H_p$. 矛盾). 那么这个闭半空间 H_j 的边界超平面正常分离 C_1' 和 C_2', 并且与 $\mathrm{ri}C_2'$ 的交集为空. 又因为 $C_1 \subseteq C_1'$, $\mathrm{ri}C_2' \supseteq \mathrm{ri}C_2$, 因此这个超平面正常分离 C_1, C_2 且不包含 C_2. 这样就完成了证明. 具体证明思路见图 6.6. □

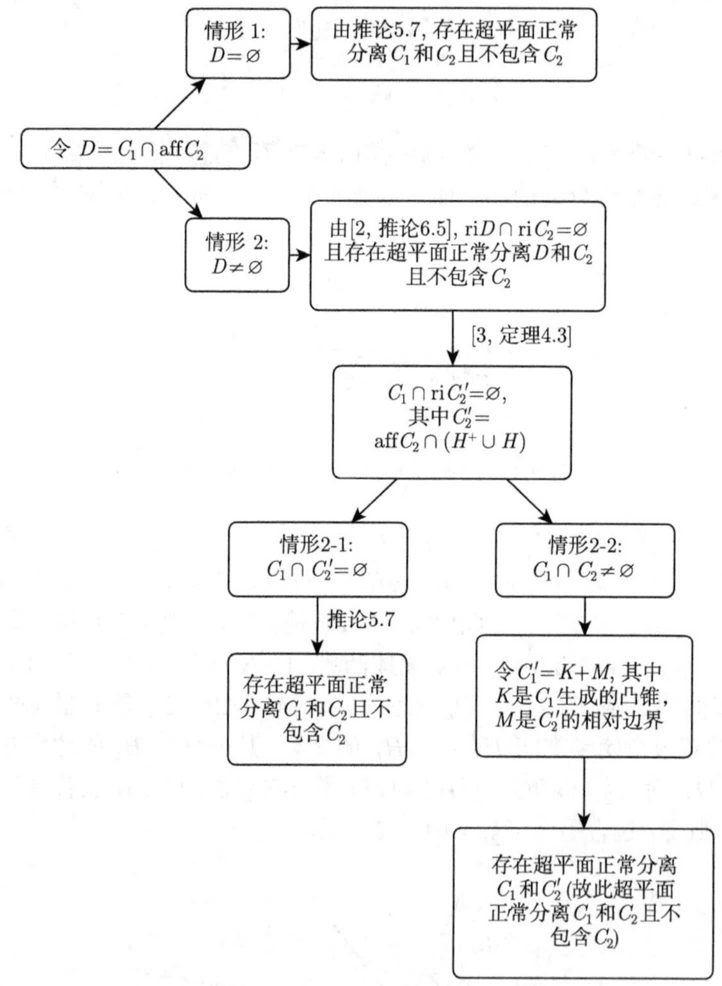

图 6.6 定理 6.2 充分性的证明思路

注 6.1 如图 6.7 所示. 情形 1 时, C_1 在 $x_3 = 0$ 的水平面中, C_2 在 $x_3 = 1$ 的水平面中, $C_1 \cap \mathrm{aff}C_2 = \varnothing$. 则此时任何超平面 $x_3 = a\ (0 < a < 1)$ 均可将 C_1, C_2 正常分离.

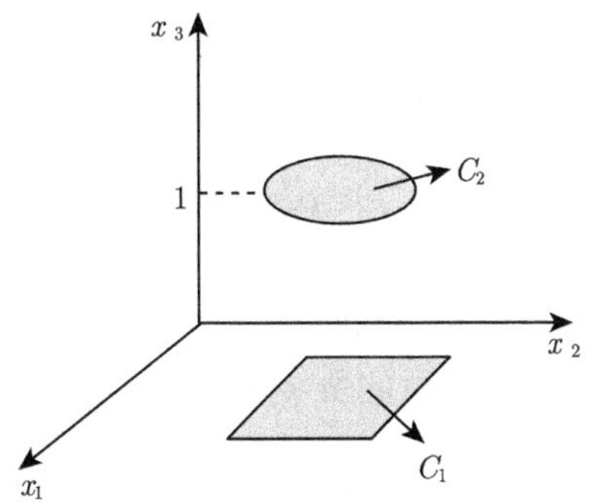

图 6.7 注 6.1 中情形 1 的简单例子

注 6.2 情形 2-1 时, 如图 6.8 所示, 此时 $\mathrm{aff}C_2=\mathbb{R}^2$, $D=C_1\cap\mathrm{aff}C_2=C_1$. 显然 $D\neq\varnothing$. 此时 $\mathrm{ri}D=\mathrm{ri}C_1$. 显然 $\mathrm{ri}D\cap\mathrm{ri}C_2=\varnothing$, $C_2'=\mathrm{aff}C_2\cap(H^+\cup H)=H^+\cup H$, $C_1\cap\mathrm{ri}C_2'=C_1\cap H^+=\varnothing$. 故存在超平面正常分离 C_1 和 C_2. 此超平面即为 H.

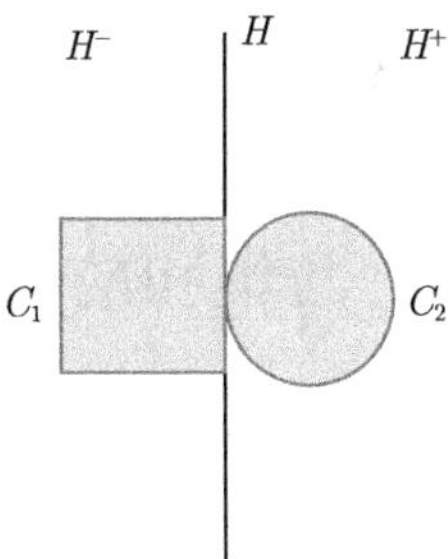

图 6.8 注 6.2 中情形 2-1 的简单例子

推论6.2 令 C_1 和 C_2 是 $\mathbb{R}^n$ 中的非空凸集, 且 C_1 是多面体凸集. $C_1\cap\mathrm{ri}C_2\neq\varnothing$ 的充要条件是对每个满足

$$\delta^*(x^*\mid C_1)\leqslant-\delta^*(-x^*\mid C_2)\tag{6.8}$$

的 x^* 一定也满足

$$\delta^*(x^*\mid C_1)=\delta^*(x^*\mid C_2).\tag{6.9}$$

证明 假设 $x^*\neq0$. 注意到 $\delta^*(x^*\mid C_1)=\sup\{\langle x,x^*\rangle\mid x\in C_1\}$ 为线性函数 $\langle x,x^*\rangle$ 在 C_1 上的上确界, $\delta^*(x^*\mid C_2)=\sup\{\langle x,x^*\rangle\mid x\in C_2\}$ 为线性函数 $\langle x,x^*\rangle$ 在 C_2 上的上确界, 而 $-\delta^*(-x^*\mid C_2)=\inf\{\langle x,x^*\rangle\mid x\in C_2\}$ 为线性函数 $\langle x,x^*\rangle$ 在 C_2 上的下确界.

由于 $\delta^*(x^* \mid C_1) \leqslant -\delta^*(-x^* \mid C_2)$, 因此有介于 $\delta^*(x^* \mid C_1)$ 和 $-\delta^*(-x^* \mid C_2)$ 之间的常数 α 对应于分离 C_1 和 C_2 的超平面 $H = \{x \mid \langle x, x^* \rangle = \alpha\}$, 即

$$\sup_{x \in C_1} \langle x, x^* \rangle \leqslant \alpha \leqslant \inf_{x \in C_2} \langle x, x^* \rangle . \tag{6.10}$$

下面我们证明 H 包含 C_2 当且仅当 $\alpha = \delta^*(x^* \mid C_2)$.

($\Rightarrow$) 若 H 包含 C_2, 则对任意的 $x \in C_2$, 有 $\langle x, x^* \rangle = \alpha$. 即 $\sup\limits_{x \in C_2} \langle x, x^* \rangle = \alpha = \inf\limits_{x \in C_2} \langle x, x^* \rangle$, 故 $\alpha = \delta^*(x^* \mid C_2)$.

($\Leftarrow$) 若 $\alpha = \delta^*(x^* \mid C_2)$, 则有 $\sup\limits_{x \in C_2} \langle x, x^* \rangle = \alpha$. 又由(6.10) 可知, $\alpha \leqslant \inf\limits_{x \in C_2} \langle x, x^* \rangle$, 因此有 $\sup\limits_{x \in C_2} \langle x, x^* \rangle = \inf\limits_{x \in C_2} \langle x, x^* \rangle = \alpha$. 即对任意的 $x \in C_2$, $\langle x, x^* \rangle = \alpha$, 故 $C_2 \subseteq H$.

因此, 能够正常分离 C_1 与 C_2 的超平面 H 必包含 C_2. 由定理 6.2 可知, $C_1 \cap \mathrm{ri} C_2 = \varnothing$ 当且仅当存在超平面 H 正常分离 C_1 与 C_2 且 H 不包含 C_2. 其逆否命题为 $C_1 \cap \mathrm{ri} C_2 \neq \varnothing$ 当且仅当若 H 正常分离 C_1 与 C_2, 则 $H \supseteq C_2$. 即对每个满足(6.8) 的 x^*, 必有 (6.9) 成立. □

6.3 凸集和的闭性

定理 6.3 令 C_1, C_2 是 $\mathbb{R}^n$ 中的非空凸集, C_1 是多面体凸集, C_2 是闭的. 假设对 C_1 的每个回收方向, 当其反方向为 C_2 的回收方向时, 该方向都是 C_2 的线性方向, 则 $C_1 + C_2$ 是闭的.

证明 记 $f_1 = \delta(\cdot \mid C_1)$, $f_2 = \delta(\cdot \mid C_2)$. 此时 f_1 和 f_2 为 $\mathbb{R}^n$ 上的正常凸函数, 且 f_1 为多面体凸函数. 由推论 6.1 知, 如果 $\mathrm{dom} f_1^* \cap \mathrm{ri}(\mathrm{dom} f_2^*)$ 非空, 则 $f_1 \,\square\, f_2$ 为闭正常凸函数, 则 $C_1 + C_2$ 为闭的. 因此只需考虑 $\mathrm{dom} f_1^*$ 和 $\mathrm{ri}(\mathrm{dom} f_2^*)$ 的关系.

由于 $\mathrm{dom} f_1^* = \mathrm{dom}\delta^*(\cdot \mid C_1)$ 和 $\mathrm{dom} f_2^* = \mathrm{dom}\delta^*(\cdot \mid C_2)$ 分别为 C_1 和 C_2 的闸锥, 记为 $K_1 = \mathrm{dom} f_1^*$ 和 $K_2 = \mathrm{dom} f_2^*$. 由定理 5.2 知 K_1 为多面体. 根据推论 6.2, 如果满足

$$\delta^*(x^* \mid K_1) \leqslant -\delta^*(-x^* \mid K_2) \tag{6.11}$$

的向量 x^* 也满足

$$\delta^*(x^* \mid K_1) = \delta^*(x^* \mid K_2), \tag{6.12}$$

则 $K_1 \cap \mathrm{ri} K_2$ 是非空的. 因此转为考虑支撑函数的条件(6.11) 和 (6.12).

根据 [3, 定理 7.2], 闸锥 K_1 和 K_2 的支撑函数为这些锥的极的指示函数. 根据 [3, 推论 7.1], 这些锥为 C_1 和 C_2 的回收锥, 即

$$\delta^*(x^* \mid K_1) = \delta(x \mid K_1^\circ) = \delta(x \mid 0^+C_1)$$

和

$$\delta^*(x^* \mid K_2) = \delta(x \mid K_2^\circ) = \delta(x \mid 0^+C_2).$$

由于

$$\begin{aligned}\delta^*(x^* \mid K_1) \leqslant -\delta^*(-x^* \mid K_2) &\Longleftrightarrow \delta(x \mid 0^+C_1) \leqslant -\delta(x \mid -0^+C_2)\\ &\Longleftrightarrow \delta(x \mid 0^+C_1 \cap (-0^+C_2)) = 0\\ &\Longleftrightarrow x \in 0^+C_1 \cap (-0^+C_2)\end{aligned}$$

和

$$\begin{aligned}\delta^*(x^* \mid K_1) = \delta^*(x^* \mid K_2) &\Longleftrightarrow \delta(x \mid 0^+C_1) = \delta(x \mid 0^+C_2)\\ &\Longleftrightarrow \delta(x \mid 0^+C_2 \cap (-0^+C_2)) = 0\\ &\Longleftrightarrow x \in 0^+C_2 \cap (-0^+C_2),\end{aligned}$$

因此定理中假设 C_1 的每个回收方向, 当其反方向为 C_2 的回收方向时, 都是 C_2 的线性方向, 与支撑函数条件等价. 这样就得到了 $C_1 + C_2$ 是闭的. □

推论 6.3 *令 C_1, C_2 是 $\mathbb{R}^n$ 中的非空凸集, C_1 是多面体凸集, C_2 是闭的, 且 $C_1 \cap C_2 = \varnothing$. 假设除去 C_2 的线性方向以外, C_1 和 C_2 没有公共的回收方向, 则存在强分离 C_1 和 C_2 的超平面.*

证明 根据 [3, 定理 4.4], $0 \notin \mathrm{cl}(C_1 - C_2)$ 等价于存在强分离 C_1 和 C_2 的超平面. 因为 $C_1 \cap C_2 = \varnothing$, C_1 和 C_2 不相交, 所以 $0 \notin C_1 - C_2$. 又因为 $C_1 - C_2 = C_1 + (-C_2)$, 根据定理 6.3, 假设除去 C_2 的线性方向以外, C_1 和 C_2 没有公共的回收方向, 则 $C_1 + (-C_2)$ 是闭的, 即 $C_1 - C_2 = \mathrm{cl}(C_1 - C_2)$. 因此存在强分离 C_1 和 C_2 的超平面. □

定理 6.4 *令 C 为非空闭有界凸集, D 为满足 $C \subset \mathrm{int}D$ 的任意凸集, 则存在多面体凸集 P 使得 $P \subset \mathrm{int}D$ 且 $C \subset \mathrm{int}P$.*

证明 对于每个 $x \in C$, 可以选择单纯形 S_x 使得 $x \in \mathrm{int}S_x$ 且 $S_x \subset \mathrm{int}D$. 因为 C 为闭的且有界, 则一定存在 C 的有限子集 C_0 使得 $C \subset \cup\{\mathrm{int}S_x \mid x \in C_0\}$.

令 $P = \mathrm{conv}\,(\cup\{S_x \mid x \in C_0\})$. 由于 P 是包含 $\cup\{S_x \mid x \in C_0\}$ 的最小凸集, 且所有的 $S_x \subset \mathrm{int}D$, 其中 $\mathrm{int}D$ 是包含 $\cup\{S_x \mid x \in C_0\}$ 的凸集, 所以 $P \subset \mathrm{int}D$.

由于

$$C \subset \cup \{\mathrm{int} S_x \mid x \in C_0\} \subset \mathrm{int}\,(\cup \{S_x \mid x \in C_0\}) \subset \mathrm{int}\,(\mathrm{conv}\,(\cup \{S_x \mid x \in C_0\})),$$

故 $P \subset \mathrm{int} D$ 且 $C \subset \mathrm{int} P$. 由于 P 为多面体, 因此由定理 5.1 知, 此时的 P 为多面体凸集. 可见图 6.9. □

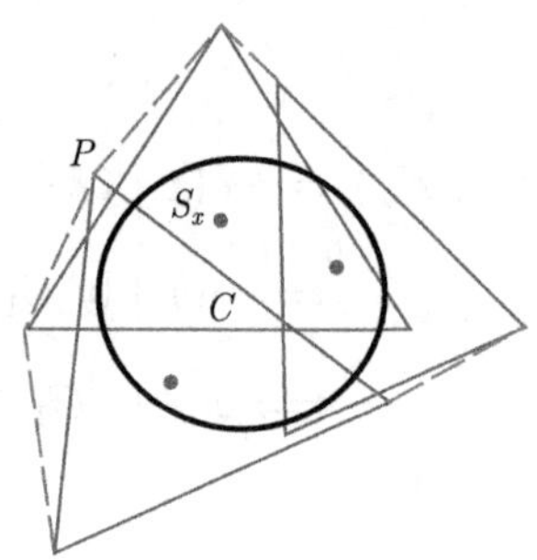

图 6.9　定理 6.4 的证明图示

定义 6.1　当对每个 $x \in S$, 存在一个有限单纯形集 $S_1, S_2, \cdots, S_m$, $S_1 \subset S, \cdots, S_m \subset S$, 使得对 x 的邻域 U, $U \cap (S_1 \cup \cdots \cup S_m) = U \cap S$, 则称 S 是局部单纯形.

定理 6.5　每个多面体凸集都是局部单纯形. 特别地, 每个多面体都是局部单纯形.

证明　设 C 为多面体凸集且 $x \in C$. 同时设 U 为单纯形且 x 为它的内点, 则 $U \cap C$ 为多面体凸集. 由于 $U \cap C$ 是有界的, 根据定理 5.1, $U \cap C$ 为多面体. 因此 $U \cap C$ 能够表示为有限点集的凸包. 由定理 3.1 知

$$U \cap C = S_1 \cup \cdots \cup S_m = U \cap (S_1 \cup \cdots \cup S_m),$$

其中 $S_1, \cdots, S_m$ 为单纯形. 又因为 $S_1, \cdots, S_m$ 都属于 $U \cap C$, 则 $S_1, \cdots, S_m$ 都属于 C. 由定义 6.1 知道 C 是局部单纯形. 特别地, 多面体是特殊的多面体凸集, 所以每个多面体也都是局部单纯形. □

6.4　练　　习

练习 6.1　记 $x \in \mathbb{R}^n$. 定义 $f_1(x) = \|x\|_1$, $f_2(x) = \max\{\,|x_i|,\ i = 1, \cdots, n\}$. 计算 $(f_1 \,\Box\, f_2)(x)$.

练习 6.2　举一个满足定理 6.3 的 C_1 和 C_2 的例子.

本章思维导图

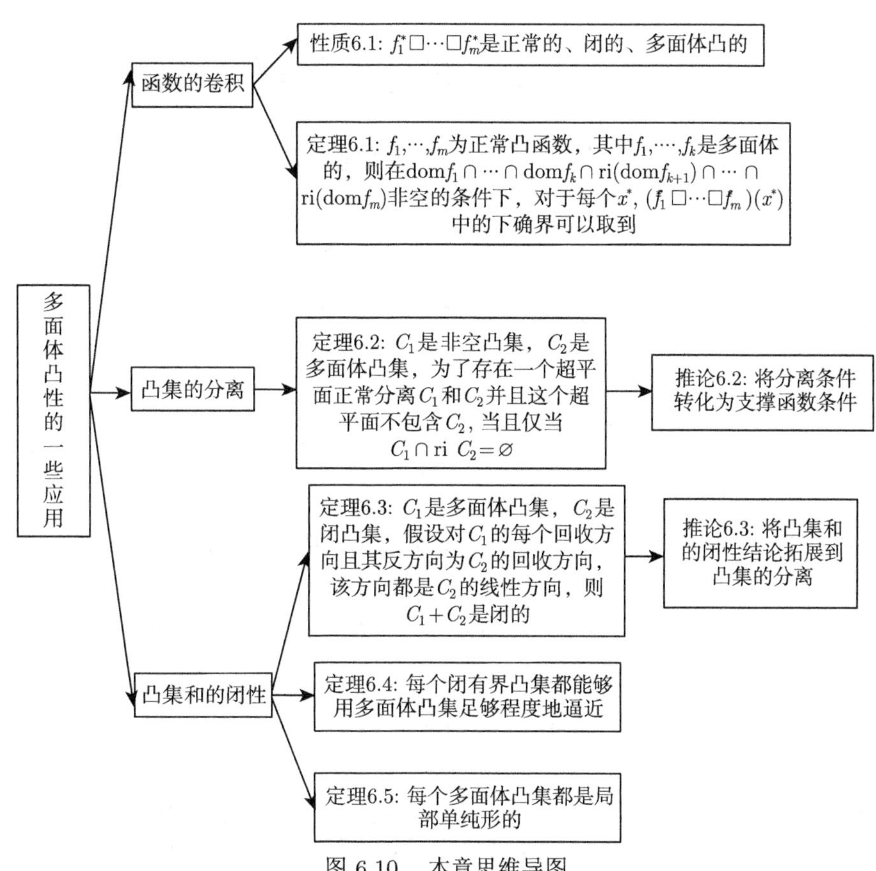

图 6.10 本章思维导图

第 7 章 Helly 定理与不等式系统

本章主要讨论不等式系统, 特别是非线性不等式系统解的存在性.

7.1 基本定义

定义 7.1 $\mathbb{R}^n$ 上的凸不等式系统可以表示成如下形式

$$\begin{cases} f_i(x) \leqslant \alpha_i, & \forall\ i \in I_1; \\ f_i(x) < \alpha_i, & \forall\ i \in I_2; \end{cases} \tag{7.1}$$

其中 $I = I_1 \cup I_2$ 是任意指标集, f_i 是 $\mathbb{R}^n$ 上的凸函数且 $-\infty \leqslant \alpha_i \leqslant +\infty$.

性质 7.1 在定义 7.1 的条件下, 上述系统的解集是 $\mathbb{R}^n$ 中的凸集, 且为凸水平集

$$\{x \mid f_i(x) \leqslant \alpha_i\},\ i \in I_1, \quad \{x \mid f_i(x) < \alpha_i\},\ i \in I_2$$

的交集.

性质 7.2 在定义 7.1 的条件下, 若每个 f_i 是闭的且没有严格不等式 (即 I_2 是空集), 则凸不等式系统 (7.1) 的解集是闭的.

证明 **情形 1** 若存在 f_i, 使得 f_i 是非正常凸函数, 根据 [2, 定义 4.2], 可知非正常闭凸函数只可能恒为 $+\infty$ 或恒为 $-\infty$. 若 $f_i \equiv +\infty$, 则当 $\alpha_i = +\infty$ 时解集是全空间; 当 $\alpha_i = -\infty$ 时解集是空集; 若 $f_i \equiv -\infty$, $\alpha_i = \pm\infty$ 时解集都是全空间.

情形 2 f_i 是正常凸函数, 则由函数的闭性等价于下水平集的闭性 ([2, 注 7.3]) 知, 由于 $\{x \mid f_i(x) \leqslant \alpha_i\}$ 的解集是闭的，所以解集 $\{x \mid f_i(x) \leqslant \alpha_i,\ \forall\ i \in I_1\} = \bigcap\limits_{i \in I_1} \{x \mid f_i(x) \leqslant \alpha_i\}$ 是闭的.

综上可知, 当 f_i 是凸函数时, 凸不等式系统(7.1) 的解集是闭的. □

定义 7.2 若某个形如 (7.1) 的凸不等式系统的解集是空集, 则称该系统是不一致的. 否则称该系统是一致的.

注 7.1 在定义 7.1 中, 若 α_i 有限, g_i 是形如 $f_i - \alpha_i$ 的凸函数, 则不等式 $f_i(x) \leqslant \alpha_i$ 与 $g_i(x) \leqslant 0$ 相同, $f_i(x) < \alpha_i$ 与 $g_i(x) < 0$ 相同. 因此为了简化, 在多数情况下只考虑右侧为 0 的不等式系统.

注 7.2 若将 $\langle x,b\rangle=\beta$ 写成 $\langle x,b\rangle\leqslant\beta$ 和 $\langle x,-b\rangle\leqslant-\beta$, 则可以将线性方程化为形如 (7.1) 的凸不等式系统.

7.2 择一性定理

下面的定理主要关注有限或无限凸不等式系统的解的存在性, 系统一般为非线性不等式系统. 对于纯粹的有限线性不等式系统, 存在更精确的存在和表示定理, 涉及所谓的基本向量, 将在下章讨论.

本章的第一个结果是基本存在定理, 由两个互斥备选项的形式表示.

定理 7.1 设 C 为凸集, $f_i\ (i=1,\cdots,m)$ 是正常凸函数且 $\mathrm{dom}f_i\supset\mathrm{ri}C$. 下面的陈述有且只有一个成立:

(a) 存在 $x\in C$, 使得 $f_i(x)<0,\ i=1,\cdots,m$;

(b) 存在不全为 0 的非负实数 $\lambda_i,\ i=1,\cdots,m$, 使得

$$\lambda_1f_1(x)+\cdots+\lambda_mf_m(x)\geqslant 0,\quad\forall\,x\in C.$$

证明 只需证明: (i) 当 (a) 成立时, (b) 一定不成立; (ii) 当 (a) 不成立时, 则 (b) 一定成立.

(i) 当 (a) 成立时, 给定任意满足 (a) 的 $x\in C$ 及乘子 $\lambda_i\geqslant 0,\ i=1,\cdots,m$, 则表达式

$$\lambda_1f_1(x)+\cdots+\lambda_mf_m(x)\tag{7.2}$$

的每项都是非正的, 且 λ_i 非零的项一定是负的. 因此若 λ_i 不全为 0, 则 (7.2) 一定是负的, 从而 (b) 不成立.

(ii) 当 (a) 不成立时, 设 C 非空 (否则 (b) 平凡成立). 记

$$C_1=\{z=(\zeta_1,\cdots,\zeta_m)\in\mathbb{R}^m\mid\exists\,x\in C,\ \text{使得}f_i(x)<\zeta_i,\ i=1,\cdots,m\}.$$

可知 C_1 是 $\mathbb{R}^m$ 中的非空凸集. 因为 (a) 不成立, 所以 C_1 不包含满足 $\zeta_i\leqslant 0\ (i=1,\cdots,m)$ 的 z. 因此非正象限 (凸集)

$$C_2=\{z=(\zeta_1,\cdots,\zeta_m)\mid\zeta_i\leqslant 0,\ i=1,\cdots,m\}$$

与 C_1 不相交, 即 $C_1\cap C_2=\varnothing$. 从而 C_1 与 C_2 可以用超平面正常分离 ([3, 定理 4.3]).

因此, 存在非零向量 $z^*=(\lambda_1,\cdots,\lambda_m)$ 和实数 α, 使得由 z^* 和 α 定义的超平面 $H=\{z\mid\langle z^*,z\rangle=\alpha\}$ 正常分离 C_1 和 C_2, 即

$$\alpha\leqslant\langle z^*,z\rangle=\lambda_1\zeta_1+\cdots+\lambda_m\zeta_m,\quad\forall\,z\in C_1,\tag{7.3}$$

$$\alpha \geqslant \langle z^*, z\rangle = \lambda_1\zeta_1 + \cdots + \lambda_m\zeta_m, \quad \forall\, z \in C_2. \tag{7.4}$$

因为 C_2 是非正象限, 由 (7.4) 可知 $\alpha \geqslant 0$ (因 (7.4) 对 $z = 0 \in C_2$ 成立) 且 $\lambda_i \geqslant 0,\ i = 1, \cdots, m$ ①. 由 (7.3) 可知, 对任意的 $x \in C$, 取

$$\hat{z} = (\hat{\zeta}_1, \cdots, \hat{\zeta}_m) = (f_1(x) + \varepsilon, \cdots, f_m(x) + \varepsilon), \quad \forall\, \varepsilon > 0. \tag{7.5}$$

注意到 $\hat{z} \in C_1$, 故由 (7.3) 知

$$\lambda_1\hat{\zeta}_1 + \cdots + \lambda_m\hat{\zeta}_m \geqslant \alpha \geqslant 0. \tag{7.6}$$

此时将 (7.5) 中 $\hat{z}$ 的形式代入 (7.6), 可得

$$\lambda_1(f_1(x) + \varepsilon) + \cdots + \lambda_m(f_m(x) + \varepsilon) \geqslant 0, \quad \forall\, x \in C,\ \forall\, \varepsilon > 0. \tag{7.7}$$

因此, 对任意的 $x \in D := C \cap \mathrm{dom} f_1 \cap \cdots \cap \mathrm{dom} f_m$ 和任意的 $\varepsilon > 0$ 也有 (7.7) 成立. 令 $\varepsilon \to 0$, 有

$$\lambda_1 f_1(x) + \cdots + \lambda_m f_m(x) \geqslant 0, \quad \forall\, x \in D. \tag{7.8}$$

因此凸函数 $f(x) = \lambda_1 f_1(x) + \cdots + \lambda_m f_m(x)$ 满足 $f(x) \geqslant 0,\ \forall\, x \in D$, 从而 $f(x) \geqslant 0,\ \forall\, x \in \mathrm{cl} D$ ([2, 推论 7.6]).

由题设可知 $\mathrm{ri} C \subset D$ (因 $\mathrm{ri} C \subseteq C, \mathrm{ri} C \subseteq \mathrm{dom} f_i$). 由于 C 是凸集, 有 $\mathrm{cl}(\mathrm{ri} C) = \mathrm{cl} C$. 所以有

$$C \subset \mathrm{cl}(\mathrm{ri} C) \subset \mathrm{cl} D.$$

从而 $f(x) \geqslant 0,\ \forall\, x \in C$. 即 (b) 成立. □

注 7.3 定理 7.1 中的 $\mathrm{dom} f_i \supset \mathrm{ri} C$ 是必要条件. 例如取 $C = \mathbb{R}$, $f_1(x)$, $f_2(x)$ 定义如下:

$$f_1(x) = \begin{cases} -x^{1/2}, & x \geqslant 0; \\ +\infty, & x < 0; \end{cases} \quad f_2(x) = x.$$

此时, $\mathrm{dom} f_1 = \{x \mid x \geqslant 0\}$, $\mathrm{dom} f_2 = \mathbb{R}$. 但 $\mathrm{ri} C = \mathbb{R} \not\subseteq \mathrm{dom} f_1$. 下面说明定理 7.1 中的 (a) 和 (b) 均不成立.

首先不存在 $x \in C$, 使得 $f_1(x) < 0,\ f_2(x) < 0$, 即 (a) 不成立. 如图 7.1 所示, 显然 $f_1(x)$, $f_2(x)$ 不可能同时小于 0.

下面讨论 (b) 的情况, 分成两段进行讨论.

(i) 当 $x \in (0, 1)$ 时, 要满足

$$\lambda_1 f_1(x) + \lambda_2 f_2(x) = -\lambda_1 x^{1/2} + \lambda_2 x \geqslant 0,$$

① 若 $\lambda_1 < 0$, 取 $z = (\zeta_1, 0, \cdots) \in C_2$ 且 $\zeta_1 \to -\infty$, 此时不满足 (7.4).

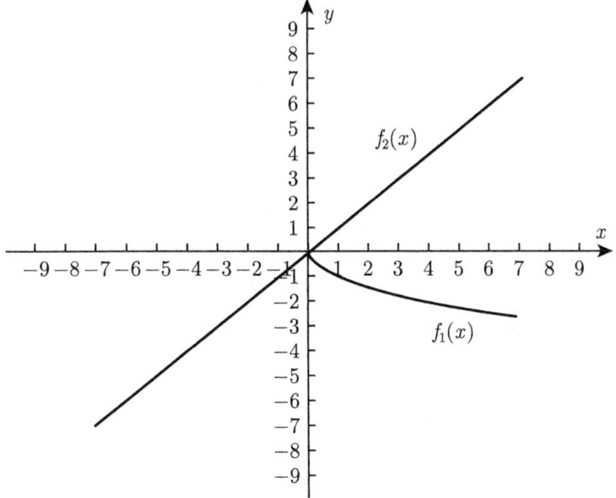

图 7.1 注 7.3 中的 $f_1(x)$, $f_2(x)$

可解得 $\lambda_2 \geqslant \lambda_1 x^{-1/2}$. 当 $\lambda_2 = 0$ 时, 只能有 $\lambda_1 = 0$. 当 $\lambda_2 \neq 0$ 时, 为了任意的 $x \in (0,1)$ 都满足 $\lambda_2 \geqslant \lambda_1 x^{-1/2}$, 当 $x \to 0$ 时, 有 $\lambda_1 \to 0$.

(ii) 当 $x \in (-\infty, 0)$ 时, 要满足

$$\lambda_1 f_1(x) + \lambda_2 f_2(x) \geqslant 0,$$

当 $\lambda_1 = 0$ 时 λ_2 只能为 0 (否则 $\lambda_1 f_1(x) + \lambda_2 f_2(x)$ 将小于 0, 不会大于等于 0).

因此对任意的 $x \in C$, 要满足 $\lambda_1 f_1(x) + \lambda_2 f_2(x) \geqslant 0$, 只有 $\lambda_1 = 0$ 且 $\lambda_2 = 0$. 这与 (b) 不符, 即 (b) 不成立.

7.3 仿射函数的情形

下面讨论仿射函数的情形. 首先, 仿射函数有如下性质.

引理 7.1 仿射函数 f 在闭凸集 A 的相对内部 $\mathrm{ri}A$ 上某点取到最小值 0, 则在集合 A 上 f 恒为 0, 即 $f(x) \equiv 0$, $x \in C$.

证明 (反证法) 假设 f 在集合 A 上不恒为 0, 则存在 x^*, 使得 $f(x^*) > 0$. 证明分为两个部分: (i) 一定存在 $x^* \in \mathrm{ri}(A)$, 使得 $f(x^*) > 0$; (ii) 当 (i) 成立时, 推导出矛盾.

(i) 反设对所有 $x \in \mathrm{ri}A$, 均有 $f(x) = 0$. 此时最大值仅会在相对边界 $A \backslash \mathrm{ri}A$ 上取到. 即存在 $x^* \in A \backslash \mathrm{ri}A$, 使得 $f(x^*) > 0$.

此时考虑 x^* 与任一相对内点 $x \in \mathrm{ri}A$ 的线段上的一点 z, 即 $z = (1-\lambda)x +$

λx^*, $\lambda \in (0,1)$. 由 [2, 定理 6.1] 知, $z \in \mathrm{ri}A$, 且由 f 的仿射性可知

$$f(z) = f((1-\lambda)x + \lambda x^*) = (1-\lambda)f(x) + \lambda f(x^*) = \lambda f(x^*) > 0,$$

这与所有相对内点的值恒为 0 矛盾. 故一定存在 $x^* \in \mathrm{ri}A$, 使得 $f(x^*) > 0$, 即 (i) 成立.

(ii) 设 $f(x)$ 在 $x_0 \in \mathrm{ri}A$ 处取到最小值 0, 即 $f(x_0) = 0$. 注意到 x^*, x_0 均在 $\mathrm{ri}A$ 中. 下面考虑在 x^*, x_0 两点所确定的线段延长线上的一点 y. 由 $x^* \in \mathrm{ri}A$, $x_0 \in \mathrm{ri}A$ 可知, 一定存在 $\lambda < 0$, 使得 $y = x_0 + \lambda(x^* - x_0)$, 且 $y \in \mathrm{ri}A$. 由 f 的仿射性可知

$$\begin{aligned} f(y) &= f(x_0 + \lambda(x^* - x_0)) \\ &= f((1-\lambda)x_0 + \lambda x^*) \\ &= (1-\lambda)f(x_0) + \lambda f(x^*) \\ &= \lambda f(x^*) < 0, \end{aligned}$$

这与 f 在 x_0 取到最小值 0 矛盾.

综合 (i), (ii) 知, 由反设的 f 在集合上不恒为 0 导出了 f 与 x_0 上取到最小值 0 矛盾. 因此反设不成立, 原命题成立. □

当考虑仿射函数时, 定理 7.1退化为如下结果.

定理 7.2 设 C 为凸集, $f_i\ (i = 1, \cdots, k)$ 是正常凸函数且 $\mathrm{dom} f_i \supset \mathrm{ri}C$. 设 $f_i\ (i = k+1, \cdots, m)$ 是仿射函数且系统 $f_i(x) < 0\ (i = k+1, \cdots, m)$ 在 $\mathrm{ri}C$ 至少有一个解. 则下面的陈述有且只有一个成立:

(a) 存在 $x \in C$, 使得 $f_i(x) < 0,\ i = 1, \cdots, k,\ f_i(x) \leqslant 0,\ i = k+1, \cdots, m$.

(b) 存在非负实数 λ_i, $i = 1, \cdots, m$, 使 $\lambda_1, \cdots, \lambda_k$ 中至少有一个不为 0, 且

$$\lambda_1 f_1(x) + \cdots + \lambda_m f_m(x) \geqslant 0, \quad \forall\, x \in C. \tag{7.9}$$

证明 证明分为两个部分: (i) 当 (a) 成立时, 证明 (b) 一定不成立; (ii) 当 (a) 不成立时, 则 (b) 一定成立.

(i) 当 (a) 成立时, 给定任意满足 (a) 的 x 及乘子 $\lambda_i \geqslant 0$, $i = 1, \cdots, m$, 则表达式

$$\lambda_1 f_1(x) + \cdots + \lambda_m f_m(x) \tag{7.10}$$

的每项都是非正的, 且 λ_i, $i = 1, \cdots, k$ 中非零的项一定是负的. 即此时 (7.10) 一定是负的, 从而 (b) 不成立.

(ii) 当 (a) 不成立时, 设

$$C_1=\{z=(\zeta_1,\cdots,\zeta_m)\in\mathbb{R}^m \mid \exists\, x\in C,\ f_i(x)<\zeta_i,\ i=1,\cdots,k,$$
$$f_i(x)=\zeta_i,\ i=k+1,\cdots,m\},$$

可知 C_1 是 $\mathbb{R}^m$ 上的非空凸集. 令 C_2 为非正象限 (多面体凸集),

$$C_2=\{z=(\zeta_1,\cdots,\zeta_m)\mid \zeta_i\leqslant 0,\ i=1,\cdots,m\}.$$

因为 (a) 不成立, 所以 C_1 与 C_2 的交是空集. 从而存在超平面 H 正常分离 C_1 和 C_2 且不包含 C_1 (定理 6.2). 即, 存在非零向量 $z^*=(\lambda_1,\cdots,\lambda_m)$ 和实数 α, 使得 $H=\{z\in\mathbb{R}^m\mid\langle z^*,z\rangle=\alpha\}$ 正常分离 C_1 和 C_2 且不包含 C_1. 因此有

$$\alpha\leqslant\langle z^*,z\rangle=\lambda_1\zeta_1+\cdots+\lambda_m\zeta_m,\quad \forall\, z\in C_1, \tag{7.11}$$

$$\alpha\geqslant\langle z^*,z\rangle=\lambda_1\zeta_1+\cdots+\lambda_m\zeta_m,\quad \forall\, z\in C_2, \tag{7.12}$$

且公式 (7.11) 至少对 C_1 中的一个元素为严格不等式.

由 (7.12) 可知 $\alpha\geqslant 0$ (取 $z=0\in C_2$ 即得), 且 $\lambda_i\geqslant 0,\ i=1,\cdots,m$ (若 $\lambda_1<0$, 则对 $z=(\zeta_1,0,\cdots,0)\in C_2$ 在 $\zeta_1\to-\infty$ 时不满足 (7.12)). 由 (7.11) 可知, 对任意的 $x\in C$, 取

$$\hat{z}=(\hat{\zeta}_1,\cdots,\hat{\zeta}_m)=(f_1(x)+\varepsilon,\cdots,f_k(x)+\varepsilon,f_{k+1}(x),\cdots,f_m(x)),\quad \forall\,\varepsilon>0, \tag{7.13}$$

则 $\hat{z}\in C_1$. 因而 (7.13) 中的 $\hat{z}$ 满足 (7.11), 即

$$\begin{aligned}&\lambda_1(f_1(x)+\varepsilon)+\cdots+\lambda_k(f_k(x)+\varepsilon)\\&\quad+\lambda_{k+1}f_{k+1}(x)+\cdots+\lambda_mf_m(x)\geqslant\alpha\geqslant 0,\quad \forall\, x\in C,\ \forall\,\varepsilon>0.\end{aligned} \tag{7.14}$$

因此对任意的 $x\in D=C\cap\mathrm{dom}f_1\cap\cdots\cap\mathrm{dom}f_k$ 和任意的 $\varepsilon>0$, 也有 (7.14) 成立. 令 $\varepsilon\to 0$, 得到

$$\lambda_1f_1(x)+\cdots+\lambda_mf_m(x)\geqslant\alpha. \tag{7.15}$$

因此凸函数

$$f(x)=\lambda_1f_1(x)+\cdots+\lambda_mf_m(x) \tag{7.16}$$

满足 $f(x)\geqslant\alpha,\ \forall\, x\in D$. 从而 $f(x)\geqslant\alpha,\ \forall\, x\in \mathrm{cl}D$ ([2, 推论 7.6]). 因此

$$\lambda_1f_1(x)+\cdots+\lambda_mf_m(x)\geqslant\alpha\geqslant 0. \tag{7.17}$$

要证 (b) 成立, 只需证 $\lambda_1,\cdots,\lambda_k$ 不全为 0.

(反证法) 反设 $\lambda_1, \cdots, \lambda_k$ 全为 0 (将推出矛盾). 此时由 (7.16) 定义的 $f(x)$ 变为 $f(x) = \lambda_{k+1} f_{k+1}(x) + \cdots + \lambda_m f_m(x)$, 是仿射函数. 题设中, 至少存在一个 $x \in \operatorname{ri} C$ 满足 $f_i(x) \leqslant 0,\ i = k+1, \cdots, m$. 对该 x, 此时有 $f(x) \leqslant 0$. 同时, 由公式 (7.15) 可知 $f(x) \geqslant \alpha \geqslant 0$. 故有 $\alpha = 0$. 即 $f(x)$ 在集合 C 的下确界在 $\operatorname{ri} C$ 上某点取到且 $f(x)$ 是仿射函数. 由引理 7.1可知 $f(x) \equiv 0,\ x \in C$.

另外, 根据分离 C_1 和 C_2 超平面 H 的性质可知, 存在 $z \in C_1$ 满足

$$\lambda_1 f_1(x) + \cdots + \lambda_m f_m(x) > \alpha.$$

即存在 $x \in C$ 满足

$$f(x) = \lambda_{k+1} f_{k+1}(x) + \cdots + \lambda_m f_m(x) > \alpha = 0,$$

这与 $f(x) \equiv 0$ 矛盾. 故 $\lambda_1, \cdots, \lambda_k$ 不全为 0, 即 (b) 成立. □

7.4 函数类的情形

本节讨论弱 (非严格) 凸不等式的解的存在性定理.

定理 7.3 设 $\{f_i \mid i \in I\}$ 是 $\mathbb{R}^n$ 上的闭正常凸函数的集合, 其中 I 是任意指标集. 设 C 为 $\mathbb{R}^n$ 上非空闭凸集, 假设 $f_i(x)$ 和集合 C 没有公共的回收方向, 则下面的陈述有且只有一个成立:

(a) 存在 $x \in C$, 使得 $f_i(x) \leqslant 0,\ \forall\, i \in I$;

(b) 存在非负实数 λ_i, 其中只有有限个非零, 使得对于某个 $\varepsilon > 0$, 有

$$\sum_{i \in I} \lambda_i f_i(x) \geqslant \varepsilon, \quad \forall\, x \in C.$$

若 (b) 成立, 可以选择 λ_i, 使得其中至多 $n+1$ 个非零.

证明 集合 C 的指示函数的回收方向就是集合 C 的回收方向. 必要时可以在函数集合中增加 C 的指示函数, 从而将定理简化到 $C = \mathbb{R}^n$. 显然 (a) 成立时 (b) 一定不成立. 下面证明 (a) 不成立, 则 (b) 一定成立.

设 k 为由 $h = \operatorname{conv}\{f_i^* \mid i \in I\}$ 生成的正齐次凸函数, 则 k 的共轭 k^* 是凸集 $\{x \mid h^*(x) \leqslant 0\}$ 的指示函数. (原因如下. 由 f_i 的闭性和 [3, 定理 6.5] 可知

$$\begin{aligned} h^* &= (\operatorname{conv}\{f_i^* \mid i \in I\})^* \quad (h \text{ 的定义}) \\ &= \sup\{f_i^{**} \mid i \in I\} \quad ([3, \text{定理 } 6.5]) \\ &= \sup\{f_i \mid i \in I\}. \quad (f_i \text{ 的闭性}) \end{aligned}$$

因此 k^* 是集合

$$D=\{x \mid f_i(x) \leqslant 0,\ \forall\, i \in I\}$$

的指示函数, 即 $k^*(x)=\delta(x \mid D)$.)

因为 (a) 不成立, 所以 D 是空集. 从而有 $k^* \equiv +\infty$ 且 $(\mathrm{cl}k)=k^{**} \equiv -\infty$. 特别地, $(\mathrm{cl}k)(0)=-\infty$.

接下来的证明分为两步: (i) 当 $k(0)=(\mathrm{cl}k)(0)$ 时, (b) 成立; (ii) 在关于回收方向的题设下, $k(0)=(\mathrm{cl}k)(0)$.

(i) 当 $k(0)=(\mathrm{cl}k)(0)=-\infty$ 时, 有 $h(0)<0$. 应用推论 3.3, 存在向量 x_i^* 和非负的 λ_i (至多 $n+1$ 个非零) 满足

$$\sum_{i\in I}\lambda_i x_i^*=0, \quad \sum_{i\in I}\lambda_i f_i^*(x_i^*)<0. \tag{7.18}$$

为了简化符号, 设非零的 λ_i 对应的指标是 $1,\cdots,m$, $m \leqslant n+1$. 令 $y_i^*=\lambda_i x_i^*$, 代入 (7.18), 有

$$y_1^*+\cdots+y_m^*=0. \tag{7.19}$$

由凸函数的右数乘定义,

$$\lambda_i f_i^*(x_i^*)=\lambda_i f_i^*(\lambda_i^{-1}y_i^*)=(f_i^*\lambda_i)(y_i^*),$$

代入 (7.18), 有

$$(f_1^*\lambda_1)(y_1^*)+\cdots+(f_m^*\lambda_m)(y_m^*)<0. \tag{7.20}$$

由下卷积的定义 ([2, 定理 5.4]) 可得函数 $(f_1^*\lambda_1)\square\cdots\square(f_m^*\lambda_m)$ (注意这里的 λ_1, $\cdots,\lambda_m$ 是由推论 3.3 所得到的一组特定的 λ_i) 满足

$$\begin{aligned}(f_1^*\lambda_1\square\cdots\square f_m^*\lambda_m)(0)&=\inf\left\{(f_1^*\lambda_1)(w_1^*)+\cdots+(f_m^*\lambda_m)(w_m^*)\;\middle|\;\sum_{i=1}^m w_m^*=0\right\}\\&\leqslant(f_1^*\lambda_1)(y_1^*)+\cdots+(f_m^*\lambda_m)(y_m^*)\\&<0.\end{aligned} \tag{7.21}$$

公式 (7.21) 说明了函数

$$f=\lambda_1 f_1+\cdots+\lambda_m f_m$$

的一些性质. 如由定理 2.3 和定理 2.1 有

$$f^*=(\mathrm{cl}f)^*=(\mathrm{cl}(\lambda_1 f_1+\cdots+\lambda_m f_m))^* \quad (f \text{ 的定义})$$

$$
\begin{aligned}
&= (\mathrm{cl}\lambda_1 f_1 + \cdots + \mathrm{cl}\lambda_m f_m)^* \quad ([3, \text{定理 } 2.3]) \\
&= \mathrm{cl}((\lambda_1 f_1)^* \Box \cdots \Box (\lambda_m f_m)^*) \quad (\text{定理 } 2.3) \\
&= \mathrm{cl}\left((f_1^* \lambda_1) \Box \cdots \Box (f_m^* \lambda_m)\right). \quad (\text{定理 } 2.1)
\end{aligned}
$$

因此 $f^*(0) < 0$. 由定义

$$f^*(0) = \sup_x \{\langle x, 0\rangle - f(x)\} = -\inf_x f(x),$$

可知 $\inf\limits_x f(x) > 0$. 即存在 $\varepsilon > 0$, 使得

$$\lambda_i f_i(x) + \cdots + \lambda_m f_m(x) \geqslant \varepsilon, \quad \forall\, x \in \mathbb{R}^n,$$

则 (b) 成立.

(ii) 由函数 k 的定义可知 $\mathrm{dom}k$ 是由 $\bigcup\limits_{i\in I} \mathrm{dom} f_i^*$ 生成的凸锥.

若 $0 \in \mathrm{ri}(\mathrm{dom}k)$, 则 $k(0) = \mathrm{cl}k(0)$.

若 $0 \notin \mathrm{ri}(\mathrm{dom}k)$, 可以将 0 从 $\mathrm{dom}k$ 中分离出来, 此时存在非零向量 y 满足

$$\langle y, x^*\rangle \leqslant 0, \quad \forall\, x^* \in \mathrm{dom}k,$$

即

$$\langle y, x^*\rangle \leqslant 0, \quad \forall\, x^* \in \mathrm{dom} f_i^*,\ \forall\, i \in I. \tag{7.22}$$

因为 $\{f_i \mid i \in I\}$ 是 $\mathbb{R}^n$ 上的闭函数, 故 $\mathrm{dom} f_i^*$ 的支撑函数即为 f_i 的回收函数. 由公式 (7.22) 可知, y 即为 $\{f_i \mid i \in I\}$ 的回收方向, 这被题设排除. 所以 $0 \notin \mathrm{ri}(\mathrm{dom}k)$ 不成立, 故 $k(0) = (\mathrm{cl}k)(0)$. □

推论 7.1　设 $\{f_i(x) \mid i \in I\}$ 为定义在 $\mathbb{R}^n$ 上的闭正常凸函数类, I 为任意指标集. 设 C 为 $\mathbb{R}^n$ 中的任意非空闭凸集. 假设函数 $f_i(x)$ 和集合 C 没有公共的回收方向, 并设对于每个 $\varepsilon > 0$ 及 I 中的 m 个指标 $i_1, \cdots, i_m$(满足 $m \leqslant n+1$), 至少有一个 $x \in C$, 满足系统

$$f_{i_1}(x) < \varepsilon, \cdots, f_{i_m}(x) < \varepsilon,$$

则存在 $x \in C$, 使得对于任意的 $i \in C$, 有 $f_i(x) \leqslant 0$.

证明　只需证明定理 7.3 中的 (b) 与本题中的假设不相容即可. 若定理 7.3 中的 (b) 成立, 则存在 I 中含有 $n+1$ 个或更少个指标的非空子集 I', 和某些 $\lambda_i > 0$ $(i \in I')$ 以及某个 $\delta > 0$，使得

$$\sum_{i\in I'} \lambda_i f_i(x) \geqslant \delta, \quad \forall\, x \in C.$$

定义 $\lambda = \sum_{i\in I'} \lambda_i$, $\varepsilon = \frac{\delta}{\lambda}$, 则

$$\sum_{i\in I'} \left(\frac{\lambda_i}{\lambda}\right) f_i(x) \geqslant \frac{\delta}{\lambda} = \varepsilon, \quad \forall\, x \in C.$$

因此有

$$\sum_{i\in I'} \left(\frac{\lambda_i}{\lambda}\right) (f_i(x) - \varepsilon) \geqslant 0, \quad \forall\, x \in C.$$

这与本题中的假设 (存在 $x \in C$, 使得对于每个 $i \in I'$, 都有 $f_i(x) < \varepsilon$) 矛盾, 因此定理 7.3 中的 (b) 不成立, 故定理 7.3 中的 (a) 成立, 命题得证. □

推论 7.1 包含了一个经典的结论, 也就是 Helly 定理.

推论 7.2(Helly 定理) 设 $\{C_i \mid i \in I\}$ 为 $\mathbb{R}^n$ 中非空闭凸集类, 其中 I 为一个任意的指标集. 假设集合 C_i, $i \in I$ 没有公共回收方向. 如果每个由 $n+1$ 个集合或少于 $n+1$ 个集合所构成的子集均具有非空的交, 则整个集合就有非空的交.

证明 取定理 7.3 中 $f_i = \delta(\,\cdot \mid C_i)$, $C = \mathbb{R}^n$. 由题设可知, 对于任意的满足其指标个数 $|I'| \leqslant n+1$ 的 I', 均存在 $x \in C$, 使得 $x \in \bigcap_{i\in I'} C_i$. 根据推论 7.1, 可知存在 $x \in C$, 使得 $\delta_i(x \mid C_i) \leqslant 0$, $\forall\, i \in I$, 即 $x \in \bigcap_{i\in I} C_i$. 因此整个集合有非空的交. □

注 7.4 在推论 7.2 中, 如果一个或更多集合 C_i, $i \in I$ 是有界的, 那么 Helly 定理的回收假设便得到满足, 因为有界集无回收方向. 事实上, 我们有如下结论.

推论 7.3 假设对任一个有限子集 $I' \subseteq I$, $\{C_i \mid i \in I'\}$ 的交集均非空. 记命题 A 为: 推论 7.2 中的对于某些有限子集类 $I' \subseteq I$, $\bigcap_{i\in I'} C_i$ 是有界的. 记命题 B 为: 假设集合 C_i, $i \in I$, 没有公共的回收方向. 那么命题 A 与命题 B 等价.

证明 (B⇒A) 若 C_i 的任意有限子集的交均无界, 取任意有限子集的交集设为 C. 集合 C 无界, 则集合 C 有回收方向, 所以 C_i 的任意有限子集均有公共回收方向, 故 C_i 有公共回收方向, 与假设矛盾. 因此 C_i 的某些有限子集具有有界交.

(A⇒B) 若 C_i, $i \in I$ 间有公共回收方向 y, 则 C_i 的任意有限子集记为 I',

$$\forall\, x \in \bigcap_{i\in I'} C_i,\ \forall\, \lambda \geqslant 0, \quad x + \lambda y \in \bigcap_{i\in I'} C_i,$$

根据 λ 的任意性, $\bigcap\limits_{i\in I'} C_i$ 无界, 这与 C_i 的某些有限子集具有有界交矛盾, 所以 C_i, $i \in I$ 间没有公共回收方向. □

定理 7.3 中关于回收方向的条件是很有必要的, 下面给出反例.

例子 7.1　取 $C = \mathbb{R}^2$, $I = \{1,2\}$. 令

$$f_1(x) = (\xi_1^2+1)^{1/2} - \xi_2,\ f_2(x) = (\xi_2^2+1)^{1/2} - \xi_1,$$

其中 $x = (\xi_1, \xi_2)$. 由此得到双曲凸集

$$M_1 = \{x \mid f_1(x) \leqslant 0\} = \{(\xi_1,\xi_2) \mid \xi_2 \geqslant (\xi_1^2+1)^{1/2}\},$$

$$M_2 = \{x \mid f_2(x) \leqslant 0\} = \{(\xi_1,\xi_2) \mid \xi_1 \geqslant (\xi_2^2+1)^{1/2}\}.$$

如图 7.2 所示, 两个双曲凸集之间没有公共点. 因此定理 7.3 的 (a) 不成立. 但 (b) 也不成立. 原因如下:

对于每个 $\lambda_1 \geqslant 0$, $\lambda_2 \geqslant 0$, $\lambda_1 f_1(x) + \lambda_2 f_2(x)$ 在从 0 沿 $(1,1)$ 方向的射线上的每个点的函数值有 (记 $x = (\xi, \xi)$)

$$\begin{aligned}
&\lambda_1 f_1(x) + \lambda_2 f_2(x)\\
&= \lambda_1(\xi^2+1)^{1/2} - \lambda_1\xi + \lambda_2(\xi^2+1)^{1/2} - \lambda_2\xi\\
&= (\lambda_1+\lambda_2)\left((\xi^2+1)^{1/2} - \xi\right) \to 0,
\end{aligned}$$

当 $\xi \to \infty$ 时, 有 $\lambda_1 f_1(x) + \lambda_2 f_2(x) \to 0$, 即 $\lambda_1 f_1(x) + \lambda_2 f_2(x)$ 的下确界为 0, 其中 $(1,1)$ 为 f_1 和 f_2 的公共回收方向. 因此, 定理 7.3 中的 (b) 不成立.

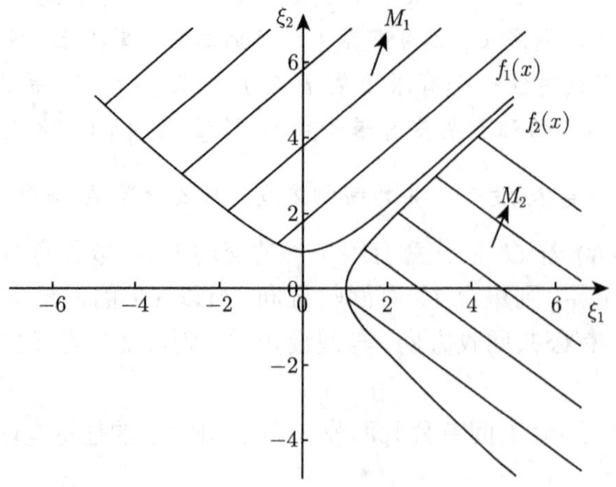

图 7.2　例子 7.1 中的双曲凸集 M_1, M_2

我们再给出一个类似的反例来说明 Helly 定理中回收假设的必要性.

例子 7.2 f_1 和 f_2 如例 7.1 中定义, 考虑 $\mathbb{R}^n$ 中由形如

$$C_{k,\varepsilon} = \{x \mid f_k(x) \leqslant \varepsilon\}, \quad \varepsilon > 0,\ k = 1, 2$$

构成的 (非空闭凸) 子集的集合. 当 ε 趋于 0 的时候, $C_{1,\varepsilon}$ 和 $C_{2,\varepsilon}$ 分别趋近于集合 $M_1 = \{x \mid f_1(x) \leqslant 0\}$ 和 $M_2 = \{x \mid f_2(x) \leqslant 0\}$. 每个由 3 个 $(= n+1)$ 或更少的集合组成的子集的集合都具有非空的交, 如图 7.3 所示. 因为每个 $C_{k,\varepsilon}$ 都包含半直线

$$\{\lambda(1,1) \mid \lambda \geqslant (1-\varepsilon^2)/2\varepsilon\},$$

但整个集类的交 $\bigcap\limits_{\varepsilon>0,k=1,2} C_{k,\varepsilon}$ 为空.

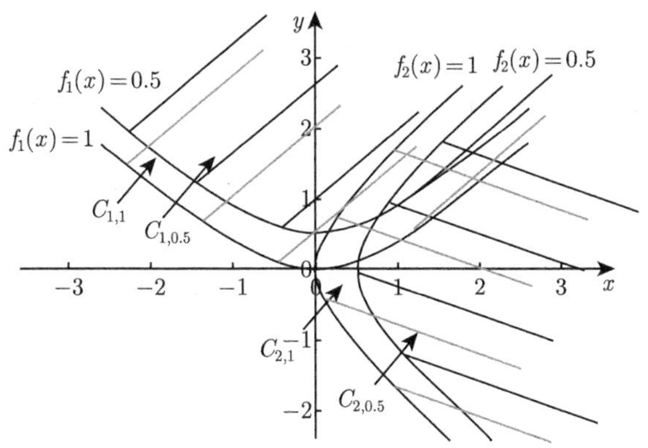

图 7.3 例子 7.2 中的 $C_{1,1}$, $C_{1,0.5}$, $C_{2,1}$ 及 $C_{2,0.5}$

以上给出的反例依赖于所设计的凸集均具有非平凡的渐近线的事实. 因此我们自然希望, 当有足够的线性或多面体凸性存在时, 能获得更强的结果. 这将在随后的两个定理中描述.

7.5 关于回收假设的进一步讨论

定理 7.4 如果 $C = \mathbb{R}^n$, 则定理 7.3 和推论 7.1 中关于回收方向的假设可用下面更弱的假设来代替.

假设 7.1 存在指标集 I 的一个有限子集 I_0, 使得对于每个 $i \in I_0$, $f_i(x)$ 为仿射函数, 且对于每个 $i \in I$, $f_i(x)$ 的公共回收方向都是使得对于每个 $i \in I \backslash I_0$, $f_i(x)$ 都为常数的方向. 即存在 $I_0 \subseteq I$, 且 I_0 有限, 使得 $f_i(x)$, $i \in I_0$ 为仿射函数, 且使得对任意的 $f_i(x)$ 的公共回收方向 y, 满足 $f_i0^+(y) \leqslant 0$ 和 $f_i0^+(-y) \leqslant 0$, $i \in I \backslash I_0$.

证明　与定理 7.3 的证明相对比，我们仅需修改其中利用回收假设的部分. 即仅需证明 $(\mathrm{cl}k)(0)=k(0)$.

根据定理 7.3, 若 (a) 不成立, 设 $I_1=I\backslash I_0$.

情形 1　若 I_0 和 I_1 中任意一个指标集为空集, 则我们只需在空的指标集中增加新函数 $f_i(x)$, $f_i(x)$ 恒等于 0, 仍满足条件, 且 (a) 和 (b) 成立当且仅当相同的结论对原系统也成立.

情形 2　我们只需证明在 I_0 和 I_1 都非空的情况下, 下式成立即可,

$$(\mathrm{cl}k)(0)=k(0). \tag{7.23}$$

对于 $j=0,1$, 设 k_j 为由

$$h_j=\mathrm{conv}\{f_i^* \mid i\in I_j\}$$

生成的正齐次凸函数. k 如定理 7.3 所定义的, 即 k 是由 $h=\mathrm{conv}\{f_i^* \mid i\in I\}$ 所生成的正齐次凸函数. k 的上图为包含 f_i^*, $i\in I$ 的上图并的最小凸锥. 证明分如下四步.

(i) $k=\mathrm{conv}\{k_0,k_1\}$. 如果我们可以证明 $\mathrm{conv}\{k_0,k_1\}$ 的上图和 k 的上图相同, 就可以得到 $k=\mathrm{conv}\{k_0,k_1\}$.

设 X_0 为 f_i^*, $i\in I_0$ 的上图的并, X_1 为 f_i^*, $i\in I_1$ 的上图的并. 接下来要证明: $\mathrm{cone}\,(X_0\cup X_1)=\mathrm{conv}\,(\mathrm{cone}X_0\cup\mathrm{cone}X_1)$. 实际上,

$$\text{左边}=\mathrm{conv}\,(\mathrm{ray}\,(X_0\cup X_1))=\mathrm{conv}\,(\mathrm{ray}X_0\cup\mathrm{ray}X_1)\,,$$

$$\text{右边}=\mathrm{conv}\,(\mathrm{conv}\,(\mathrm{ray}X_0)\cup\mathrm{conv}\,(\mathrm{ray}X_1))\,.$$

显然

$$\mathrm{conv}\,(\mathrm{rayX_0}\cup\mathrm{rayX_1})\subset\mathrm{conv}\,(\mathrm{conv}\,(\mathrm{ray}X_0)\cup\mathrm{conv}\,(\mathrm{ray}X_1))\,.$$

对于任意 $z\in\mathrm{conv}\,(\mathrm{conv}\,(\mathrm{ray}X_0)\cup\mathrm{conv}\,(\mathrm{ray}X_1))$, 都可以表示为

$$z=\sum_{i=1}^m\gamma_i z_i,\quad \sum_{i=1}^m\gamma_i=1,\ \gamma_i\geqslant 0,\ i=1,\cdots,m,$$

其中 $z_i\in\mathrm{conv}\,(\mathrm{ray}X_0)\cup\mathrm{conv}\,(\mathrm{ray}X_1)$, 且有

$$z_i=\begin{cases}\displaystyle\sum_p\alpha_{i,p}x_{i,p},\quad \sum_p\alpha_{i,p}=1,\ i\in I_0,\ x_{i,p}\in\mathrm{ray}X_0,\ \alpha_{i,p}\geqslant 0;\\ \displaystyle\sum_q\beta_{i,q}y_{i,q},\quad \sum_q\beta_{i,q}=1,\ i\in I_1,\ y_{i,q}\in\mathrm{ray}X_1,\ \beta_{i,q}\geqslant 0;\end{cases}$$

那么

$$
\begin{aligned}
z=\sum \gamma_i z_i &= \sum_{i\in I_0}\gamma_i\left(\sum_p \alpha_{i,p}x_{i,p}\right)+\sum_{i\in I_1}\gamma_i\left(\sum_q \beta_{i,q}y_{i,q}\right)\\
&=\sum_{i\in I_0}\sum_p(\gamma_i\alpha_{i,p}x_{i,p})+\sum_{i\in I_1}\sum_q(\gamma_i\beta_{i,q}y_{i,q}),
\end{aligned}
$$

其中

$$
\sum_{i\in I_0}\sum_p\gamma_i\alpha_{i,p}+\sum_{i\in I_1}\sum_q\gamma_i\beta_{i,q}=\sum_{i\in I_0}\gamma_i\sum_p\alpha_{i,p}+\sum_{i\in I_1}\gamma_i\sum_q\beta_{i,q}=1,
$$

所以有

$$
k=\mathrm{conv}\{k_0,k_1\}.
$$

因为 k_0 和 k_1 的上图均为包含原点的凸锥, 所以 k_0 和 k_1 的上图的凸包与它们的和相同 ([2, 定理 3.8]). 因此有

$$
\begin{aligned}
k(x^*)&=\inf\{\mu\mid(x^*,\mu)\in K\}\\
&=\inf\left\{k_0(x_0^*)+k_1(x_1^*)\mid x_0^*+x_1^*=x^*,\ x_j^*\in\mathrm{dom}k_j\right\},
\end{aligned}
$$

其中 $K=\mathrm{epi}k_0+\mathrm{epi}k_1$. 因此 (i) 得证.

特别地, 令 $x^*=0$, 有

$$
k(0)=\inf\{k_0(-z)+k_1(z)\mid z\in(-\mathrm{dom}k_0)\cap\mathrm{dom}k_1\}. \tag{7.24}
$$

(ii) 证明 k_0 是有限生成凸函数, $\mathrm{dom}k_0$ 是多面体凸集. 对于每个 $i\in I_0$, f_i 为仿射函数, 可表示为

$$
f_i(x)=\langle a_i,x\rangle-\alpha_i,\quad i\in I_0.
$$

其共轭函数为

$$
\begin{aligned}
f_i^*(x^*)&=\sup_x\{\langle x,x^*\rangle-\langle a_i,x\rangle+\alpha_i\}\\
&=\sup_x\{\langle x,x^*-a_i\rangle\}+\alpha_i\\
&=\delta(x^*\mid a_i)+\alpha_i.
\end{aligned}
$$

因此 $\mathrm{epi}f_i^*$ 为 $\mathbb{R}^{n+1}$ 中从点 (a_i,α_i) 向上延展的垂直半直线. 因为 k_0 为 $\mathrm{epi}f_i^*$ 所生成的正齐次凸函数, 并且正齐次凸函数等价于其上图为凸锥, 所以 $\mathrm{epi}k_0$ 为由

$\text{epi}f_i^*$ 所生成的凸锥. 即 $\text{epi}k_0$ 为由点 (a_i,α_i), $i\in I$ 和 $(0,1)$ 所生成的凸锥, 可以表示为

$$\text{epi}k_0=\text{cone}\left(\bigcup_{i\in I_0}\text{epi}f_i^*\right)=\text{cone}\left(\bigcup_{i\in I_0}(a_i,\alpha_i)\cup(0,1)\right),$$

其中 $(0,1)$ 为方向. 我们可以得到

$$\begin{aligned}k_0(x^*)&=\inf\{\mu\mid(x^*,\mu^*)\in\text{epi}k_0\}\\&=\inf\left\{\sum_{i\in I_0}\lambda_i\alpha_i+\lambda\;\middle|\;\lambda\geqslant 0,\ \lambda_i\geqslant 0,\ \sum_{i\in I_0}\lambda_i a_i=x^*\right\}\\&=\inf\left\{\sum_{i\in I_0}\lambda_i\alpha_i\;\middle|\;\lambda_i\geqslant 0,\ \sum_{i\in I_0}\lambda_i a_i=x^*\right\},\end{aligned}$$

即 k_0 为有限生成凸函数. 因此 k_0 为多面体的. 同理, $\text{dom}k_0$ 可以表示为

$$\begin{aligned}\text{dom}k_0&=\{x^*\mid\exists\,\mu,\ (x^*,\mu)\in\text{epi}k_0\}\\&=\left\{x^*\;\middle|\;\sum_{i\in I_0}\lambda_i a_i=x^*,\ \lambda_i\geqslant 0,\ i\in I_0\right\},\end{aligned}$$

即 $\text{dom}k_0$ 为有限生成凸集. 因此 $\text{dom}k_0$ 为多面体凸集.

(iii) 证明 $(-\text{dom}k_0)\cap\text{ri}(\text{dom}k_1)\neq\varnothing$. 反设 $(-\text{dom}k_0)\cap\text{ri}(\text{dom}k_1)=\varnothing$. 根据定理 6.2, 存在正常分离 $(-\text{dom}k_0)$ 与 $\text{dom}k_1$, 且不含有 $\text{dom}k_1$ 的超平面 H. 这个超平面一定通过原点, 因为原点既属于 $\text{dom}k_0$, 又属于 $\text{dom}k_1$. 此超平面可以表示为

$$H=\{x\in\mathbb{R}^n\mid\langle x,a\rangle=0\},$$

且有

$$\begin{cases}\langle a,x^*\rangle\geqslant 0, & \forall\,x^*\in(-\text{dom}k_0);\\\langle a,x^*\rangle\leqslant 0, & \forall\,x^*\in\text{dom}k_1.\end{cases}\tag{7.25}$$

因为超平面 H 不含有 $\text{dom}k_1$, 其中至少存在一个 $x^*\in\text{dom}k_1$, 使得 $\langle a,x^*\rangle<0$. (7.25) 等价于

$$\begin{cases}\langle a,x^*\rangle\leqslant 0, & \forall\,x^*\in\text{dom}k_0;\\\langle a,x^*\rangle\leqslant 0, & \forall\,x^*\in\text{dom}k_1.\end{cases}$$

因为 k_0 和 k_1 分别为 $f_i^*(i \in I_0)$ 和 $f_i^*(i \in I_1)$ 生成的正齐次凸函数, 所以

$$\mathrm{dom}k_0 = \bigcup_{i \in I_0} \mathrm{dom}f_i^*, \quad \mathrm{dom}k_1 = \bigcup_{i \in I_1} \mathrm{dom}f_i^*,$$

故有

$$\langle y, x^* \rangle \leqslant 0, \quad \forall\ x^* \in \mathrm{dom}f_i^*,\ \forall\ i \in I.$$

根据 f_i 为闭正常凸函数, 由 [3, 定理 6.3] 可知, $\mathrm{dom}f_i^*$ 的支撑函数就是 f_i 的回收函数, 即

$$(f_i0^+)(y) = \delta^*(y \mid \mathrm{dom}f_i^*) = \sup_x \{\langle x, y \rangle \mid x \in \mathrm{dom}f_i^*\} \leqslant 0.$$

因此, 对于每个 $i \in I$, y 的方向为 f_i 的回收方向. 由假设可知, 这样的方向是使得对于每个 $i \in I_1$, f_i 都为常数的方向. 那么对任意的 $i \in I_1$, 可得

$$(f_i0^+)(y) \leqslant 0, \quad (f_i0^+)(-y) \leqslant 0.$$

由此可得, f_i 也以 $-y$ 为回收方向, 即

$$\langle -y, x^* \rangle \leqslant 0, \quad x^* \in \mathrm{dom}f_i^*,\ i \in I_1,$$

且 $\mathrm{dom}k_1 = \bigcup_{i \in I_1} \mathrm{dom}f_i^*$. 这与至少存在一个 $x^* \in \mathrm{dom}k_1$, 使得 $\langle y, x^* \rangle < 0$ 的假设矛盾. 因此

$$(-\mathrm{dom}k_0) \cap \mathrm{ri}(\mathrm{dom}k_1) \neq \varnothing.$$

(iv) 最后证明(7.23).

因为 k_0 的上图为多面体的, 所以其上图为闭集, 其水平集也为闭集, 由此可得 k_0 为闭的. 下面依据 k_0 与 k_1 是否正常分别讨论.

情形 2-1 若 k_0 为非正常的, 因为 k_0 的上图为有限个闭半空间的交, 其下确界不可能为 $+\infty$, 而非正常闭凸函数仅有常函数 $+\infty$ 和 $-\infty$. 则在 $\mathrm{dom}k_0$ 上, k_0 恒为 $-\infty$.

情形 2-2 若 k_1 为非正常的, 根据 [2, 定理 7.2], 在 $\mathrm{ri}(\mathrm{dom}k_1)$ 上, k_1 恒为 $-\infty$.

在以上任一种情况下, 都有

$$k_0(-z) + k_1(z) = -\infty, \quad \forall z \in (-\mathrm{dom}k_0) \cap \mathrm{ri}(\mathrm{dom}k_1).$$

由 (i) 中 k 的定义 (7.24) 知

$$k(0) = \inf\{k_0(-z) + k_1(z) \mid z \in (-\mathrm{dom}k_0) \cap \mathrm{dom}k_1\}.$$

所以 $k(0) = -\infty$. 根据 [2, 定义 7.2], 对于函数 k, 其在原点处取值为 $-\infty$, 那么 cl$k$ 定义为常函数 $-\infty$, 即

$$\mathrm{cl}k(0) = k(0) = -\infty.$$

情形 2-3　若 k_0 和 k_1 都为正常的, 设 g 为由 $g(z) = k_0(-z)$ 所定义的多面体凸函数, 从而

$$\mathrm{dom}g = -\mathrm{dom}k_0.$$

借助于 g, 可以得到

$$\begin{aligned}
k(0) &= \inf_z\{k_0(-z) + k_1(z) \mid z \in (-\mathrm{dom}k_0) \cap \mathrm{dom}k_1\} \\
&= \inf_z\{g(z) + k_1(z) \mid z \in \mathrm{dom}g \cap \mathrm{dom}k_1\} \\
&= -\sup_z\{\langle 0, z\rangle - (g + k_1)(z) \mid z \in \mathrm{dom}g \cap \mathrm{dom}k_1\} \\
&= -(g + k_1)^*(0).
\end{aligned}$$

因为 g 为多面体且 dom 与 ri(domk_1) 相交, 根据定理 6.1, 有

$$k(0) = -(g + k_1)^*(0) = -(g^*\Box k_1^*)(0).$$

由定理 7.3 的证明可知, k_j^* 为如下凸集 C_j 的指示函数, 其中 C_j 定义为

$$C_j = \{x \mid f_i(x) \leqslant 0,\ \forall i \in I_j\}, \quad j = 0, 1. \tag{7.26}$$

所以 g^* 为 $-C_0$ 的指示函数, 即 $g^* = \delta(\cdot \mid -C_0)$. 那么有

$$\begin{aligned}
(g^*\Box k_1^*)(x) &= \inf_y\{g^*(x - y) + k_1^*(y)\} \\
&= \inf_y\{\delta(x - y \mid -C_0) + \delta(y \mid C_1)\} \\
&= 0.
\end{aligned}$$

所以 $g^*\Box k_1^*$ 为 $-C_0+C_1$ 的指示函数. 因 (a) 不成立, 且根据 C_0, C_1 的定义(7.26), $0 \notin -C_0 + C_1$. 因此

$$k(0) = -(g^* \square k_1^*)(0) = -\infty.$$

所以

$$(\mathrm{cl})k(0) = k(0) = -\infty.$$

证明思路的总结如图 7.4 所示. □

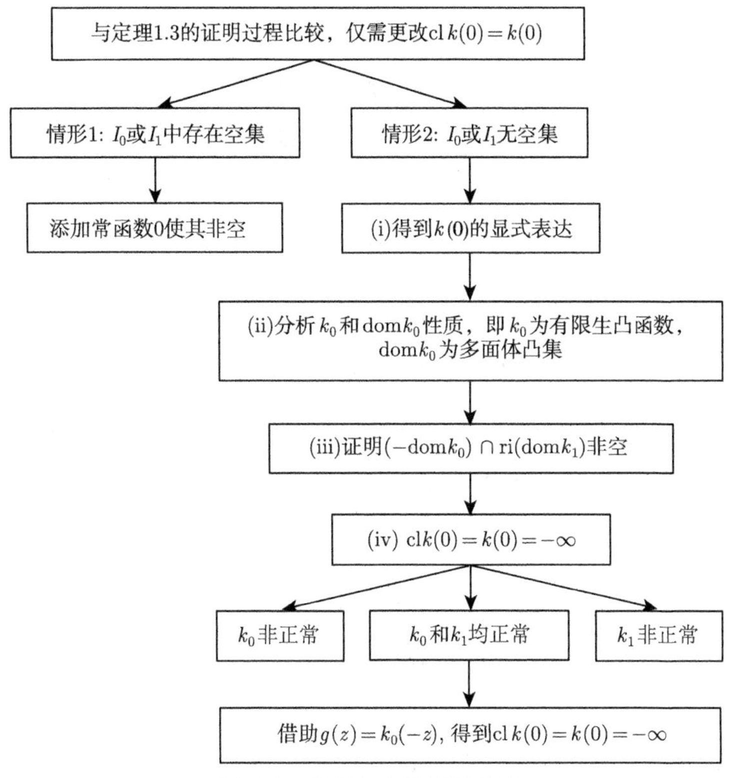

图 7.4 定理 7.4 的证明思路

下面我们给出例子来说明定理 7.4 的含义.

例子 7.3 设 $x \in \mathbb{R}^2$,

$$f_1(x) = A_1x + b_1 = \begin{pmatrix} -1 & 1 \\ 0 & -1 \end{pmatrix} x + \begin{pmatrix} -1 \\ -1 \end{pmatrix},$$

$$f_2(x) = A_2x + b_2 = \begin{pmatrix} 1 & -1 \\ 1 & -1 \end{pmatrix} x + \begin{pmatrix} -2 \\ -3 \end{pmatrix}.$$

对具有 $f(x)=Ax+b$ 的仿射函数, 我们可以计算其回收函数为

$$(f0^+)(y)=\sup_x\{Ax+Ay+b-Ax-b\}=Ay.$$

联立 $A_1y\leqslant 0$ 和 $A_2y\leqslant 0$ 可得 $y=(1,1)^{\mathrm{T}}$. 所以 f_1,f_2 的公共回收方向为 $(1,1)^{\mathrm{T}}$. 设 $I_0=\{1\}$, $I\backslash I_0=\{2\}$, 对 $i\in I_0$, $f_i(x)$ 为仿射函数, 对 $i\in I\backslash I_0$, $f_i(x)$ 为常数的方向为

$$(f_i0^+)(y)\leqslant 0,\quad (f_i0^+)(-y)\leqslant 0,$$

即为 $(1,1)^{\mathrm{T}}$, 满足定理 7.4 的假设.

若取 $x=(1,1)^{\mathrm{T}}$, 可得 $f_1(x)\leqslant 0$, $f_2(x)\leqslant 0$, (a) 成立.

若 (b) 也成立, 即存在非负实数 λ_i, 其中只有有限个非 0, 使得对于某个 $\varepsilon>0$, 有

$$\sum_{i\in I}\lambda_i f_i(x)\geqslant\varepsilon,\quad \forall\, x\in C,$$

其中 $C=\mathbb{R}^2$. 即

$$(\lambda_2-\lambda_1)x_1+(\lambda_1-\lambda_2)x_2-\lambda_1-2\lambda_2\geqslant\varepsilon_1,$$

$$\lambda_2x_1-(\lambda_1+\lambda_2)x_2-\lambda_1-3\lambda_2\geqslant\varepsilon_2.$$

若取 $x=(-1,1)^{\mathrm{T}}$, 则应存在 $\lambda_i\geqslant 0$, 有

$$\begin{aligned}&\lambda_2x_1-(\lambda_1+\lambda_2)x_2-\lambda_1-3\lambda_2\\ =&-\lambda_2-(\lambda_1+\lambda_2)-\lambda_1-3\lambda_2\\ =&-2\lambda_1-5\lambda_2\leqslant 0.\end{aligned}$$

所以 (b) 不成立.

接下来我们给出在 I_1 上函数不是仿射函数的例子.

例子 7.4　设

$$f_1(x)=Ax+b=\begin{pmatrix}-1&0\\1&-1\end{pmatrix}x+\begin{pmatrix}-1\\-1\end{pmatrix},$$

$$f_2(x)=(1+\langle x,Qx\rangle)^{\frac{1}{2}},$$

其中 $Q=\begin{pmatrix}1&0\\0&0\end{pmatrix}$. 根据例子 7.3, $(f_10^+)(y)=Ay$. 令 $Ay\leqslant 0$, 可得 $0\leqslant y_1\leqslant y_2$, 故 f_1 的公共回收方向为所有形如 $(y_1,y_2)^{\mathrm{T}}$ 的方向, 其中 $y_2\geqslant y_1\geqslant 0$. 根据 [3, 例

子 1.7],

$$(f_2 0^+)(y) = \langle y, Qy \rangle^{\frac{1}{2}},$$

那么 f_2 的回收方向为所有形如 $(0, y_2)^{\mathrm{T}}$ 的方向, 其中 $y_2 \in \mathbb{R}$. 那么 f_1, f_2 的公共回收方向为 $(0, y_2)^{\mathrm{T}}$, 其中 $y_2 \geqslant 0$. 设 $I_0 = \{1\}$, $I \backslash I_0 = \{2\}$, 对 $i \in I_0$, $f_i(x)$ 为仿射函数, f_1, f_2 公共回收方向为 $y = (0, y_2)^{\mathrm{T}}$. 对 $i \in I \backslash I_0$,

$$(f_i 0^+)(y) = 0, \quad (f_i 0^+)(-y) = 0,$$

所以 y 为 f_2 为常数的方向, 满足定理 7.4 的假设.

对任意的 x, $f_2(x) \geqslant 1$, 所以定理 7.3 中的 (a) 不成立. 令 $\lambda_1 = 0$, $\lambda_2 > 0$, 那么对于某个 $\varepsilon > 0$, 有

$$\sum_{i \in I} \lambda_i f_i(x) = \lambda_2 f_2(x) \geqslant \lambda_2 \geqslant \varepsilon, \quad \forall\, x \in C.$$

其中 $C = \mathbb{R}^2$. 因此定理 7.3 中的 (b) 成立.

7.6 关于 Helly 定理中假设的进一步讨论

定理 7.5 Helly 定理 (推论 7.2) 中有关回收方向的假设可以被下列更弱的假设所代替.

假设 7.2 存在指标集 I 的一个有限子集 I_0, 使得对于每个 $i \in I_0$, C_i 为多面体, 且每个 C_i 公共的回收方向都是使得对于每个 $i \in I \backslash I_0$, C_i 为线性的方向, 即

$$\bigcap_{i \in I} (0^+ C_i) = \bigcap_{i \in I \backslash I_0} \left((-0^+ C_i) \cap 0^+ C_i \right).$$

证明 设 $\{C_i \mid i \in I\}$ 为满足 Helly 定理中假设 7.2 的集合类. 如果我们可以找到定理 7.4 中那样的 $f_i(x)$, 即: 对于每个 $i \in I_0$, $f_i(x)$ 为仿射函数, 且对于每个 $i \in I$, $f_i(x)$ 的公共回收方向都是使得对于每个 $i \in I \backslash I_0$, $f_i(x)$ 都为常数的方向, 并且满足

$$\bigcap_{i \in I} C_i = \bigcap_{i \in I} \{x \mid f_i(x) \leqslant 0\}.$$

那么取 $C = \mathbb{R}^n$, 我们就可以用定理 7.4 中的回收假设 7.1替代推论 7.2 中的回收假设, 从而得到存在 $x \in C$, 使得对于任意的 $i \in C$, 有 $f_i(x) \leqslant 0$, 即 C_i, $i \in I$ 有交. 逻辑关系如图 7.5 所示.

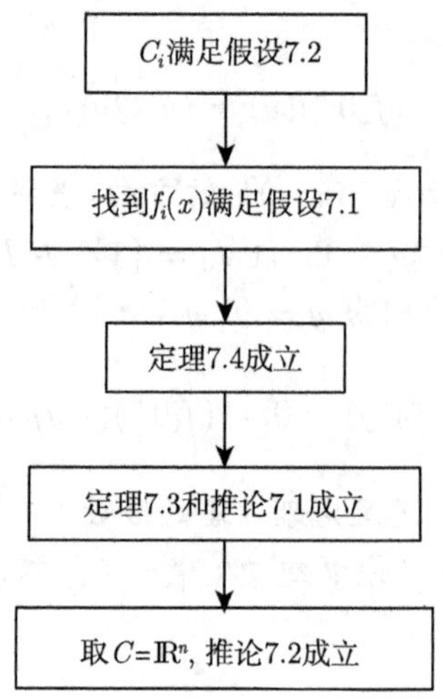

图 7.5 找到对应 f_i 的示意图

为了方便说明, 我们首先定义四个集合

• $C_i(i \in I)$ 的公共回收方向: $A := \bigcap\limits_{i\in I} 0^+C_i$;

• $f_i(i \in I)$ 的公共回收方向: $B := \bigcap\limits_{i\in I} \{y \mid (f_i0^+)(y) \leqslant 0\}$;

• $C_i(i \in I\backslash I_0)$ 的线性方向: $D := \bigcap\limits_{i\in I\backslash I_0} ((-0^+C_i) \cap 0^+C_i)$;

• $C_i(i \in I\backslash I_0)$ 的常数方向: $E := \bigcap\limits_{i\in I\backslash I_0} \{y \mid (f_i0^+)(y) \leqslant 0,\ (f_i0^+)(-y) \leqslant 0\}$.

情形 1 首先考虑对于每个 $i \in I_0$, C_i 为闭半空间的情况.

对于 $i \in I_0$, C_i 可以表示成这种形式: $C_i = \{x \mid f_i(x) \leqslant 0\}$. 其中 f_i 为仿射函数, 可表示为 $f_i(x) = \langle a_i, x\rangle + b_i$, 其回收函数为 $(f_i0^+)(y) = \langle a_i, y\rangle$. 对于 $i \in I \setminus I_0$, 设 f_i 为 C_i 的指示函数. 下面分两步证明.

(i) 先证明 $A = B$. 即 C_i $(i \in I)$ 的公共回收方向与 f_i $(i \in I)$ 的公共回收方向等价.

首先证 $A \subseteq B$. 若 y 为 C_i $(i \in I_0)$ 的公共回收方向, 即 $y \in A$, 那么对于任意 $i \in I_0$, $x \in C_i$, $\lambda \geqslant 0$, 有

$$x + \lambda y \in C_i, \quad 且\ f_i(x) = \langle a_i, x\rangle + b_i \leqslant 0.$$

若存在 $i \in I_0$, 使得 $(f_i0^+)(y) > 0$, 取

$$\lambda = \frac{-\langle a_i, x\rangle - b_i + \langle a_i, y\rangle}{\langle a_i, y\rangle} = \frac{-\langle a_i, x\rangle - b_i}{\langle a_i, y\rangle} + 1 > 0,$$

那么有

$$f_i(x+\lambda y)=\langle a_i, x+\lambda y\rangle+b_i=\langle a_i, y\rangle>0.$$

与假设 $x+\lambda y\in C_i$ 矛盾. 所以 $(f_i0^+)(y)\leqslant 0$, $i\in I$. 即 y 为 f_i 的回收方向, $i\in I_0$.

对于 $i\in I\backslash I_0$, 及任意 $x\in C_i$ 和任意的 $\lambda\geqslant 0$, 由 $x+\lambda y\in C_i$ 可得

$$(f_i0^+)(y)=\sup_x\{f_i(x+y)-f_i(x)\mid x\in\mathrm{dom}f_i\}=0,$$

所以 $(f_i0^+)(y)\leqslant 0$. 即 y 为 f_i $(i\in I\setminus I_0)$ 的回收方向. 综上, $y\in B$. 故 $A\subseteq B$.

其次证 $B\subseteq A$. 若 y 为 f_i $(i\in I)$ 的公共回收方向, 即 $y\in B$, 则有 $(f_i0^+)(y)\leqslant 0$, $i\in I_0$. 因此对任意 $x\in C_i$, 任意 $\lambda\geqslant 0$, 有

$$f_i(x+\lambda y)=\langle a_i, x+\lambda y\rangle+b_i=f_i(x)+\langle a_i, y\rangle\leqslant 0,\quad i\in I_0.$$

所以 y 为 C_i $(i\in I_0)$ 的回收方向. 对于 $i\in I\backslash I_0$, 由于 $(f_i0^+)(\lambda y)\leqslant 0$, 且 $\delta(x\mid C_i)=0$, 因此 $\delta(x+\lambda y\mid C_i)$ 一定等于 0. 所以 y 为 C_i $(i\in I\backslash I_0)$ 的回收方向. 综上, $y\in A$. 故 $B\subseteq A$.

(ii) 证明这些公共回收方向为常数的方向, 即 B 中的每个元素, 对于每个 $i\in I\backslash I_0$, $f_i(x)$ 都为常数的方向, 也就是 $B\subseteq E$. 根据定理中假设可知 $A\subseteq D$. 由 (i) 可知, $A=B$. 所以需要证明的是 $D\subseteq E$. 对任意 $y\in D$, 考虑 $i\in I\backslash I_0$. 对任意 $x\in C_i$ 和任意的 $\lambda\geqslant 0$, 有

$$x+\lambda y\in C_i,\quad x-\lambda y\in C_i.$$

对于 $i\in I\backslash I_0$, $f_i=\delta(\cdot\mid C)$, 有

$$(f_i0^+)(\lambda y)=\sup\{f_i(x+\lambda y)-f_i(x)\mid x\in\mathrm{dom}f_i\}=0.$$

同理 $(f_i0^+)(-\lambda y)=0$, 即 $y\in E$. 所以每个 f_i 的公共回收方向都是 f_i, $i\in I\backslash I_0$ 为常数的方向.

显然, 我们有

$$\begin{aligned}\bigcap_{i\in I}C_i&=\left(\bigcap_{i\in I_0}C_i\right)\cap\left(\bigcap_{i\in I\backslash I_0}C_i\right)\\&=\left(\bigcap_{i\in I_0}\{x\mid f_i(x)\leqslant 0\}\right)\cap\left(\bigcap_{i\in I\backslash I_0}\{x\mid f_i(x)=0\}\right)\end{aligned}$$

$$= \left(\bigcap_{i \in I}\{x \mid f_i(x) \leqslant 0\}\right).$$

在 $i \in I_0$, C_i 为闭半空间的情况下, 我们可以找到相应的 $f_i(x)$ 满足假设 7.1, 定理 7.3 成立, 推论 7.2 成立, 定理得证.

情形 2　考虑对于每个 $i \in I_0$, C_i 为多面体的情况.

对于每个 $i \in I_0$, C_i 都能够被表示为某些闭半空间的交, 即

$$C_i = \bigcap_j \{x \mid \langle x, b_{ij}\rangle \leqslant \beta_{ij}\}, \quad i \in I_0.$$

记这些所有闭半空间组成的类为 $\{C_i' \mid i \in I_0'\}$. 对于每个 $i \in I \backslash I_0$, 令 $C_i' = C_i$, 从而形成集合 $\{C_i' \mid i \in I'\}$, 其中 $\{I' = (I \backslash I_0) \cup I_0'\}$.

若从 $\{C_i' \mid i \in I'\}$ 中任取 m 个集合, 设为 $C_{i_1}', \cdots, C_{i_m}'$, 一定有其对应的所要表示的 C_i, 记为 $C_{i_1}, \cdots, C_{i_m}$, 且 $C_{i_j} \subseteq C_{i_j}'$, 则 $\{C_i' \mid i \in I'\}$ 中每个由 $n+1$ 个集合或少于 $n+1$ 个集合所构成的子集合

$$\bigcap_{i \in i_1, \cdots, i_m} C_i' \supseteq \bigcap_{i \in i_1, \cdots, i_m} C_i$$

仍有非空的交.

接下来我们要证明 C_i' $(i \in I')$ 的公共回收方向与 C_i $(i \in I)$ 的公共回收方向等价, 即

$$\bigcap_{i \in I'}(0^+ C_i') = \bigcap_{i \in I}(0^+ C_i).$$

记

$$M = \bigcap_{i \in I'}(0^+ C_i'), \quad N = \bigcap_{i \in I}(0^+ C_i).$$

首先证 $M \subseteq N$. 对于任意 $y \in M$, 在 $\{C_i'\}$ 中一定可以找到有限个 C_j', $j \in I_i' \subseteq I'$, 使得 $C_i = \bigcap\limits_{j \in I_i'} C_j'$. 由 $y \in M$ 知, 对于任意的 $x \in C_i$, $i \in I$, $\lambda \geqslant 0$, 有

$$x + \lambda y \in C_j', \quad \forall\, j \in I_i',\ i \in I.$$

即有

$$x + \lambda y \in C_i, \quad i \in I.$$

即 y 也为 $C_i\ (i \in I)$ 的公共回收方向. 因此 $y \in N$.

其次证 $N \subseteq M$. 设 $y \in N$. 对于任意 C_i', $i \in I'$, 有对应的 $C_i \subseteq C_i'$, $i \in I$. 那么对任意的 $x \in C_i$, 任意的 $\lambda \geqslant 0$, 有

$$\langle a_i, x\rangle + b_i \leqslant 0, \quad \langle a_i, x + \lambda y\rangle + b_i \leqslant 0, \quad i \in I.$$

所以 $\langle a_i, y\rangle \leqslant 0$. 那么对于任意的 $z \in C_i'$, 任意的 $\lambda \geqslant 0$, 有

$$\langle a_i, z + \lambda y\rangle + b_i = \langle a_i, z\rangle + b_i + \lambda\langle a_i, y\rangle \leqslant 0,$$

即 y 也为 $C_i'\ (i \in I')$ 的公共回收方向. 因此 $y \in M$. 故 $M = N$. 因此对于每个 $i \in I\backslash I_0$, C_i 不变, C_i 中公共的线性方向仍为对于每个 $i \in I'\backslash I_0'$ 为线性的方向, 即

$$\bigcap_{i \in I\backslash I_0} \left((-0^+C_i) \cap 0^+C_i\right) = \bigcap_{i \in I'\backslash I_0'} \left((-0^+C_i) \cap 0^+C_i\right).$$

因而集合 $\{C_i' \mid i \in I'\}$ 满足 Helly 定理中的假设 7.2, 其中对于每个 $i \in I_0'$, C_i' 为闭半空间. 在闭半空间的情况下结果已经得到验证, 所以 $\{C_i' \mid i \in I'\}$ 的交集一定为非空的. □

证明思路如图 7.6 所示.

定理 7.6 设 $\{C_i \mid i \in I\}$ 为 $\mathbb{R}^n$ 上由凸集构成的有限集合 (不要求是闭的). 如果每个由 $n+1$ 个或更少的集合所构成的子集合都有非空的交集, 那么整个集合具有非空的交.

证明 对于每个由 $n+1$ 个或更少的集合所构成的子集合 J_j, $j = 1, \cdots, w$, 选择子集合交集中的一个向量, 即: 从 $\bigcap\limits_{i \in J_j} C_i$ 中选一个向量 y_j, $j \in \{1, \cdots, w\}$. 所选择的向量构成 $\mathbb{R}^n$ 中的有限子集 S. 对于每个 $i \in I$, 设 C_i' 为由非空有限集 $S \cap C_i$ 所构成的凸包, 即

$$C_i' = \operatorname{conv}(S \cap C_i) \subseteq \operatorname{conv}C_i = C_i.$$

因为 S 为有限点集, 所以 $S \cap C_i$ 也为有限点集, 即 C_i' 为有限生成凸集, C_i' 为闭集且有界, 所以 C_i' 都为包含于 C_i 的闭有界凸集.

如果 J_1 为 I 中 $n+1$ 个或更少的指标集合, 则集合 $\bigcap\limits_{i \in J_1} C_i$ 中可以找到一个向量 y_1, 并且 $y_1 \in S$. 所以这个向量 $y_1 \in \bigcap\limits_{i \in J_1} C_i'$, 即

$$y_1 \in \bigcap_{i \in J_1} C_i \Rightarrow y_1 \in S \Rightarrow y \in \left(S \bigcap_{i \in J_1} C_i\right) \Rightarrow y \in \bigcap_{i \in J_1} C_i'.$$

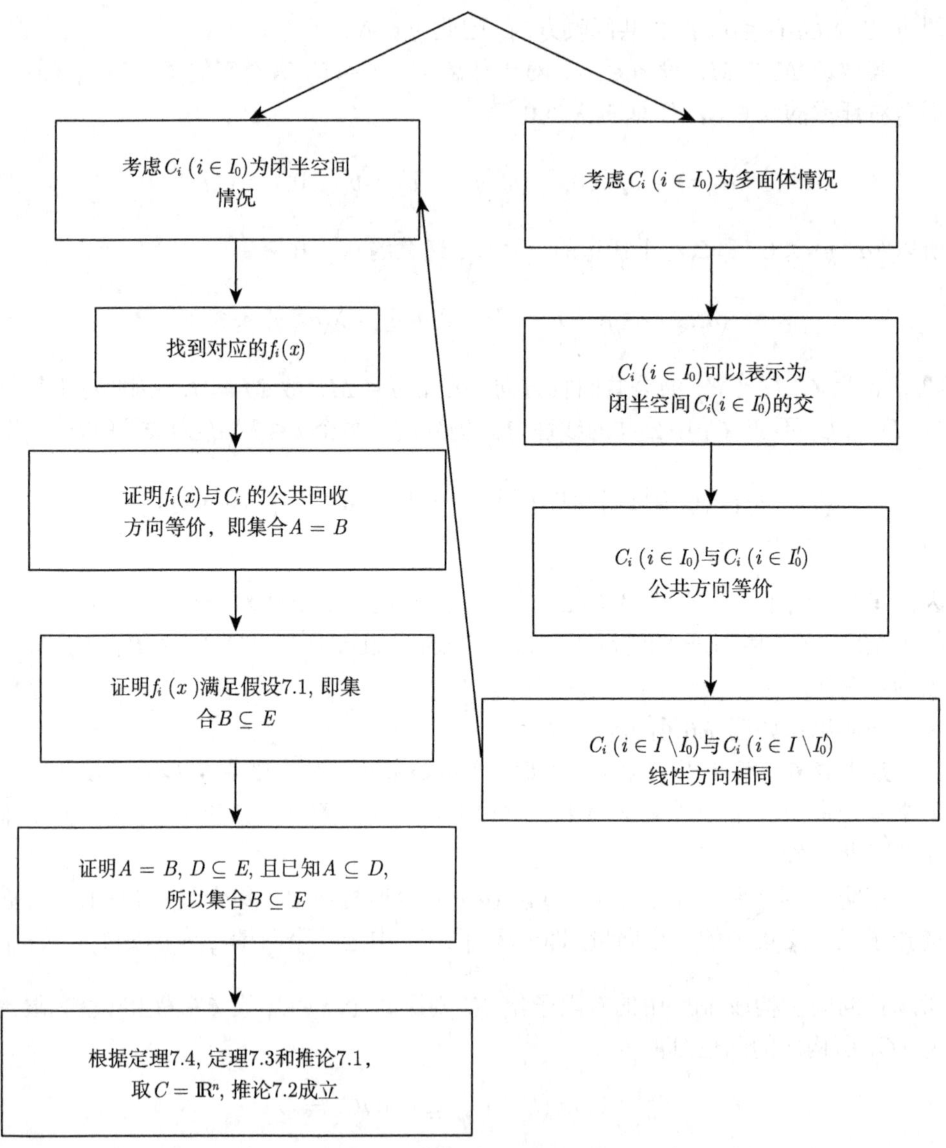

图 7.6　定理 7.5 证明思路

集合 $\{C_i' \mid i \in I\}$ 满足推论 7.2 的假设 (有界无回收方向). 所以整个集合 $\{C_i' \mid i \in I\}$ 也有非空的交集, 且这个交集包含于 $\{C_i \mid i \in I\}$ 的交集中. 证毕. □

Helly 定理的结果能够类似地应用于有限凸不等式系统.

推论 7.4　设给定如下形式的系统

$$f_1(x) < 0, \ \cdots, \ f_k(x) < 0, \ f_{k+1}(x) \leqslant 0, \ \cdots, \ f_m(x) \leqslant 0,$$

其中 $f_1, \cdots, f_m$ 为定义在 $\mathbb{R}^n$ 上的凸函数 (不等式可能全部为严格的或全部为弱的). 如果每个由 $n+1$ 个或更少的不等式所组成的子系统在给定凸集 C 中都有一个解, 那么整个系统在 C 上有解.

证明 令

$$\begin{aligned} &C_0 = C, \\ &C_i = \{x \mid f_i(x) < 0\}, \quad i = 1, \cdots, k, \\ &C_i = \{x \mid f_i(x) \leqslant 0\}, \quad i = k+1, \cdots, m. \end{aligned}$$

集合 $\{C_i \mid i = 0, \cdots, m\}$ 中 $n+1$ 个或更少的集合所构成的子集有非空的交集, 因为任意 $n+1$ 个或更少的 $\{C_i \mid i = 1, \cdots, m\}$ 在 C_0 中有解, 根据定理 7.6, 结论得证. □

推论 7.5 如果定理 7.1或定理 7.2 中的 (b) 成立, 则可以选择 λ_i, 使得它不等于零的个数不超过 $n+1$.

证明 因为 (b) 成立, 所以 (a) 不成立, 故系统 $f_1(x) < 0, \ \cdots, \ f_m(x) < 0$ 在集合 C 上无解. 即至少存在一个由 $n+1$ 个或更少的不等式所组成的子系统在给定凸集 C 中无解. 记为 $f_{i_1} < 0, \ \cdots, \ f_{i_{n+1}}(x) < 0$ 无解. 即对于任意的 $x \in C$, $f_{i_1}, \ \cdots, \ f_{i_{n+1}}(x)$ 中有非负值. 设这些集合为 $J_x = \{j \mid f_{i_j}(x) \geqslant 0\}$, 且 $|J| \leqslant n+1$. 将这些非负值对应的 λ_i 保持不变, 其余的 λ_i $(i \in I \backslash J)$ 都赋为 0. 那么 (b) 退化为

$$\lambda_1 f_1(x) + \cdots + \lambda_m f_m(x) \geqslant 0, \quad \forall\, x \in C.$$

这可以表示为

$$\lambda_{j_1} f_{j_1}(x) + \cdots + \lambda_{j_s} f_{j_s}(x) \geqslant 0, \quad j_s \in J_x, \ \forall\, x \in C,$$

其中 λ 的个数少于 $n+1$, 结论得证. □

7.7 练 习

练习 7.1 举例说明 Helly 定理.

练习 7.2 举例说明定理 7.5.

本章思维导图

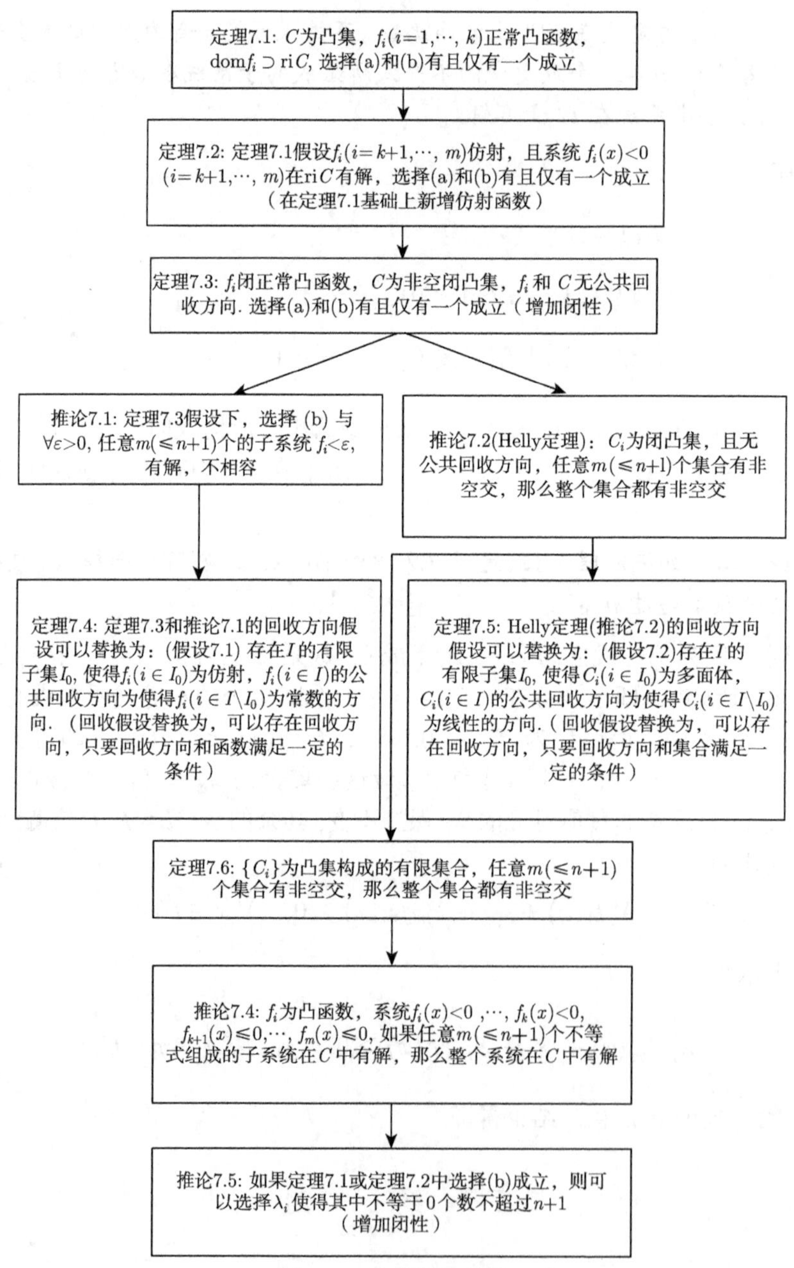

图 7.7　本章思维导图

第 8 章　线性不等式系统

8.1　线性不等式系统的择一性定理

本章要讨论线性不等式系统的理论.

定理 8.1　设 $i=1,\cdots,m$, 令 $a_i\in\mathbb{R}^n$ 及 $\alpha_i\in\mathbb{R}$. 则下面的陈述有且只有一个成立:

(a) 存在向量 $x\in\mathbb{R}^n$, 使得 $\langle\alpha_i\ ,x\rangle\leqslant\alpha_i,\ i=1,\cdots,m$;

(b) 存在非负实数 $\lambda_i,\ i=1,\cdots,m$, 使得 $\sum\limits_{i=1}^m\lambda_i a_i=0$ 且 $\sum\limits_{i=1}^m\lambda_i\alpha_i<0$.

证明　对 $i=1,\cdots,m$, 令 $f_i(x)=\langle a_i,x\rangle-\alpha_i$, 则 $I_0=I=\{1,\cdots,m\}$ 满足定理 7.4 的假设. 因此, 有且仅有一个定理 7.3 中的结论满足 ($C=\mathbb{R}^n$). 定理 7.3 中的结论 (a) 与本定理中的结论 (a) 相同. 定理 7.3 中的结论 (b) 说明对于某些非负数 $\lambda_i,\ i=1,\cdots,m$, 函数

$$f(x)=\sum_{i=1}^m\lambda_i f_i(x)=\left\langle\sum_{i=1}^m\lambda_i a_i,x\right\rangle-\sum_{i=1}^m\lambda_i\alpha_i$$

在 $\mathbb{R}^n$ 上有正的下界. 因为 f 为仿射函数, 这只有在 f 为正的常数函数的情况下才会出现. 这即为本定理中结论 (b) 的内容. □

定理 8.2　设 $i=1,\cdots,m$, 令 $a_i\in\mathbb{R}^n$, $\alpha_i\in\mathbb{R}$, k 为整数, 假设系统

$$\langle a_i,x\rangle\leqslant\alpha_i,\quad i=k+1,\cdots,m$$

对于所有 $1\leqslant k\leqslant m$ 成立. 则下面的陈述有且只有一个成立:

(a) 存在向量 $x\in\mathbb{R}^n$, 使得

$$\langle a_i,x\rangle<\alpha_i,\quad i=1,\cdots,k,$$

$$\langle a_i,x\rangle\leqslant\alpha_i,\quad i=k+1,\ \cdots,\ m.$$

(b) 存在非负实数 $\lambda_i,i=1,\cdots,m$, 使 $\lambda_1,\ \cdots,\ \lambda_k$ 中至少有一个非零且

$$\sum_{i=1}^m\lambda_i a_i=0,\quad\sum_{i=1}^m\lambda_i\alpha_i\leqslant 0.$$

证明 对 $i=1, \cdots, m$, 令 $f_i(x)=\langle a_i, x\rangle-\alpha_i$, 则 $C=\mathbb{R}^n$ 以及 $f_i(x)$ 为仿射函数满足定理 7.2 中的假设. 显然, 定理 7.2 中的结论 (a) 和 (b) 对应于当前的选择 (a) 和 (b). □

显然, 定理 8.1 能够应用于定理 8.2 所假设的系统. 于是, 当且仅当存在非负实数 $\lambda_{k+1}, \cdots, \lambda_m$, 使得

$$\sum_{i=k+1}^{m} \lambda_i a_i=0, \quad \sum_{i=k+1}^{m} \lambda_i \alpha_i<0,$$

定理 8.2 的假设才会不满足.

至此, 我们得到关于有限 (弱或严格) 线性不等式系统解的存在性的必要和充分性条件.

如果不等式 $\langle a_0, x\rangle \leqslant \alpha_0$ 对满足系统

$$\langle a_i, x\rangle \leqslant \alpha_i, \quad i=k+1, \cdots, m$$

的每个 x 都成立，则称不等式 $\langle a_0, x\rangle \leqslant \alpha_0$ 为上述系统的结果.

例子 8.1 不等式 $\zeta_1+\zeta_2 \geqslant 0$ 为系统

$$\zeta_i \geqslant 0, \quad i=1,2$$

的结果.

当 $(\zeta_1, \zeta_2)=x,\ a_0=(-1,-1),\ a_1=(-1,0),\ a_2=(0,-1)$ 以及 $\alpha_0=\alpha_1=\alpha_2=0$ 时, 即是这种情形.

定理 8.3 假设系统

$$\langle a_i, x\rangle \leqslant \alpha_i, \quad i=1, \cdots, m \tag{8.1}$$

关于 i 一致成立. 不等式 $\langle a_0, x\rangle \leqslant \alpha_0$ 为此系统的结果当且仅当存在非负实数 λ_i, $i=1, \cdots, m$, 使得

$$\sum_{i=1}^{m} \lambda_i a_i=0, \quad \sum_{i=1}^{m} \lambda_i \alpha_i \leqslant 0.$$

证明 不等式 $\langle a_0, x\rangle \leqslant \alpha_0$ 为系统 (8.5) 结果当且仅当系统

$$\langle -a_0, x\rangle<-\alpha_0, \quad \langle a_i, x\rangle \leqslant \alpha_i, \quad i=1, \cdots, m$$

不一致, 即无解. 由定理 8.2 知, 这种非一致性等价于存在非负实数 $\lambda_0', \lambda_1', \cdots, \lambda_m'$ 使得 $\lambda_0' \neq 0$, 且

$$\lambda_0'(-a_0)+\lambda_1' a_1+\cdots+\lambda_m' a_m=0,$$

$$\lambda_0'(-\alpha_0)+\lambda_1'\alpha_1+\cdots+\lambda_m'\alpha_m\leqslant 0.$$

这个条件等价于在本定理中取 $\lambda_i=\lambda_i'/\lambda_0'$, $i=1,\cdots,m$. □

推论 8.1(Farkas 引理) 不等式 $\langle a_0,x\rangle\leqslant 0$ 为系统

$$\langle a_i,x\rangle\leqslant 0,\quad i=1,\ \cdots,\ m$$

的结果当且仅当存在非负实数 $\lambda_1,\ \cdots,\ \lambda_m$, 使得

$$\sum_{i=1}^{m}\lambda_i a_i=a_0.$$

证明 因为对于 $i=1,\ \cdots,\ m$, 有 $\langle a_i,x\rangle\leqslant 0$, 所以定理 8.3 的假设一定满足. □

Farkas 引理有一个用极凸锥表示的简单形式. $a_1,\cdots,a_m$ 的所有非负线性组合的集合称为由 $a_1,\ \cdots,\ a_m$ 所生成的凸锥 K. 系统 $\langle a_i,x\rangle\leqslant 0$ $(i=1,\ \cdots,\ m)$ 的解构成 K 的极锥 K°. 不等式 $\langle a_0,x\rangle\leqslant 0$ 为此系统的结果当且仅当对于每个 $x\in K^\circ$, 有 $\langle a_0,x\rangle\leqslant 0$, 换句话说, $a_0\in K^{\circ\circ}=K$.

Farkas 引理说明 $K=K^{\circ\circ}$. 这个结果已经用另外的方法得到. 如 [3, 第 7 章] 所说明的, 对于任何凸锥 K, 总有 $K^{\circ\circ}=\mathrm{cl}K$. 这里 K 为有限生成的, 因此为闭的 ([2, 定理 5.1]). 所以, $K^\circ=K^{\circ\circ}$.

按照定理 3.3, 定理 8.3 和 Farkas 引理对于某些无限系统

$$\langle a_i,x\rangle\leqslant\alpha_i,\quad i\in I$$

也是成立的. 正确性成立的条件是系统的解集有非空的内部且点集

$$\{(a_i,\alpha_i)\mid i\in I\}$$

为 $\mathbb{R}^{n+1}$ 中的有界闭.

如果定理 8.1 中结论 (a) 的不等式之一改为等式条件, 则关于结论 (b) 的影响将是去掉对应条件中有关乘子 λ_i 的非负性要求. 读者可以以练习的形式, 将定理 8.1 应用于修正的系统. 在此修正的系统中, 每个方程都能够通过一对不等式来表示.

定理 8.3 容易被推广到混合型弱的或严格的不等式系统 (同样证明) 的情形. 但是, 在这种情况下结果的论述将会变得有些复杂, 因此引入如下矩阵方式的描述.

8.2　线性不等式系统的矩阵描述及对偶系统

通常, 我们可以用矩阵表示不等式系统. 例如, 在定理 8.1 的情况中, 设 A 为 $m \times n$ 矩阵, 其行为 $a_1, \cdots, a_m$, 且令 $\alpha = (\alpha_1, \cdots, \alpha_m)$. 则定理 8.1 的结论 (a) 中的系统能够表示成为

$$Ax \leqslant \alpha.$$

按照惯例, 向量不等式对应于分量的不等式. 令 $\omega = (\lambda_1, \cdots, \lambda_m)$, 我们能够将结论 (b) 中的条件表示成为

$$\omega \geqslant 0, \quad A^*\omega = 0, \quad \langle \omega, \alpha \rangle < 0,$$

其中 A^* 为转置矩阵. 这个公式表明 (b) 与 (a) 一样, 涉及系统的解的存在性问题并且能够用有限多个线性不等式来表示该问题. 我们可以将 (b) 中的系统称为关于系统 (a) 的备选. 两个系统互为对偶. 在某种意义上说, 无论系数如何选择, 只要一个系统有解, 另外一个系统一定没有解.

类似地, 也可以构造其他的不等式对偶. 例如, 系统

$$x \geqslant 0, \ Ax = \alpha$$

的结论能够从 Farkas 引理得到. 用 $a_1, \cdots, a_n$ 表示 A 的列, 令 $x = (\xi_1, \cdots, \xi_n)$, 则不存在使系统 $x \geqslant 0, \xi_1 a_1 + \cdots + \xi_n a_n = a$ 成立的 x, 当且仅当存在向量 $\omega \in \mathbb{R}^m$ 使对于 $j = 1, \cdots, n$ 有 $\langle a_j, \omega \rangle \leqslant 0$ 且 $\langle \alpha, \omega \rangle > 0$. 因此, 系统

$$A^*\omega \leqslant 0, \quad \langle a, \omega \rangle > 0$$

与给定系统对偶.

类似地, 能够证明系统

$$x \geqslant 0, \quad Ax \leqslant \alpha$$

与系统

$$\omega \geqslant 0, \quad A^*\omega \geqslant 0, \quad \langle \alpha, \omega \rangle < 0$$

互为对偶.

有许多对偶系统对都能通过各种等式和弱的及严格的不等式的混合而得到, 这里不再一一举例.

我们可以将一些对偶系统用另一种方式来表示. 给定系统

$$\zeta_j \in I_j, \ j = 1, \cdots, N,$$

$$\zeta_{n+i} = \sum_{j=1}^{n} \alpha_{ij}\zeta_j,\ i = 1, \cdots, m,$$

其中 $N = m + n$, $A = (\alpha_{ij}) \in \mathbb{R}^{m\times n}$ 为给定的系数矩阵, 每个 I_j 为特定的实区间 (实区间仅仅表示 $\mathbb{R}$ 中的凸子集; 因此 I_j 可能为开的或闭的或两者都不是, 也可能仅由单个数所构成). 例如, 系统 $Ax \leqslant \alpha$ 对应于当 $j = 1, \cdots, n$ 时 $I_j = (-\infty, +\infty)$ 且当 $i = 1, \cdots, m$ 时 $I_{n+i} = (-\infty, \alpha_i]$ 的情形. 系统 $x \geqslant 0$, $Ax = \alpha$ 对应于当 $j = 1, \cdots, n$ 时 $I_j = [0, +\infty)$ 及当 $i = 1, \cdots, m$ 时 $I_{n+i} = \{\alpha_i\}$ 的情形.

对于所提到的系统对应的对偶系统, 我们统一设置数 $\zeta_1^*, \cdots, \zeta_N^*$ 的条件, 使这些数满足

$$-\zeta_j^* = \sum_{i=1}^{m} \zeta_{n+i}^*\alpha_{ij}, \quad j = 1, \cdots, n.$$

令 $w = (\zeta_{n+1}^*, \cdots, \zeta_{n+m}^*) \in \mathbb{R}^m$ 以及 $A^*\omega = (-\zeta_1^*, \cdots, -\zeta_n^*)^{\mathrm{T}}$. 从而, 在关于 $Ax \leqslant \alpha$ 的对偶系统中的条件为

$$\zeta_j^* = 0, \quad j = 1, \cdots, n,$$

$$\zeta_{n+i}^* \geqslant 0, \quad i = 1, \cdots, m,$$

$$\zeta_{n+1}^*\alpha_1 + \cdots + \zeta_{n+m}^*\alpha_m < 0.$$

注意到这个条件等价于对 $i = 1, \cdots, m$ 满足 $\zeta_{n+i} \leqslant \alpha_i$ 的数 $\zeta_1^*, \cdots, \zeta_N^*$, 都有

$$\zeta_1^*\zeta_1 + \cdots + \zeta_N^*\zeta_N < 0.$$

也就是, 对于 $j = 1, \cdots, N$ 满足 $\zeta_j \in I_j$ 的 $\zeta_1^*, \cdots, \zeta_N^*$, 都有上式成立.

因此, 关于 $Ax \leqslant \alpha$ 的对偶系统中的条件能够简单地表示成为

$$\zeta_1^* I_1 + \cdots + \zeta_N^* I_N < 0.$$

我们规定这里 "< 0" 相当于 $\subset (-\infty, 0)$. 类似地, 系统 $x \geqslant 0$, $Ax = \alpha$ 的对偶系统中的条件为

$$\zeta_j^* \geqslant 0, \quad j = 1, \cdots, n,$$

$$\zeta_{n+1}^*\alpha_1 + \cdots + \zeta_{n+m}^*\alpha_m > 0.$$

这能够用相应的区间 I_j 表示成为

$$\zeta_1^* I_1 + \cdots + \zeta_N^* I_N > 0.$$

我们猜测, 在一般情况下, 无论指定什么区间 $I_1, \cdots, I_N$, 都将存在能够表示成为

$$\zeta_1^* I_1 + \cdots + \zeta_N^* I_N > 0,$$

$$-\zeta_j^* = \sum_{i=1}^{m} \zeta_{n+i}^* \alpha_{ij}, \quad j = 1, \cdots, n$$

的选择系统 (不失一般性, 仅仅选择 "> 0" 的情形, 因为在这种情况下, 解存在当且仅当在 "< 0" 的情况下解的存在性). 我们在后半章将证明这个猜想是正确的.

对于 $i = 1, \cdots, m$, $\mathbb{R}^N$ 中满足

$$\zeta_{n+i} = \sum_{j=1}^{n} \zeta_j \alpha_{ij}, \ i = 1, \cdots, m$$

的向量 $z = (\zeta_1, \cdots, \zeta_N)$ 形成 $\mathbb{R}^N$ 中的 n 维子空间 L. 如在 [2, 第 1 章] 结尾所指出的那样, 正交补子空间 $L^\perp$ 由满足

$$-\zeta_j^* = \sum_{i=1}^{m} \zeta_{n+i}^* \alpha_{ij}, \quad j = 1, \cdots, n$$

的向量 $z^* = (\zeta_1^*, \cdots, \zeta_N^*)$ 所组成. 为简单起见, 我们说 L 和 $L^\perp$, 而不说由系数矩阵 A 所确定的线性关系 (当然, 任何子空间及其正交补都能够如 [1, 第 1 章] 中那样借助 Tucker 表示而用系数矩阵来表示.).

因此, 我们可以假设仅给 $\mathbb{R}^N$ 的子空间 L 及某些实区间 $I_1, \cdots, I_N$, 是否存在向量 $(\zeta_1^*, \cdots, \zeta_N^*) \in L^\perp$ 使得 $\sum\limits_{j=1}^{N} \zeta_j^* I_j > 0$. 顺便要说的是, 因为凸集的线性组合为凸的, 所以集合 $\sum\limits_{j=1}^{N} \zeta_j^* I_j > 0$ 为实区间.

该猜测在分离定理的形式下是正确的: 子空间 L 与推广的矩形域

$$C = \{(\zeta_1, \cdots, \zeta_N) \mid \zeta_j \in I_j, j = 1, \cdots, N\}$$

相交, 或存在包含 L 的超平面 $\{z \mid \langle z, z^* \rangle = 0\}$ 与 C 不相交. 这猜测提供了一些积分方面的动因. 然而, 下面的证明并没有利用几何性质, 也没有借助任何关于凸性的一般定理. 这是一种完全不依赖于组合性质的证明, 它提供了一种直接获得类似于 Farkas 引理这样的结果的基本方法. 为此, 我们引入基本向量的概念.

8.3 基本向量

将向量 $z=(\zeta_1,\cdots,\zeta_N)$ 看作定义在集合 $\{1,\cdots,N\}$(在点 j 处的函数值为 ζ_j) 上的实值函数, 定义 z 的支集 (support) 为使得 $\zeta_j\neq 0$ 的下标 j 的集合. L 中的每个向量都用 $\{1,\cdots,N\}$ 的某个子集来编号, 也就是它的支集.

定义 8.1 $\mathbb{R}^N$ 中子空间 L 的"基本向量" z 是指, 其为 L 的非零向量, 并且它的支集关于 L 来说是最小的. 即 L 中其他任何非零向量的支集都不会是 z 的支集的真子集.

注 8.1 如果 z 为 L 中的基本向量, 则对于任意 $\lambda\neq 0$, λz 也为 L 中的基本向量.

下面介绍基本向量的两个应用场景.

例子 8.2 令 $L=\mathbb{R}^2$, 则 L 中的基本向量为 $(1,0)$ 和 $(0,1)$.

例子 8.3 令 $L=\{(x_1,x_2)\mid x_1-x_2=0\}\subset\mathbb{R}^2$, 则 L 中的基本向量为 $(1,1)$. 如图 8.1 所示.

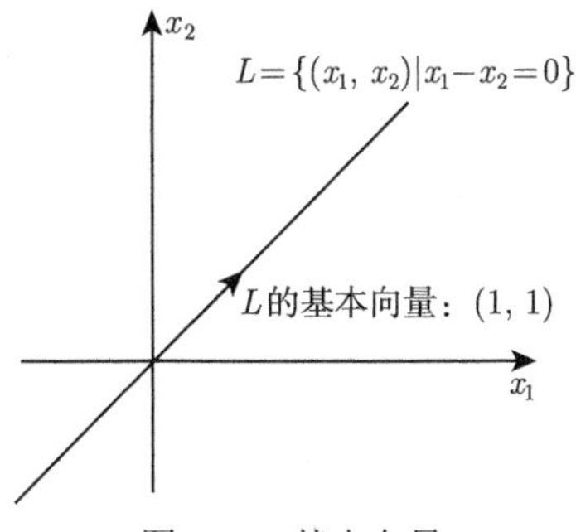

图 8.1 基本向量

有向图 G 可以被定义为三元组 (E,V,C), 其中 $E=\{e_1,\cdots,e_N\}$ 为元素的抽象集合, 称为边 (edge) (分支、线、弧或链环); $V=\{v_1,\cdots,v_M\}$ 被称为抽象顶点 (vertices) (结点或点) 的元素的集合; $C=(c_{ij})$ 为 $M\times N$ 矩阵, 称其为关联矩阵 (incidence matrix), 它的元素全都为 $+1$, -1, 或 0, 每列就一个 $+1$ 和一个 -1. 关联矩阵 C 解释为, 对于每个边 e_j, 位于 e_j 始端的顶点 v_i 满足 $c_{ij}=1$, 而位于 e_j 末端的顶点 v_i 满足 $c_{ij}=-1$.

给定有向图 $G=(E,V,C)$, 考虑由所有满足

$$\sum_{j=1}^{N}c_{ij}\zeta_j=0,\quad i=1,\cdots,M$$

的向量 $z=(\zeta_1,\cdots,\zeta_N)$ 组成的 $\mathbb{R}^N$ 中的子空间 L.

例子 8.4　如果我们把 G 看作管道网络, 例如, 将 ζ_j 解释为每秒通过管道 e_j 的流水量 (正的 ζ_j 看作由 e_j 的起始顶点流向末端顶点, 负的 ζ_j 表示相反方向的水流). 则 L 中的向量可解释为 G 中的环流 (circulation), 即稳定在每个顶点的流. 这种向量 z 的支集形成对应流为非零的边 e_j 的集合. 因此, L 中的基本向量对应于 G 中的非零环流, 该环流在边的最小集合上是非零的. 无须进行深入细致的描述就可以说, 所属的最小边的集合构成了 G 中基本回路 (不相互交叉的"闭路"). 事实上, L 中的每个基本向量都具有形式

$$z=\lambda(\epsilon_1,\cdots,\epsilon_N),\quad \lambda\neq 0,$$

其中 $(\epsilon_1,\cdots,\epsilon_N)$ 为关于某些基本回路的关联向量 (如果回路由开始顶点到最末顶点穿过边 e_j, 则 $\epsilon_j=+1$; 如果回路以相反方向穿过 e_j, 则 $\epsilon_j=-1$; 如果回路根本没有用到 e_j, 则 $\epsilon_j=0$).

例子 8.5　给定有向图 $G=(E,V,C)$, 如图 8.2 和图 8.3 所示. 其关联矩阵 C 为

$$C=\begin{bmatrix}1&0&-1&1&0\\-1&1&0&0&0\\0&-1&1&0&-1\\0&0&0&-1&1\end{bmatrix}.$$

记 $N=5$, $M=4$, 令 $L=\left\{z\,\middle|\,\sum\limits_{j=1}^{N}\zeta_j^*c_{ij}=0,\ i=1,\ \cdots,\ 4\right\}$, c_{ij} 为关联矩阵 C 中的元素. 空间 L 的基为: $(1,1,0,1,1)^{\mathrm{T}}$ 与 $(1,1,1,0,0)^{\mathrm{T}}$. 则该图中的基本向量为: $z_1=(1,1,1,0,0)^{\mathrm{T}}$ 与 $z_2=(0,0,-1,1,1)^{\mathrm{T}}$. 基本回路为 (e_1,e_2,e_3) 与 (e_3,e_4,e_5).

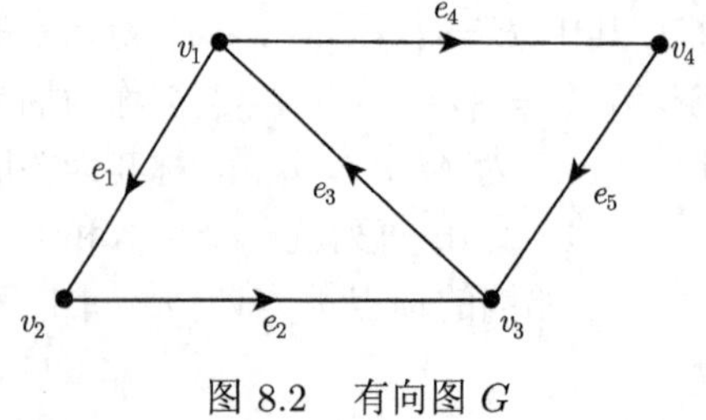

图 8.2　有向图 G

	e_1	e_2	e_3	e_4	e_5
v_1	1	1	−1	1	0
v_2	−1	0	0	0	0
v_3	0	−1	1	0	−1
v_4	0	0	0	−1	1

图 8.3　有向图 G 中点与边的关系

例子 8.6　另外一个有关基本向量的例子可以通过考虑环流空间 L 的正交补 $L^{\perp}$ 而得到. 当然, $L^{\perp}$ 为由关联矩阵 C 的行所生成的 $\mathbb{R}^N$ 中的子空间, 换句话说, $L^{\perp}$ 由满足如下条件的向量 $z^*=(\zeta_1^*,\cdots,\zeta_N^*)$ 组成: 存在向量 $p=(\pi_1,\cdots,\pi_M)$,

使得对于 $j=1,\cdots,N$, 有

$$\zeta_j^* = -\sum_{i=1}^{M} \pi_i^* c_{ij}.$$

即 $L^{\perp}=\left\{z^*=(\zeta_1^*,\ \cdots,\ \zeta_N^*)\mid \text{存在 } p=(\pi_1,\ \cdots,\ \pi_m), \text{使得} \zeta_j^*=-\sum\limits_{i=1}^{M}\pi_i^* c_{ij}\right\}.$

如果将 π 解释为位于顶点 v_i 处的位势, 则这个公式说明 ζ_j^* 可以通过从 e_j 的最末顶点的位势中减去初始顶点的位势而得到. 因此, $L^{\perp}$ 中的向量能够解释为 G 中的张力, ζ_j^* 为张力的量或穿过 e_j 的位势差. 这种向量的支集构成与其相应张力值非零的边的集合. $L^{\perp}$ 中的每个基本向量对应于 G 中的一种张力, 这种张力在 G 中最小的边的集合上非零. 能够证明, 这样的边的集合构成了所谓的 G 中的基本余回路 (elementary cocircuits), 且 $L^{\perp}$ 中基本向量具有形式

$$z^* = \lambda(\epsilon_1, \cdots, \epsilon_N), \quad \lambda \neq 0,$$

其中 $(\epsilon_1,\cdots,\epsilon_N)$ 为关于某些基本余回路的关联向量.①

若 $\mathbb{R}^N$ 中的一般子空间不是由某有向图中所有环流或张力所构成的空间, 此时, 没有必要每个基本向量都是所有坐标都为 $+1$, -1 或 0 的向量的乘积. 下面介绍基本向量的一些特殊性质.

8.4 基本向量的性质

下面的引理将在证明定理 8.4 时用到.

引理 8.1 令 L 是 $\mathbb{R}^N$ 的一个子空间, 若 z 和 z' 都是 L 的基本向量, 它们有相同的支集, 则 z 和 z' 是成比例的, 即存在 $\lambda\neq 0$, 使得 $z'=\lambda z$.

证明 令 j 是 z 和 z' 的共同支集中的任意一个下标. 令 $\lambda=\zeta_j'/\zeta_j$, 其中 ζ_j 和 ζ_j' 分别是 z 和 z' 的第 j 个分量. 由于凸的线性组合还是凸的, 则存在向量 $y=z'-\lambda z$ 属于子空间 L 且 $y_j=0$. 由于向量 y 的支集不包含 j, 则 y 的支集是包含在基本向量 z 的支集里, 且小于基本向量 z 的支集. 又因为 z 是 L 的一个基本向量, 根据基本向量的定义可知, 基本向量的支集不包含 L 中其他任何非零向量的支集. 因此向量 y 一定是零向量. 即 $z'=\lambda z$. □

推论 8.2 $\mathbb{R}^N$ 的一个子空间 L 中仅有有限多个基本向量 (在常数倍的意义下).

① G 中的基本余回路对应于 G 的 "最小剖分". 可以由如下方式得到. 为了简单起见, 假设 G 为连通的. 选择顶点集的任一集 W, 将 G 中所有一个顶点属于 W 而另一个顶点不属于 W 的边删去, 将得到一个恰好具有两个连通分图的有向图. 与 W 相关的基本余回路由刚刚刻画过的边组成, 如果 e_j 的初始顶点属于 W 而末端顶点不属于 W, 则 $\epsilon_j=+1$; 如果 e_j 的末端顶点属于 W, 而初始顶点不属于 W, 则 $\epsilon_j=-1$; 如果 e_j 的两个顶点都不属于 W 或全部属于 W, 则 $\epsilon_j=0$.

证明　对子空间 L 来说, 存在有限多个 $\{1,2,\cdots,N\}$ 的子集作为 L 的基本向量的支集. 由引理 8.1可知, 一个子集对应一类基本向量, 且这些基本向量是成比例的. 因此, $\mathbb{R}^N$ 的一个子空间 L 中仅有有限多个基本向量, 在常数倍的意义下. □

引理 8.2　给定一个子空间 L, 其中每一个向量都能表示成为 L 中基本向量的线性组合.

证明　令 z 是 L 的任意一个非零向量. 根据基本向量的定义可知, 必存在 L 中的一个基本向量 z_1, 其支集包含在 z 的支集里. 令 j 是 z_1 的支集中的指标之一. 令 λ_1 是 z 的第 j 个分量比 z_1 的第 j 个分量, 且令向量 $z'=z-\lambda_1 z_1$. 显然, 向量 $z'\in L$ 且 z' 的支集恰好包含在 z 的支集里. 若 z' 是基本向量或 $z'=0$, 则向量 $z=z'+\lambda_1 z_1$ 即为所求. 否则, 我们将同样的讨论用于 z' 来得到更进一步的分解. 向量 z' 是 L 中其支集包含在非零向量 z 的支集里的任意一个非零向量. 根据基本向量的定义可知, 必存在 L 中的一个基本向量 z_2, 其支集包含在 z' 的支集里. 令 j 是 z_2 的支集中的指标之一. 令 λ_2 是 z' 的第 j 个分量比 z_2 的第 j 个分量, 且令向量 $z''=z'-\lambda_2 z_2$. 显然, 向量 $z''\in L$, z'' 的支集恰好包含在 z' 的支集里且 z'' 的支集至少比 z 的支集少两个指标. 若 z'' 是基本向量或者若 $z''=0$, 则向量 $z=(z''+\lambda_2 z_2)+\lambda_1 z_1$ 即为所求. 否则, 我们再将同样的讨论应用于 z''. 经过有限个分解步骤之后, 即可得到基本向量的线性组合. □

例子 8.7　令 $L=\{(\zeta_1,\zeta_2,\zeta_3)\mid\zeta_1=0\}\subseteq\mathbb{R}^3$. 如图 8.4 所示, 我们可以找到其基本向量为 $\lambda(0,1,0)$ 和 $\lambda(0,0,1)$, 其中 $\lambda\neq 0$ 为常数.

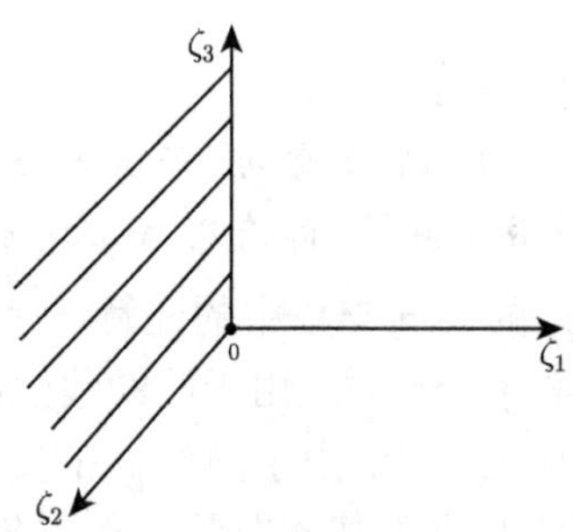

图 8.4　例子 8.7 图示

例子 8.8　令 $L=\{(\zeta_1,\zeta_2,\zeta_3)\mid\zeta_1+\zeta_2+\zeta_3=1\}$. 如图 8.5 所示, 我们可以找到 L 的基本向量为 $\lambda(0,1,-1)$, $\lambda(1,-1,0)$ 和 $\lambda(-1,0,1)$, 其中 $\lambda\neq 0$ 为常数.

在证明定理 8.4 之前, 首先陈述一个显而易见的事实, 即性质 8.1. 这是 Helly 定理的一个特殊情况, 也是定理 7.6 当 $n=1$ 时的情况. 我们将此性质应用于下面定理 8.4 的证明中. 因为此性质是一种简单的情况, 所以在这里, 我们给出一种新的证明.

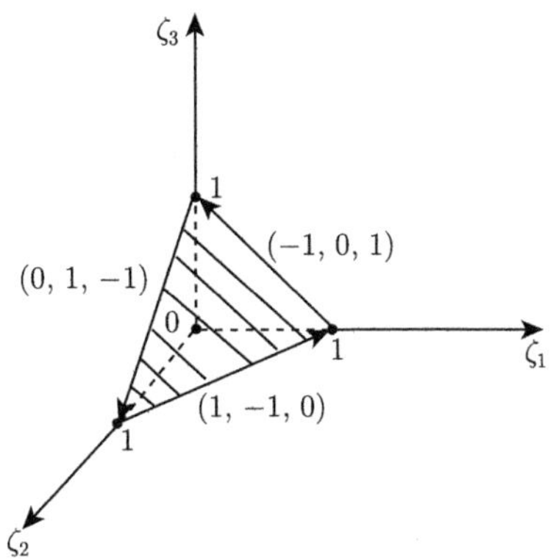

图 8.5 例子 8.8 图示

性质 8.1 若实区间 $J_1, J_2, \cdots, J_m$ 中任意两个实区间都相交, 则存在一个点是 m 个实区间的公共点.

证明 从每一个交集 $J_i \cap J_j$ 中选择一个元素 α_{ij} 形成一个 $m \times m$ 的对称矩阵 A. 我们令

$$\beta_1 = \max_i \left\{ \min_j \{\alpha_{ij}\} \right\},$$

也就是说, β_1 是每行中取最小后的 m 个数再取最大. 令 $\beta_2 = \min\limits_j \left\{ \max\limits_i \{\alpha_{ij}\} \right\}$, 也就是说, β_2 是每列中取最大后的 m 个数再取最小. 下面先证 $\beta_1 \leqslant \beta_2$. 分为三步证明.

(i) 首先证

$$\beta_2 = \min_i \left\{ \max_j \{\alpha_{ij}\} \right\}. \tag{8.2}$$

由于 A 为对称矩阵, 对任意 i, j, 有 $\alpha_{ij} = \alpha_{ji}$, 故有

$$\begin{aligned} \beta_2 = \min_j \left\{ \max_i \{\alpha_{ij}\} \right\} &= \min_j \left\{ \max_i \{\alpha_{ji}\} \right\} \quad (\alpha_{ij} = \alpha_{ji}) \\ &= \min_i \left\{ \max_j \{\alpha_{ij}\} \right\}, \quad (\text{交换 } i, j \text{ 的符号}) \end{aligned}$$

因此(8.2)成立. 即 β_2 是 A 的每一行中取最大后的 m 个数再取最小.

(ii) 记

$$\alpha_{ij_{\min}} = \min_j \{\alpha_{ij}\}, \quad \alpha_{ij_{\max}} = \max_j \{\alpha_{ij}\}. \tag{8.3}$$

即 $\alpha_{ij_{\min}}$ 为 A 中第 i 行的最小值, $\alpha_{ij_{\max}}$ 为 A 中第 i 行的最大值. 接下来证

$$\alpha_{ij_{\min}} \leqslant \alpha_{ij_{\max}}, \quad i = 1, \cdots, m. \tag{8.4}$$

由(8.3) 中的定义, 显然对任意的 i, 有

$$\alpha_{ij_{\min}} \leqslant \alpha_{ij} \leqslant \alpha_{ij_{\max}}, \quad j=1,\cdots,m,$$

即(8.4) 成立.

(iii) 再证对任意的 $i=1,\cdots,m$, 有

$$\alpha_{ij_{\min}} \leqslant \alpha_{kj_{\min}}, \quad k \neq i,\ k=1,\cdots,m. \tag{8.5}$$

以 $i=1$ 为例进行证明, 对任意的 $k \neq 1$, 由 $\alpha_{ij_{\min}}$, $\alpha_{ij_{\max}}$ 的定义(8.3)以及 A 的对称性, 可得

$$\alpha_{1j_{\min}} \leqslant \alpha_{1k} = \alpha_{k1} \leqslant \alpha_{kj_{\max}},$$

因此(8.5) 成立. 即任一行中最小的数不超过每一行中最大的数.

综合 (i), (ii), (iii) 可知 $\beta_1 \leqslant \beta_2$.

令 β 是 β_1 和 β_2 之间的任意数. 对于 $i=1,2,\cdots,m$, 有

$$\min_j \{\alpha_{ij}\} \leqslant \beta \leqslant \max_j \{\alpha_{ij}\},$$

从而 β 位于实区间 J_i 中的两数之间. 因此, 对于 $i=1,2,\cdots,m$, 有 $\beta \in J_i$. □

例子 8.9 取实区间 $J_i \subseteq \mathbb{R}$, $i=1,2,3$, 其中区间 $J_1=(1,6)$, $J_2=(4,9)$, $J_3=(3,12)$. 易知实区间 J_1, J_2, J_3 中任意两个实区间都相交. 根据上述证明可以得到对称矩阵 A 如下[①]:

$$A=\begin{pmatrix} 2 & 5 & 4 \\ 5 & 6 & 8 \\ 4 & 8 & 11 \end{pmatrix}.$$

由此得出 $\beta_1=5$, $\beta_2=5$. 由 $\beta_1 \leqslant \beta \leqslant \beta_2$ 可取 $\beta=5$. 因此得 $5 \in J_i$, $i=1,2,3$. 此时我们找到了一个数 5 是这三个实区间的公共点.

8.5 关于区间的择一性定理

下面证明定理 8.4. 此证明没有使用几何内容, 也没有调用任何关于凸性的一般性定理. 此证明是一个具有组合性质的完全独立的证明.

定理 8.4 令 L 是 $\mathbb{R}^N$ 的一个子空间, 令 $I_1, I_2, \cdots, I_N$ 是实区间. 则 (a) 和 (b) 有且仅有一个成立:

① 注意 A 并不唯一.

(a) 存在一个向量 $z=(\zeta_1,\zeta_2,\cdots,\zeta_N)\in L$, 使得

$$\zeta_1\in I_1,\ \zeta_2\in I_2,\ \cdots,\ \zeta_N\in I_N.$$

(b) 存在一个向量 $z^*=(\zeta_1^*,\zeta_2^*,\cdots,\zeta_N^*)\in L^\perp$, 使得

$$\zeta_1^*I_1+\zeta_2^*I_2+\cdots+\zeta_N^*I_N>0.$$

如果 (b) 成立, 则 z^* 可选为 $L^\perp$ 的一个基本向量.

证明 先证 (i) (b) 成立 ⇒(a) 不成立; 再证 (ii) (b) 不成立 ⇒(a) 成立.

(i) 若 (b) 成立, 即存在一个向量 $z^*=(\zeta_1^*,\zeta_2^*,\cdots,\zeta_N^*)\in L^\perp$, 使得

$$\zeta_1^*I_1+\zeta_2^*I_2+\cdots+\zeta_N^*I_N>0.$$

采用反证法证明. 反设 (a) 成立, 则存在一个向量 $z=(\zeta_1,\zeta_2,\cdots,\zeta_N)\in L$, 使得 $\zeta_1\in I_1$, $\zeta_2\in I_2$, $\cdots$, $\zeta_N\in I_N$. 则由 $z^*\in L^\perp$ 和 $z\in L$ 得 $\langle z^*,z\rangle=0$. 而由 (b) 知, 对于向量 $z^*\in L^\perp$, 有

$$\zeta_1^*I_1+\zeta_2^*I_2+\cdots+\zeta_N^*I_N>0.$$

即得 $\langle z^*,z\rangle>0$, 与 $\langle z^*,z\rangle=0$ 矛盾. 因此反设不成立. 故 (b) 成立 ⇒(a) 不成立.

(ii) 若 (b) 不成立, 这意味着对于任意一个向量 $z^*=(\zeta_1^*,\zeta_2^*,\cdots,\zeta_N^*)\in L^\perp$, 有

$$0\in\zeta_1^*I_1+\zeta_2^*I_2+\cdots+\zeta_N^*I_N. \tag{8.6}$$

根据引理 8.2 可知, $L^\perp$ 中的每一个向量都可以表示成为 $L^\perp$ 中基本向量的线性组合. 因此 (b) 不成立换句话说即为: 对于任意一个基本向量 $z^*=(\zeta_1^*,\zeta_2^*,\cdots,\zeta_N^*)\in L^\perp$, 有(8.6) 成立. 下面采用归纳假设的方法进行证明.

令 p 是 $I_1,I_2,\cdots,I_N$ 中非平凡区间的个数, 其中非平凡区间是指包含一个及以上的点但并不为全空间 $(-\infty,+\infty)$. 我们对 p 进行归纳证明.

(步 1) 当 $p=0$ 时, 即非平凡区间的个数为零. 为简单起见, 我们假设 I_j 由单个数 α_j 构成, $j=1,2,\cdots,k$. 而对于 $j=k+1,k+2,\cdots,N$, $I_j=(-\infty,+\infty)$. 我们构造 $\mathbb{R}^N$ 的一个子空间 L_0. L_0 由向量 $z'=(\zeta_1',\zeta_2',\cdots,\zeta_N')$ 构成, 且对于 $j=1,2,\cdots,k$, L 中存在一个向量 z 有 $\zeta_j'=\zeta_j$. 令子空间 $L_0^\perp$ 由向量 $z^*\in L^\perp$ 构成, 且对于 $j=k+1,k+2,\cdots,N$, 有 $\zeta_j^*=0$. 易知 $L_0^\perp$ 中的基本向量就是 $L^\perp$ 中属于 $L_0^\perp$ 的基本向量.

若 (b) 不成立, 即对于 $L^\perp$ 中任意一个基本向量 z^*, 有

$$0\in\zeta_1^*\alpha_1+\cdots+\zeta_k^*\alpha_k+\zeta_{k+1}^*(-\infty,+\infty)+\cdots+\zeta_N^*(-\infty,+\infty).$$

则对于 $L_0^{\perp}$ 中任意一个基本向量 z^*, 有

$$0 \in \zeta_1^*\alpha_1 + \cdots + \zeta_k^*\alpha_k + \zeta_{k+1}^*(-\infty, +\infty) + \cdots + \zeta_N^*(-\infty, +\infty).$$

因为 $L_0^{\perp}$ 的向量为 $z^* = (\zeta_1^*, \cdots, \zeta_k^*, 0, \cdots, 0)$ 的形式, 所以 $L_0^{\perp}$ 中的基本向量也是如 $z^* = (\zeta_1^*, \cdots, \zeta_k^*, 0, \cdots, 0)$ 的形式, 即 $k+1$ 项到 N 项都为零. 因此, 为了表达方便, 我们在区间 $(-\infty, +\infty)$ 中取零来表示. 即对于 $L_0^{\perp}$ 中任意一个基本向量 z^*, 有

$$0 = \zeta_1^*\alpha_1 + \cdots + \zeta_k^*\alpha_k + \zeta_{k+1}^* \cdot 0 + \cdots + \zeta_N^* \cdot 0.$$

由此可得, 向量 $(\alpha_1, \cdots, \alpha_k, 0, \cdots, 0)$ 与 $L_0^{\perp}$ 中所有的基本向量正交. 又根据引理 8.2, 我们可以知道 $L_0^{\perp}$ 中所有向量都可以表示成为 $L_0^{\perp}$ 中基本向量的线性组合. 因此, 向量 $(\alpha_1, \cdots, \alpha_k, 0, \cdots, 0)$ 与 $L_0^{\perp}$ 中所有的向量正交, 即

$$(\alpha_1, \cdots, \alpha_k, 0, \cdots, 0) \in L_0^{\perp\perp} = L_0.$$

根据子空间 L_0 的构造可知, L 中存在一个向量 z, 使得 $\zeta_1 = \alpha_1$, $\zeta_2 = \alpha_2$, $\cdots$, $\zeta_k = \alpha_k$, 即这个向量 $z = (\alpha_1, \cdots, \alpha_k, \zeta_{k+1}, \cdots, \zeta_N)$. 该向量 z 满足 (a), 即找到了一个向量 $z = (\zeta_1, \zeta_2, \cdots, \zeta_N) \in L$, 使得 $\zeta_1 \in I_1$, $\zeta_2 \in I_2$, $\cdots$, $\zeta_N \in I_N$.

(步 2) 假设当 $p = N-1$ 时, 可由 (b) 不成立得到 (a) 成立. 即当 $I_1, I_2, \cdots, I_N$ 中有 $N-1$ 个非平凡空间时, 对于 $L^{\perp}$ 中任意一个基本向量 z^* 有 $0 \in \zeta_1^*I_1 + \zeta_2^*I_2 + \cdots + \zeta_N^*I_N$, 可以得出存在一个向量 $z = (\zeta_1, \zeta_2, \cdots, \zeta_N) \in L$, 使得 $\zeta_1 \in I_1$, $\cdots$, $\zeta_N \in I_N$.

当 $p = N$ 时, 设 (b) 不成立. 即当 $I_1, I_2, \cdots, I_N$ 全为非平凡空间时, 对于 $L^{\perp}$ 中任意一个基本向量 z^*, 有 $0 \in \zeta_1^*I_1 + \zeta_2^*I_2 + \cdots + \zeta_N^*I_N$. 不失一般性, 我们研究 I_1. 若 I_1 中存在一个数 α_1, 使得对于 $L^{\perp}$ 中任意一个基本向量 z^*, 有 $0 \in \zeta_1^*\alpha_1 + \zeta_2^*I_2 + \cdots + \zeta_N^*I_N$. 这意味着 I_1 能被一个平凡的子区间替代. 这说明当 $I_1, I_2, \cdots, I_N$ 中有 $N-1$ 个非平凡空间时, (b) 不成立. 因此, 我们根据归纳假设可得 (a) 成立. 由此我们需要证明在 I_1 中存在这样的 α_1, 即可完成整个证明.

若 I_1 中存在一个数 α_1, 使得对于 $L^{\perp}$ 中任意一个基本向量 z^* 有

$$0 \in \zeta_1^*\alpha_1 + \zeta_2^*I_2 + \cdots + \zeta_N^*I_N.$$

那么, 存在的这个数 α_1 也使得对于 $L^{\perp}$ 中满足 $\zeta_1^* = -1$ 的每一个基本向量 $z^* = (-1, \zeta_2^*, \cdots, \zeta_N^*)$, 有 $0 \in -\alpha_1 + \zeta_2^*I_2 + \cdots + \zeta_N^*I_N$ 成立, 即有

$$\alpha_1 \in \zeta_2^*I_2 + \cdots + \zeta_N^*I_N.$$

综上, 我们可以知道存在的这个数 α_1 既满足 $\alpha_1 \in \zeta_2^*I_2 + \cdots + \zeta_N^*I_N$, 又满足 $\alpha_1 \in I_1$. 通过推论 8.2 可知, $L^{\perp}$ 中满足 $\zeta_1^* = -1$ 的基本向量仅有有限多

个. 我们将这有限多个基本向量构成的集合记为 E, 其中 $E=\{z_1^*,z_2^*,\cdots,z_m^*\}$, $z_i^*=(-1,\zeta_{2,i}^*,\zeta_{3,i}^*,\cdots,\zeta_{N,i}^*)$, $i=1,2,\cdots,m$. 对于每一个 $z_i^*\in E$, 将 $J_{z_i^*}$ 记为区间 $\zeta_{2,i}^*I_2+\cdots+\zeta_{N,i}^*I_N$. 由此我们要找到的这个数 α_1 既满足 $\alpha_1\in I_1$, 又满足 $\alpha_1\in J_{z_i^*}$, $i=1,2,\cdots,m$. 我们要证这个数 α_1 存在, 即证由区间 I_1 和 $J_{z_i^*}$ $(i=1,2,\cdots,m)$ 组成的有限集合有一个非空的交. 根据性质 8.1, 若我们可以证明这个集合 $\{I_1,J_{z_1^*},J_{z_2^*},\cdots,J_{z_m^*}\}$ 中任意两个区间都是相交的, 那么就可以得出这个有限集合有一个非空的交, 即证得存在一个 α_1 既满足 $\alpha_1\in I_1$, 又满足 $\alpha_1\in J_{z_i^*}$, $i=1,2,\cdots,m$.

下面证明集合 $\{I_1,J_{z_1^*},J_{z_2^*},\cdots,J_{z_m^*}\}$ 中任意两个区间都是相交的. 为此, 只需证 $I_1\cap J_{z_i^*}\neq\varnothing$, $i=1,2,\cdots,m$, $z_i^*\in E$, 且集合 $\{J_{z_1^*},J_{z_2^*},\cdots,J_{z_m^*}\}$ 中任意两个区间都相交.

首先证明 $I_1\cap J_{z_i^*}\neq\varnothing$, $i=1,2,\cdots,m$, $z_i^*\in E$. 因为 (b) 不成立, 则对于 $L^\perp$ 中任意一个基本向量 z^*, 有 $0\in\zeta_1^*I_1+\zeta_2^*I_2+\cdots+\zeta_N^*I_N$. 则对于 $L^\perp$ 中满足 $\zeta_1^*=-1$ 的每一个基本向量有

$$0\in(-1)I_1+\zeta_2^*I_2+\cdots+\zeta_N^*I_N=-I_1+J_{z_i^*},\quad i=1,2,\cdots,m,$$

即得 $I_1\cap J_{z_i^*}\neq\varnothing$, $i=1,2,\cdots,m$.

再证明集合 $\{J_{z_1^*},J_{z_2^*},\cdots,J_{z_m^*}\}$ 中任意两个区间都相交. 我们观察到, 若用全区间 $(-\infty,+\infty)$ 代替 I_1, 即由 (b) 不成立, 得到对于 $L^\perp$ 中任意一个基本向量 z^*, 有

$$0\in\zeta_1^*I_1+\zeta_2^*I_2+\cdots+\zeta_N^*I_N\subseteq\zeta_1^*(-\infty,+\infty)+\zeta_2^*I_2+\cdots+\zeta_N^*I_N,$$

则有 $0\in\zeta_1^*(-\infty,+\infty)+\zeta_2^*I_2+\cdots+\zeta_N^*I_N$. 由归纳假设可得 (a) 成立. 由 (a) 成立可知, 存在一个向量 $z\in L$, 使得 $\zeta_2\in I_2$, $\cdots$, $\zeta_N\in I_N$. 而对于 $L^\perp$ 中满足 $\zeta_1^*=-1$ 的每一个基本向量 $z_i^*\in E$, 这个向量 z 满足

$$0=\langle z_i^*,z\rangle=(-1)\zeta_1+\zeta_{2,i}^*\zeta_2+\cdots+\zeta_{N,i}^*\zeta_N,$$

即满足 $\zeta_1=\zeta_{2,i}^*\zeta_2+\cdots+\zeta_{N,i}^*\zeta_N$. 综上我们可知对于每一个基本向量 z_i^*, 这个向量 z 满足

$$\zeta_1=\zeta_{2,i}^*\zeta_2+\cdots+\zeta_{N,i}^*\zeta_N\in\zeta_{2,i}^*I_2+\cdots+\zeta_{N,i}^*I_N=J_{z_i^*},$$

即 $\zeta_1\in J_{z_i^*}$, $i=1,2,\cdots,m$. 即集合 $\{J_{z_1^*},J_{z_2^*},\cdots,J_{z_m^*}\}$ 中任意两个区间都相交. □

证明中归纳假设部分的思路总结如图 8.6 所示.

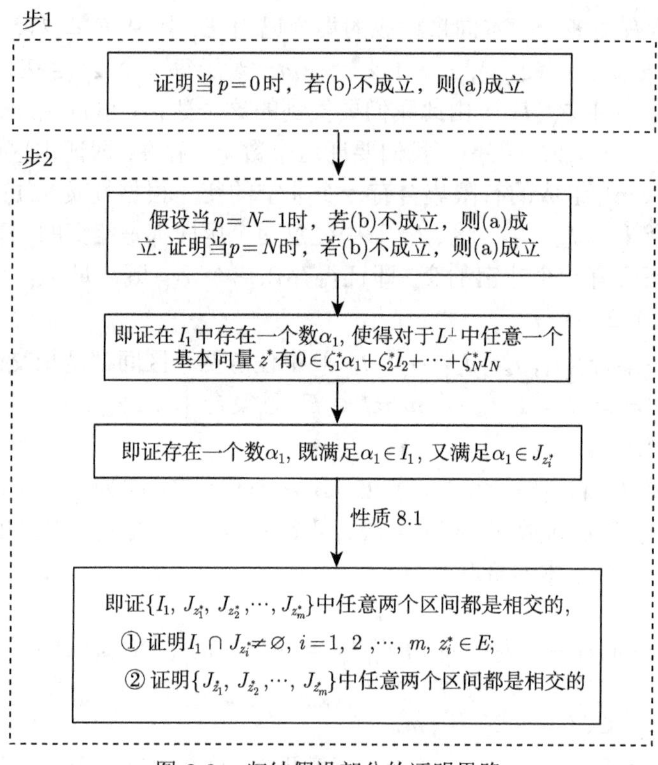

图 8.6 归纳假设部分的证明思路

8.6 Tucker 互补定理

下面我们将用定理 8.4 来证明定理 8.5.

定理 8.5(Tucker 互补定理) *给定 $\mathbb{R}^N$ 的任意一个子空间 L, 存在一个非负向量 $z=(\zeta_1,\cdots,\zeta_N)\in L$ 和一个非负向量 $z^*=(\zeta_1^*,\cdots,\zeta_N^*)\in L^\perp$, 使得 z 和 z^* 的支集是互补的. 也就是说, 对于每一个指标 i, 或者有 $\zeta_i>0$ 且 $\zeta_i^*=0$, 或者有 $\zeta_i=0$ 且 $\zeta_i^*>0$. z 和 z^* 的支集 (而不是 z 和 z^* 本身) 由 L 唯一确定.*

证明 我们将定理 8.4 应用于如下情况: 对于每一个指标 k, 当 $i=k$ 时, $I_k=(0,+\infty)$, 且当 $i\neq k$ 时, $I_i=[0,+\infty)$. 即令 L 是 $\mathbb{R}^N$ 的一个子空间, 令 $I_1,I_2,\cdots,I_N$ 是实区间, 则对于每一个指标 k, 下面的 (a1) 和 (b1) 有且仅有一个成立.

(a1) 存在一个向量 $z=(\zeta_1,\zeta_2,\cdots,\zeta_N)\in L$, 使得

$$\zeta_1\in[0,+\infty)\ ,\ \zeta_2\in[0,+\infty)\ ,\ \cdots,\ \zeta_k\in(0,+\infty),\ \cdots,\ \zeta_N\in[0,+\infty)\ .$$

(b1) 存在一个向量 $z^*=(\zeta_1^*,\zeta_2^*,\cdots,\zeta_N^*)\in L^\perp$, 使得

$$\zeta_1^*[0,+\infty)+\zeta_2^*[0,+\infty)+\cdots+\zeta_k^*(0,+\infty)+\cdots+\zeta_N^*[0,+\infty)>0.$$

由此可以得出, 对于每一个指标 k, 以下有且仅有一个成立:

(a2) 存在一个非负向量 $z=(\zeta_1,\zeta_2,\cdots,\zeta_N)\in L$, 使得 $\zeta_k>0$;

(b2) 存在一个非负向量 $z^*=(\zeta_1^*,\zeta_2^*,\cdots,\zeta_N^*)\in L^\perp$, 使得 $\zeta_k^*>0$.

显然可以证得 (a1)$\Leftrightarrow$(a2), 且 (b1) 成立 $\Rightarrow$(b2) 成立. 下面证明 (b1) 不成立 $\Rightarrow$(b2) 不成立.

因为 (b1) 不成立意味着对于任意一个向量 $z^*=(\zeta_1^*,\zeta_2^*,\cdots,\zeta_N^*)\in L^\perp$, 有

$$0\in\zeta_1^*\,[0,+\infty)+\zeta_2^*\,[0,+\infty)+\cdots+\zeta_k^*(0,+\infty)+\cdots+\zeta_N^*\,[0,+\infty)\,.$$

(b2) 不成立意味着对于任意一个非负向量 $z^*=(\zeta_1^*,\zeta_2^*,\cdots,\zeta_N^*)\in L^\perp$, 有 $\zeta_k^*=0$. 由此得知 (b1) 不成立 $\Rightarrow$(b2) 不成立. 即需证 (i) (a2) 成立 $\Rightarrow$(b2) 不成立; (ii) (a2) 不成立 $\Rightarrow$(b2) 成立.

即证 (a2) 和 (b2) 有且仅有一个成立即可.

记

$$S=\{k\mid 使\ (a2)\ 成立的指标\ k\},\quad S^*=\{k\mid 使\ (b2)\ 成立的指标\ k\}. \tag{8.7}$$

对于每一个 $k\in S$, 因 (a2) 成立, 由 (a2) 知, 存在非负向量记为 $\zeta^{(k)}\in L$, 使得其分量 $\xi_k^{(k)}>0$. 而由于此时 $k\notin S$, 因此 (b2) 不成立, 可得到对任意的 $\zeta^*\in L^*$, 均有 ζ^* 的第 k 个分量 $\zeta_k^*=0$. 类似地, 对 $j\in S^*$, 有 (b2) 成立, 但因 $j\notin S$, 故 (a2) 不成立. (b2) 成立等价于存在非负向量 $\zeta^{*(j)}\in L^\perp$, 使得 $\xi_j^{*(j)}>0$. 而 (a2) 不成立等价于对任意的非负向量 $\zeta\in L$, 有 $\xi_j=0$. 综上证得, 存在非负向量 $\sum\limits_{k\in S}z_k\in L$ 和非负向量 $\sum\limits_{j\in S^*}z_j^*\in L^\perp$, 使得 $\sum\limits_{k\in S}z_k$ 的支集 S 和 $\sum\limits_{j\in S^*}z_j^*$ 的支集 S^* 是互补的. □

下面针对定理 8.5 中 S 与 S^* 的不同情况, 分别举例如下.

例子 8.10 令 $L=\{(\zeta_1,\zeta_2,\zeta_3)\mid\zeta_1+\zeta_2+\zeta_3=0\}\subseteq\mathbb{R}^3$.

对于指标 1, 存在一个非负向量 $z^*=(1,1,1)\in L^\perp$, 使得 $\zeta_1^*>0$.

对于指标 2, 存在一个非负向量 $z^*=(1,1,1)\in L^\perp$, 使得 $\zeta_2^*>0$.

对于指标 3, 存在一个非负向量 $z^*=(1,1,1)\in L^\perp$, 使得 $\zeta_3^*>0$.

则对于每一个指标 k, $k=1,2,3$, 有 (b2) 成立. 则由(8.7)定义的 S, S^* 分别为 $S=\varnothing$, $S^*=\{1,2,3\}$.

例子 8.11 令 $L=\{(\zeta_1,\zeta_2,\zeta_3)\mid\zeta_1+\zeta_2-\zeta_3=0\}\subseteq\mathbb{R}^3$.

对于指标 1, 存在一个非负向量 $z=(1,1,2)\in L$, 使得 $\zeta_1>0$.

对于指标 2, 存在一个非负向量 $z=(1,1,2)\in L$, 使得 $\zeta_2>0$.

对于指标 3, 存在一个非负向量 $z=(1,1,2)\in L$, 使得 $\zeta_3>0$.

则对于每一个指标 k, $k=1,2,3$, 有 (a2) 成立. 则由(8.7)定义的 S, S^* 分别为 $S=\{1,2,3\}$, $S^*=\varnothing$.

例子 8.12　令 $L = \{(\zeta_1, \zeta_2, \zeta_3) \mid \zeta_3 = 0\} \subseteq \mathbb{R}^3$.

对于指标 1, 存在一个非负向量 $z = (1,1,0) \in L$, 使得 $\zeta_1 > 0$, 则有 (a2) 成立.

对于指标 2, 存在一个非负向量 $z = (1,1,0) \in L$, 使得 $\zeta_2 > 0$, 则有 (a2) 成立.

对于指标 3, 存在一个非负向量 $z^* = (0,0,1) \in L^\perp$, 使得 $\zeta_3^* > 0$, 则有 (b2) 成立.

则由(8.7)定义的 S, S^* 分别为 $S = \{1,2\}$, $S^* = \{3\}$.

例子 8.13　令矩阵

$$A = \begin{pmatrix} 1 & -1 & 0 & 0 & 1 \\ 1 & 2 & -1 & 0 & 3 \\ 0 & 0 & 0 & 1 & -1 \\ 0 & 0 & 0 & 1 & 1 \end{pmatrix} \in \mathbb{R}^{4\times 5}.$$

取子空间 $L = \{x = (\zeta_1, \zeta_2, \cdots, \zeta_5)^{\mathrm{T}} \mid Ax = 0\} \subseteq \mathbb{R}^5$.

对于指标 1, 存在一个非负向量 $z = (1,1,3,0,0) \in L$, 使得 $\zeta_1 > 0$, 则有 (a2) 成立.

对于指标 2, 存在一个非负向量 $z = (1,1,3,0,0) \in L$, 使得 $\zeta_2 > 0$, 则有 (a2) 成立.

对于指标 3, 存在一个非负向量 $z = (1,1,3,0,0) \in L$, 使得 $\zeta_3 > 0$, 则有 (a2) 成立.

对于指标 4, 存在一个非负向量 $z^* = (0,0,0,1,1) \in L^\perp$, 使得 $\zeta_4^* > 0$, 则 (b2) 成立.

对于指标 5, 存在一个非负向量 $z^* = (0,0,0,1,1) \in L^\perp$, 使得 $\zeta_5^* > 0$, 则 (b2) 成立.

则由(8.7)定义的 S, S^* 分别为 $S = \{1,2,3\}$, $S^* = \{4,5\}$.

8.7　练　　习

练习 8.1　举一个简单的例子说明定理 8.5. 特别地, 分别举例说明如下三种情形:

(i) $S = \varnothing$, $S^* \neq \varnothing$.

(ii) $S \neq \varnothing$, $S^* = \varnothing$.

(iii) $S \neq \varnothing$, $S^* \neq \varnothing$.

本章思维导图

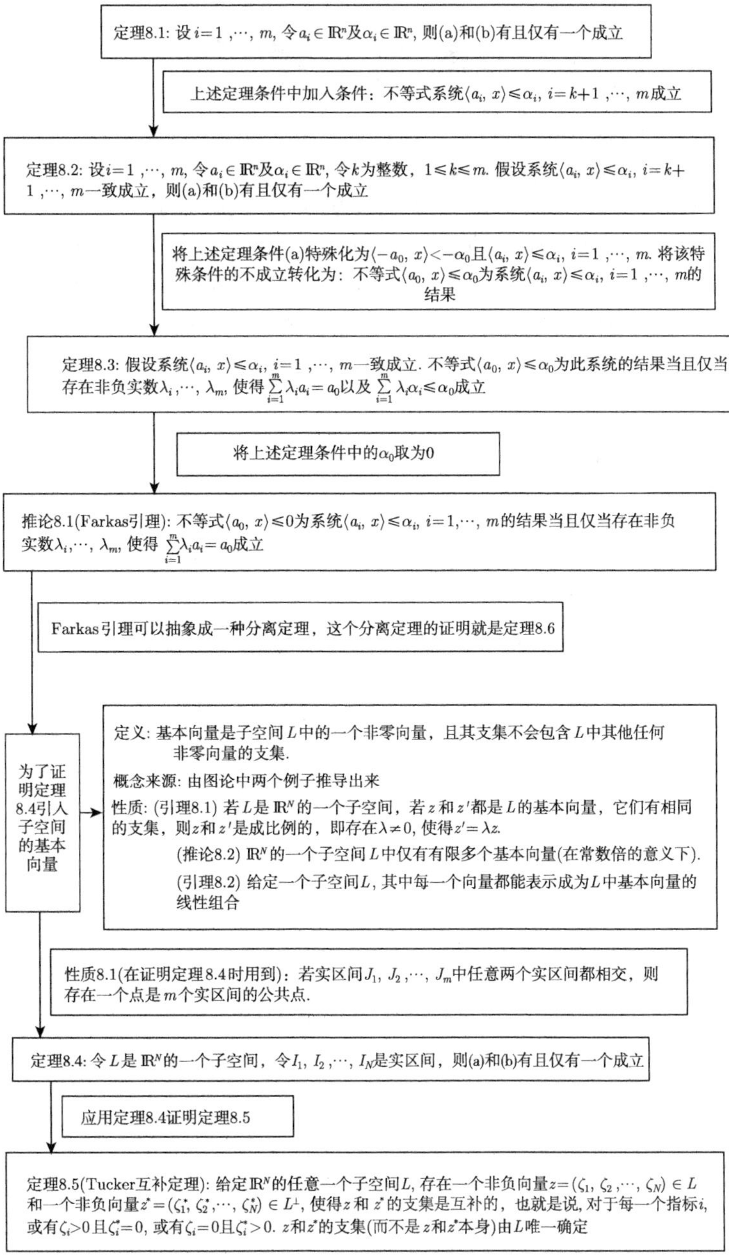

定理8.1: 设$i=1,\cdots,m$, 令$a_i\in\mathbb{R}^n$及$\alpha_i\in\mathbb{R}^n$, 则(a)和(b)有且仅有一个成立

↓ 上述定理条件中加入条件：不等式系统$\langle a_i,x\rangle\leqslant\alpha_i$, $i=k+1,\cdots,m$成立

定理8.2: 设$i=1,\cdots,m$, 令$a_i\in\mathbb{R}^n$及$\alpha_i\in\mathbb{R}^n$, 令k为整数，$1\leqslant k\leqslant m$. 假设系统$\langle a_i,x\rangle\leqslant\alpha_i$, $i=k+1,\cdots,m$一致成立，则(a)和(b)有且仅有一个成立

↓ 将上述定理条件(a)特殊化为$\langle -a_0,x\rangle<-\alpha_0$且$\langle a_i,x\rangle\leqslant\alpha_i$, $i=1,\cdots,m$. 将该特殊条件的不成立转化为：不等式$\langle a_0,x\rangle\leqslant\alpha_0$为系统$\langle a_i,x\rangle\leqslant\alpha_i$, $i=1,\cdots,m$的结果

定理8.3: 假设系统$\langle a_i,x\rangle\leqslant\alpha_i$, $i=1,\cdots,m$一致成立. 不等式$\langle a_0,x\rangle\leqslant\alpha_0$为此系统的结果当且仅当存在非负实数$\lambda_i,\cdots,\lambda_m$, 使得$\sum\limits_{i=1}^m\lambda_ia_i=a_0$以及$\sum\limits_{i=1}^m\lambda_i\alpha_i\leqslant\alpha_0$成立

↓ 将上述定理条件中的α_0取为0

推论8.1(Farkas引理): 不等式$\langle a_0,x\rangle\leqslant 0$为系统$\langle a_i,x\rangle\leqslant\alpha_i$, $i=1,\cdots,m$的结果当且仅当存在非负实数$\lambda_i,\cdots,\lambda_m$, 使得$\sum\limits_{i=1}^m\lambda_ia_i=a_0$成立

↓ Farkas引理可以抽象成一种分离定理，这个分离定理的证明就是定理8.6

为了证明定理8.4引入子空间的基本向量 →

定义: 基本向量是子空间L中的一个非零向量，且其支集不会包含L中其他任何非零向量的支集.

概念来源: 由图论中两个例子推导出来

性质: (引理8.1) 若L是$\mathbb{R}^N$的一个子空间，若z和z'都是L的基本向量，它们有相同的支集，则z和z'是成比例的，即存在$\lambda\neq 0$, 使得$z'=\lambda z$.

(推论8.2) $\mathbb{R}^N$的一个子空间L中仅有有限多个基本向量(在常数倍的意义下).

(引理8.2) 给定一个子空间L, 其中每一个向量都能表示成为L中基本向量的线性组合

↓ 性质8.1(在证明定理8.4时用到)：若实区间$J_1,J_2,\cdots,J_m$中任意两个实区间都相交，则存在一个点是m个实区间的公共点.

定理8.4: 令L是$\mathbb{R}^N$的一个子空间，令$I_1,I_2,\cdots,I_N$是实区间，则(a)和(b)有且仅有一个成立

↓ 应用定理8.4证明定理8.5

定理8.5(Tucker互补定理): 给定$\mathbb{R}^N$的任意一个子空间L, 存在一个非负向量$z=(\zeta_1,\zeta_2,\cdots,\zeta_N)\in L$和一个非负向量$z^*=(\zeta_1^*,\zeta_2^*,\cdots,\zeta_N^*)\in L^\perp$, 使得$z$和$z^*$的支集是互补的，也就是说, 对于每一个指标$i$, 或有$\zeta_i>0$且$\zeta_i^*=0$, 或有$\zeta_i=0$且$\zeta_i^*>0$. z和z^*的支集(而不是z和z^*本身)由L唯一确定

图 8.7　本章思维导图

参 考 文 献

[1] Rockafellar R T. Convex Analysis. Princeton: Princeton University Press, 1970.

[2] 李庆娜, 李萌萌, 于盼盼. 凸分析讲义. 北京: 科学出版社, 2018.

[3] 李庆娜. 凸分析讲义——共轭函数及其相关函数. 北京: 科学出版社, 2020.

[4] Cortes C, Vapnik V. Support-vector networks. Machine Learning, 1995, 20(3): 273-297.

[5] Chorowski J, Wang J, Zurada J M. Review and performance comparison of SVM-and ELM-based classifiers. Neurocomputing, 2014, 128: 507-516.

[6] Chauhan V K, Dahiya K, Sharma A. Problem formulations and solvers in linear SVM: a review. Artificial Intelligence Review, 2019, 52(2): 803-855.

[7] Alfakih A Y. Euclidean Distance Matrices and Their Applications in Rigidity Theory. Cham: Springer, 2018.